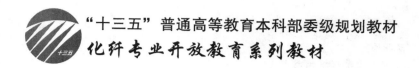

"十三五"普通高等教育本科部委级规划教材

化纤专业开放教育系列教材

循环再利用化学纤维生产及应用

王华平　主编

汪丽霞　林世东　钱　军　戴泽新　张　朔　副主编

中国化学纤维工业协会　组织编写

U0250900

中国纺织出版社

内 容 提 要

本书内容主要包括废旧原料资源化原理与技术、物理法再利用技术、化学法再利用技术，同时以聚酯纤维为重点，探讨了再利用聚酯纤维成型工艺，差别化、功能化再利用聚酯纤维产品及其应用，产品标准体系与认证。旨在为读者较为全面地了解国内外最新的循环再利用技术发展现状与趋势，熟悉循环再利用技术方案与产品开发。

本书可作为高分子材料科学与工程相关专业的基础教材，同时可供再生纺织品开发、材料加工专业的科研人员参考阅读，为废旧化纤再利用的工程师提供理论与实践指导，为生产企业的产品开发提供技术支持。

图书在版编目（CIP）数据

循环再利用化学纤维生产及应用/王华平主编. —
北京：中国纺织出版社，2018.6
"十三五"普通高等教育本科部委级规划教材. 化纤
专业开放教育系列教材

ISBN 978-7-5180-5089-5

Ⅰ. ①循… Ⅱ. ①王… Ⅲ. ①循环使用—化学纤维—
生产工艺—高等学校—教材 Ⅳ. ①TQ340.6

中国版本图书馆 CIP 数据核字（2018）第 115534 号

策划编辑：范雨昕
责任编辑：范雨昕 孔会云 朱利锋 沈 靖 李泽华
责任校对：寇晨晨 责任印制：何 建

中国纺织出版社出版发行
地址：北京市朝阳区百子湾东里 A407 号楼 邮政编码：100124
销售电话：010—67004422 传真：010—87155801
http://www.c-textilep.com
E-mail:faxing@c-textilep.com
中国纺织出版社天猫旗舰店
官方微博 http://weibo.com/2119887771
北京玺诚印务有限公司印刷 各地新华书店经销
2018 年 6 月第 1 版第 1 次印刷
开本：787×1092 1/16 印张：13.5
字数：272 千字 定价：78.00 元

丛书编写委员会

序一

党的十九大报告指出"中国特色社会主义进入了新时代，我国经济发展也进入了新时代"，我国经济已由高速增长阶段转向高质量发展阶段。高质量发展根本在于经济活力、创新力和竞争力的持续提升，这都离不开高质量人才的培养。

近年来，化纤科技进步快速发展，高性能化学纤维研发、生产及应用技术均取得重大突破，生物基化学纤维及原料核心生产技术取得新进展，再生循环体系建设成效显著，化纤产品高品质和差异化研发创新成果不断涌现，随着化纤行业的科技进步，专业知识爆炸性的增长亟须相适应人才的培养以及配套的化纤教材和图书作支撑，专业人才和专业知识是保证行业科技持续发展的源泉。为此，中国化学纤维工业协会携手"恒逸基金"和"绿宇基金"与中国纺织出版社共同谋划组织编写出版"化纤专业开放教育系列教材"，为促进化纤行业技术进步，加快转型升级，实施行业高质量发展和提高人才培养质量等提供智力支持。

该系列教材力求贴近实际，突出体现化纤领域的新技术、新工艺、新装备、新产品、新材料及其应用。这是一套开放式丛书，前期先从《高性能化学纤维生产及应用》《生物基化学纤维生产及应用》《循环再利用化学纤维生产及应用》三本书开始编写，将根据化纤行业技术进步和图书市场的需要，适时增编其他类化学纤维生产技术及应用分册。

该系列教材由纺织化纤领域的专家、学者以及企业一线技术人员共同编写，详细介绍高性能化学纤维、生物基化学纤维、循环再利用化学纤维的原料、生产工艺、装备及其应用，内容翔实，与生产实践结合紧密，具有很强的行业权威性、专业性、指导性和可读性，是一套指导生产及应用拓展的实用教材。

在该系列教材的编写过程中，得到了行业内知名专家、学者和行业领导的指导和帮助，同时，得到业内龙头企业的大力支持，在此一并表示衷心的感谢！

中国化学纤维工业协会

2018 年 6 月

序二

循环再利用化学纤维是采用废旧纤维及制品或其他废弃的高分子材料，经熔融或溶解进行纺丝，或将回收的高分子材料进一步裂解成小分子重新聚合再纺丝制得的纤维。以聚酯循环再利用为例，我国聚酯年产量达 4000 万吨，纤维及饮料瓶占 90% 以上，其废旧品总储量超过 1 亿吨，但再利用纺丝产能仅 1000 万吨，再生利用率不足 10%；不仅资源浪费大，且环境负担重，是国际纺织循环经济发展的重点。国际废旧聚酯再利用主要是实现资源化处理，解决污染问题，重点发展分拣清洗技术及旧衣回用体系；美国、日本等国家开发的以解聚提纯再聚合的化学法技术，由于工艺复杂、成本高，未能产业化推广，国内大多采用简单熔融再生纺丝工艺，产品品质低，应用受限。废旧纤维材料再利用成为我国纺织及循环经济领域迫切需要解决的方案。

《循环再利用化学纤维生产及应用》一书正是在这样的背景下应运而生。该书内容涉及国内外废弃资源循环再利用发展现状、废旧原料资源化原理与技术、纤维成型技术，差别化、功能化产品及其应用，产品标准体系与认证。同时书中详细分析了废旧资源再利用过程中废弃资源前处理、物理化学法调质调黏、化学法醇解动力学、再利用纺丝动力学、再利用过程 VOC 迁移及评价等原理与多组分识别分拣、在线添加、共聚合等技术问题。我们相信这些科学问题与工程技术的探讨对促进我国废旧资料的再利用基础理论研究与高品质、高效再利用技术的发展具有显著的推动作用。

在本书的编写过程中，参加教材编写的人员参与了中国工程院咨询研究项目"废旧化纤纺织品资源再生循环技术发展战略研究"，先后赴浙江宁波、绍兴、苍南，福建、江苏等地进行实地调研、走访生产一线企业、组织相关企业座谈，听取了再利用行业各方的意见与建议。书中介绍的关键技术与装备极具实际应用性。

本书在循环发展的回收、再利用、应用评价及产品标准等四大系统进行了详细的研究，理论与工程实践高度融合，既适用于在企业一线生产、管理的工人，也适用于高校的学生和研究院所从事基础与工程研究的技术人员。

废旧纺织品或瓶片等循环再利用的目的是实现"废而不废、废而更优"，关键是合理、高效地再利用。《循环再利用化学纤维生产及应用》教材必将促进我国废旧资源再利用行业朝着健康、绿色的方向发展。对参与本书编写的所有人员表示衷心祝贺。

中国工程院院士
蒋士成
2018 年 5 月于仪征

前　言

我国的废旧化纤纺织品社会储量已达到近 1.5 亿吨，且纺织品的年消耗量增长速度保持在 12% 以上，但目前回收利用率却不足 10%，废旧化纤制品被当作垃圾进行填埋或焚烧等简单处理，不仅严重污染了环境，而且也造成资源极大的浪费，严重影响可持续发展。

采用废旧纺织品及其他废弃的高分子材料，经熔融或溶解进行纺丝；或将回收的高分子材料进一步裂解成小分子重新聚合再纺丝制得的纤维，称为循环再利用纤维。循环再利用纤维与原生纤维在成分、结构、物化性质等方面基本相同，可经过纺纱等加工制成纺织品或复合材料。中国是世界最大的循环再利用纤维生产国，其中聚酯循环再利用纤维产量最大，年产量达 1000 万吨以上。中国特色的调质调黏、解聚再聚合循环再利用纤维，不仅满足国际纺织原料质量与生态安全标准，更可以通过差别化、功能化开发赋予产品高色牢度、吸湿排汗、保暖、抗菌、抗紫外、耐污易清洗、阻燃等功能，成为国内外服装、家纺、汽车内饰、建筑工程等知名品牌重点推广热点与市场亮点。

循环再利用纤维最突出的特点在于对资源的循环利用以及显著降低固废。产品的综合能耗、碳排放量仅为原生纤维的一半或更低，顺应"绿色、低碳、循环"的可持续发展理念，体现了制造业与消费者的社会责任，是国际与国家重点发展的领域。我国废旧化纤纺织品资源循环再利用发展，可以缓解废旧纺织品的不可降解给环境带来的巨大压力，促进我国纺织品可持续发展，引领中国纺织产业在低碳与资源等更高层次上参与国际竞争，并进一步提高我国在国际化纤产业发展进程中的话语权。

本书结合目前国内外废旧纤维回收再利用技术的发展动向及最新的研究成果，根据不同来源的再利用原料的性质、特点等差异，介绍不同再利用技术，着重对物理法再利用、化学法再利用展开说明。内容主要包括废旧原料资源化原理与技术、物理法再利用技术、化学法再利用技术，同时以聚酯纤维为重点，探讨了再利用纤维成型工艺，差别化、功能化再利用聚酯纤维产品及其应用，产品标准体系与认证。

本书主要以废旧资源再利用制备成纤维为应用目标,根据不同来源的再利用原料的性质、特点等差异,介绍不同再利用技术,包括机械法与热能法,同时着重对物理法再利用、化学法再利用展开说明。

本书由王华平担任主编,汪丽霞、林世东、钱军、戴泽新、张朔担任副主编,负责全书的大纲制定、修改,由王华平、吉鹏负责统稿。参编本书的作者均有长期从事废旧化纤的工作经历。第一章绪论部分对循环再利用纤维的基本定义、再利用原料种类、再利用方法以及国内外再利用历史、发展战略进行总体说明,主要编写人员王华平、林世东。第二章从资源化原理与技术角度对再利用原料的来源、瓶片与废旧纺织品等原料的鉴别、分离及其预处理技术等,主要编写人员吉鹏、王朝生、陈烨。第三章从物理再利用的角度,分为针对废旧纺织品、废旧瓶片这两大原料调质、调黏的技术进行了介绍,主要编写人员吉鹏、王华平、钱军、戴泽新。第四章化学法再利用技术从分子的内部结构发生解聚进而转变成单体或低聚物,去除杂质后再利用生成的单体或低聚物制造出纤维的方法。以废旧的PET 聚酯化学法再利用为主,对聚酰胺、聚丙烯腈、聚氨酯、纤维素纤维及涤棉混纺制品化学法再利用进行介绍,主要编写人员吉鹏、王少博、王朝生、王华平、张朔。第五章重点介绍了热裂解再利用方法,主要编写人员柯福佑、陈向玲。第六章介绍了再利用聚酯纤维成型工艺。再利用聚酯纺丝主要包括短纤纺丝技术、长丝纺丝技术、非织造布制造、复合纤维、功能纤维纺丝,主要编写人员汪丽霞、吉鹏、陈烨、王华平。第七章介绍了差别化功能化再利用聚酯纤维产品及其应用,主要编写人员吉鹏、王华平、钱军、张瑞云。第八章介绍了再利用纤维产品标准体系与认证,主要编写人员柯福佑、邵正丽、陈向玲、王华平。

以上章节的设立,旨在为读者较为全面地了解国内外最新的循环再利用技术发展现状与趋势,希望本书能为废旧化纤再利用的科研人员、工程师等提供理论与实践指导,能为生产企业的产品开发提供支持。

本书在编写过程中得到了许多同行的帮助与配合,中国化学纤维工业协会、大连合成纤维研究设计院股份有限公司、宁波大发化纤有限公司、优彩环保资源科技股份有限公司、浙江绿宇环保股份有限公司、仪征市仲兴环保科技有限公司、上海纺织科学研究院,在此一并表示由衷的感谢。

限于作者水平和本书的篇幅,不足之处在所难免,诚挚欢迎读者批评指正。

编著者

2018 年 5 月

目　录

第一章　绪论

第一节　循环再利用化学纤维

一、循环再利用化学纤维的定义

循环再利用化学纤维（Recycled Chemical Fibers）是采用废旧化学纤维或纺织品及其他废弃的高分子材料，经物理开松后重新使用，或经熔融或溶解后进行纺丝，或将回收的高分子材料进一步裂解成小分子重新聚合再纺丝制得的纤维。由于其利用废旧纤维为原料制备纤维，实现了再生，故又称再生化学纤维（Regenerated Chemical Fiber），循环再利用化学纤维品种主要包括聚酯纤维、聚酰胺纤维、聚丙烯纤维、聚氨酯纤维、聚丙烯腈纤维、聚氯乙烯纤维等。循环再利用化学纤维与原生化学纤维在成分、结构、物化性质等方面基本相似，可经过纺纱等加工制成纺织品或复合材料。

二、循环再利用化学纤维与循环经济

循环经济模式，即"资源—产品—废弃物—再利用资源"的反馈式循环过程，实现"低开采、高利用、低排放"，以最大限度利用进入系统的物质和能量，提高资源利用率，最大限度地减少污染物排放，提升经济运行质量和效益。

循环再利用化学纤维最突出的特点在于对资源的循环利用、显著降低固废。产品的综合能耗、碳排放量仅为原生纤维的一半或更低，顺应"绿色、低碳、循环"的可持续发展理念与趋势，体现了制造业与消费者的社会责任，是国际与国家重点支持与发展的领域。循环经济理念示意如图 1-1 所示。化学纤维循环再利用，是以"减量化、再利用、资源化"（3R）为原则，把传统的依赖资源消耗的线形增长的化纤制造，转变为依靠再利用资源循环发展的经济理念。化学纤维再利用与循环经济的定位，与人类的消费理念及生活水平密切相关。中国和欧美发达国家差异显著，发达国家的循环经济首先是从解决消费领域的废弃物问题入手，向生产领域延伸，最终旨在改变"大量生产、大量消费、大量废弃"的社会经济发展模式。重点在于构建回收与资源化的处理体系，往往在生产体系中布局很少。而从我国目前对循环经济的理解和探索实践看，发展循环再利用的目的是以改变"高消耗、高污染、低效益"的传统经济增长模式，走出新型工业化道路，解决资源、生产、消费、废弃全过程复合型生态环境问题，保障全面建设小康社会目标的顺利实现。因此，我国循环再利用发展实践最先是从工业领域开始，其内涵和外延逐渐拓展到包括清洁生产（小循环）、生态工业园区（中循环）和循环型社会（大循环）等三个层面，已经形成规模最大的再生循环生产体系，但相对于欧美国家，由于在垃圾分类及回收系统建设方面比较薄弱，资源利用率相对较低。

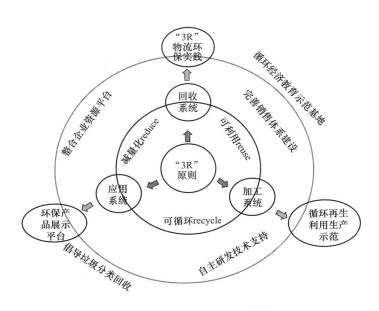

图 1-1   循环经济理念示意图

化学纤维循环再利用，不仅可以缓解资源短缺的现状，而且可以减少纺织废弃物对环境造成的污染，具有显著的经济效益和巨大的社会效益，并且随着石油、棉花等纤维资源的紧缺及环境压力的加大，循环再利用化纤的地位将不断强化，化学纤维再利用与循环产业不仅是国际的朝阳产业，更是我国的静脉产业。

以聚酯瓶循环再利用制备聚酯纤维为例，15~20 个 500mL 的聚酯瓶可以制作一件上衣，5 个 2L 的聚酯瓶再利用纤维可以制成 0.09m² 的地毯，35 个 2L 的聚酯瓶可以制成一个睡袋所用的全部填充纤维。按照一次循环计算，与原生聚酯相比，每吨循环再利用聚酯对原油的消耗量减少 39%，CO_2 排放量减少 3.2 吨（图 1-2）。目前我国每年的循环再利用聚酯瓶约为 400 万吨，可减少 CO_2 排放量 1280 万吨，相当于新增了 33 万~66 万公顷的森林。

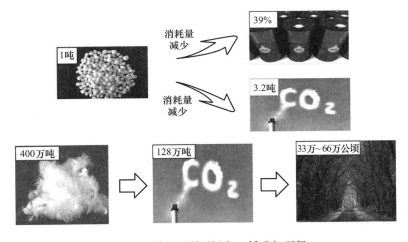

图 1-2   循环再利用绿色、低碳与环保

第二节　循环再利用技术

一、循环再利用化学纤维原料来源及特征

循环再利用化学纤维原料主要来源于纤维制备过程中产生的废丝废块、纺丝织造过程中产生的废料、印染服装加工过程中产生的废布料及边角料以及各种消费后产生的废旧纺织品。这些原料来源不一致、批与批之间存在差异，尤其是在使用过程中还会引入杂质，如废旧瓶片在使用后丢弃经常与一些其他生活垃圾接触，接触油污等杂质。因此循环再利用化学纤维的原料特性是来源多渠道、成分不确定、杂质多样化。表1-1中是纤维级聚酯不同阶段产生的废料中含杂种类及成分。由表可见，循环再利用原料含杂成分较多，再加上不同批号之间波动大，给循环再利用产业化带来了一定的困难。

表1-1　纤维级聚酯废料的种类及其含杂组分

纤维级聚酯废料种类		含杂种类	成分
聚合废料		低聚物、共聚物 催化剂	IPA、SIPA Sb 类/Ti 类
纺丝废料		油剂 添加剂	表面活性剂 TiO_2、 炭黑、$BaSO_4$ 等
织造染整废料 服装边角料		分散染料 助剂	偶氮、蒽醌、杂环 匀染剂
废旧纺织品		多组分高聚物 无机物、灰分等	PE、PA、PU 等 Fe、Si 等

二、循环再利用技术

根据化学纤维原料的特征，循环再利用技术可分为三类，即物理法循环再利用技术、化学法循环再利用技术、热能法循环再利用技术。

（一）物理法循环再利用技术

1. 物理开松法再利用技术

物理开松法再利用是指将废旧纺织品不经分离而直接加工成可以纺出纱线的纤维，然后织出具有穿着性或有一定使用功能的面料，或直接将废旧布片经简单加工后直接使用，纤维层面的循环再利用方法，此法在棉纺等天然纤维制品的回收中应用较多，同样适用化学短纤制品的回收，尤其是对织物结构相对疏松的针织面料等，其再利用技术路线如图1-3所示。

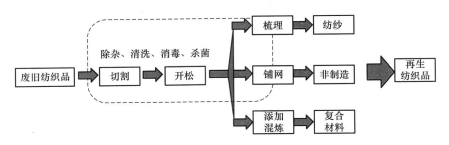

图 1-3　废旧纺织品物理开松法再利用工艺路线

对于回收的废旧衣物、床单等纺织品，切割是其再利用纤维生产的第一步，相应的切割机械有升降刀切割机、旋转切割机等。撕破机械将对切割后的织物碎片进行撕破开松处理，利用撕破机械上布满钢钉的锡林将织物开松为纤维状。获得的纤维大都可用来直接纺纱，也可用来制造非织造布、复合材料等。

在纺纱加工阶段也可以在回收纤维中混用一些新纤维共纺来提高品质及功能，这些再生纱线可直接织造纺织品。用回收的废料纤维与棉纤维混合在环锭纺上纺粗特纱，用于制织衬里布、装饰布和印花牛仔布等产品。还有将回收的碎衣片经过开松、粗梳、纺纱，然后在剑杆织机上作为纬纱来织造斜纹织物，纺制面料的质量也能达到应用要求。国内研究机构与再利用企业将废旧军服经过破碎、开棉、纺丝等多道工序变成再利用纤维，并用其纺制成了服装、箱包、毛毯等产品。

除了纺纱，碎衣布料开松经处理后也可用来生产非织造布，其主要包括以下几个工序：废料的挑选、撕碎、除杂及纤维的混合开松，纤维制网，纤网加固。由于非织造布工艺的多样性，以及再利用纤维长度不均匀，纤维较混杂的特点，为了得到物理和化学性能优良的产品，在再加工工艺的选择上必须要与再利用纤维的特点相结合，同时，也可以在再利用纤维中混入一定量的新纤维，以进一步提高非织造布的力学性能。

2. 物理法循环再利用技术

物理法循环再利用是不破坏高聚物的化学结构、不改变其组成，通过将其收集、分类、净化、干燥，补添必要的助剂进行加工处理并造粒，使其达到纺丝原料品质标准，大分子层面的循环再利用方法。物理法循环再利用纤维主要是量大面广的聚酯制品，其制备路线如图1-4所示。不仅可以回收聚酯纤维制品，还可回收 PET 瓶，其产品广泛地应用于服装面料、汽车内饰、家纺、土工、床上用品和填充产品等领域。

循环再利用 PET 纤维可直接用于服装与家纺，也可与其他纤维混纺（混纺率达80%）或纯纺，生产运动服装，成为国际品牌服装与家纺品牌的标志性品种。

废旧的聚乙烯、聚丙烯纤维经分离筛选后，粉碎、造粒直接使用或与其他聚合物混合，制成聚合物合金，实现物理法循环再利用。除可用于纺织行业外，还可以用来制造泡沫、土工材料、编织袋等。聚氨酯纤维也可利用黏结、热压、挤出成型等方法回收。

3. 物理化学法循环再利用技术

物理化学法是针对废旧瓶片、薄膜或纤维因在使用和加工中发生降解，分子链断裂导致分子量大幅度降低，难以直接满足纺丝要求。物理化学法是对瓶片、废旧纺织品等原料通过

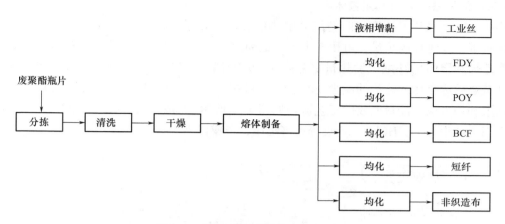

图 1-4 再利用聚酯制品的制备路线

一定的工艺手段实现对其黏度、质量进行调控，达到均质化增黏等目的，满足纺丝及后道加工及应用的要求。

（二）化学法循环再利用技术

化学法循环再利用是用化学试剂将合成纤维中的高分子化合物解聚，将其转化成单体或低聚物，然后再利用这些单体制造新的化学纤维，是单体小分子层面回收再利用方法。这种方法可以借助化工分离提纯过程，除去物理循环再利用法中无法去除的物质，如染化料、劣化分子链段结构等，循环再利用纤维品质通常可媲美原生。同时化学法再生易与共聚、共混等改性方法结合，开发差别化功能纤维。主要的化学法再生工艺路线如图 1-5 所示。

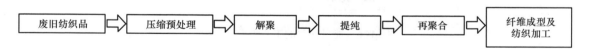

图 1-5 纺织品化学法再利用工艺路线图

聚酯的化学再利用现已有水解法、醇解法、胺解法、超临界法等，不同的降解方法得到的产物不同。水解法按酸碱度不同可划分为酸性水解法、碱性水解法和中性水解法，最终产物为对苯二甲酸（PTA）和乙二醇（EG）。聚酯醇解法是废聚酯化学法再利用的重要方法之一，所采用的醇类有芳香醇、一元醇、二元醇等。若使用甲醇醇解，产物是 EG 和对苯二甲酸二甲酯（DMT）；使用乙二醇醇解，产物是对苯二甲酸乙二酯（BHET）及其低聚物，这些都可作为合成高聚物的原材料。超临界流体降解法虽然产品收率高，但其反应条件过于苛刻，处于研究阶段。

除聚酯纤维外，聚氨酯纤维、聚乙烯醇纤维、聚丙烯腈纤维等合成纤维也可通过醇解法、水解法、碱解法、氨解法、胺解法、热解法、加氢裂解法、磷酸酯降解法等方法回收，但这些方法各有优缺点，其共性的问题是降解产物的分离与提纯有一定困难、回收效率较低和再利用纤维品质稳定性控制困难等。上述方法中，氨解法和碱解法目前还处于实验室研究阶段。在实际生产中，需根据产品使用要求、生产成本和不同纤维的结构性质来选择与设计回收工艺。

（三）热能法循环再利用技术

热能法循环再利用是将废旧纺织品中热值较高的化学纤维通过焚烧转化为烷烃、烯烃、二氧化碳等，同时释放热量，可用于火力发电的原料。合成纤维的热值一般在30MJ/kg以上，例如聚乙烯和聚丙烯纤维的发热量更是高达46MJ/kg，超出燃料油（44MJ/kg）的热值。另外，其焚烧后废弃物的体积约减少99%，大大减缓因存放废弃物带来的土地压力，是一种辅助的极限利用方法。能量回收的工艺流程如图1-6所示，需要注意的是，焚烧处理过程中如处理不当会产生NO_x、HCl、二噁英等有害物质，造成污染。

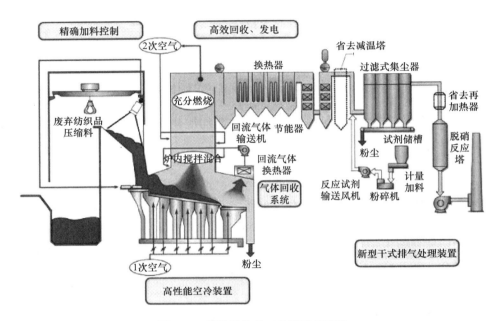

图1-6　能量回收的工艺流程示意图

第三节　循环再利用纤维发展历史与现状

一、国际发展历史

循环再利用纤维不仅是资源的高效利用，而且跟环保和社会责任密切相关。每年全世界的纺织品使用量达5600万吨以上，若衣服的平均周期以3~4年计，而纺织品的废弃物以70%左右计，则每年废旧纺织品产生量约达4000万吨以上。为了充分利用这一废弃资源，减少其对环境的压力，延长纺织服装的生命周期，21世纪以来，发达国家纷纷开始了废旧纺织品回收再利用方面的研究，并出台了一系列的政策，支持和鼓励包括废旧纺织品在内的固体废物的再利用。

德国在循环经济方面走在世界前列，早在1972年德国就制定和颁布了《废弃物处理法》，1996年又颁布《循环经济和废物管理法》，确立产生废弃物最小法、污染者承担治理义务以及政府与公民合作三原则。家庭废弃物利用率从1996年的35%上升到2003年的60%。

目前，废弃物处理成为德国经济支柱产业，年均营业额约 410 亿欧元，并创造 20 多万个就业机会。在这一法律框架下，针对具体行业，德国又制定了促进该行业发展循环经济的法规，如《包装废物处理法》《报废车辆法》《电池条例》《废电器设备规定》等，家庭废弃物利用率比十年前翻了两倍。

日本政府从 20 世纪 80 年代前后开始，制定了一系列的法律法规，大力推行循环经济。2000 年，日本政府颁布了《促进循环型社会形成基本法》，此外，还制定了一系列配套的法律法规，如《废弃物处理法》《再生资源利用促进法》《建筑资材循环利用法》《食品循环利用法》《容器和包装材料循环利用法》《家用电器循环利用法》和《汽车循环利用法》等。出台的措施包括：政府部门率先使用再生产品，对循环型社会公共设施的完善提供财政支持；企业有义务提高制品和容器的耐久性，完善维修体制，在设计阶段考虑产品的循环利用；国民在使用再生品和回收循环资源方面有义务进行合作，有义务遵守建设循环型社会的规定，当制品成为循环资源时有义务协助企业收集。

英国制定了一系列法律促进经济社会结构循环式发展，主要有《环境保护法》《废弃物管理法》和《污染预防法》等。英国还制定了包括减少、循环、回收目标在内的废弃物管理国家战略，并在全国普遍建立了废弃物分类回收设施。目前，英国的环境、食品和城市事务部（DEFRA）开展了包括服装全生命周期的各个环节循环经济的设计，如绿色设计、清洁生产、碳标签认证及回收再利用等，力图从生产、销售到废弃的每个过程都达到污染最小化、资源利用最大化。

法国生态和可持续发展部于 2007 年颁布了《关于新纺织服装产品、鞋及家用亚麻布产生的废物再循环与处理法令草案（G/TBT/N/FRA/66 号通报）》，该草案制定了关于纺织废弃物延伸生产者责任及计划的组织程序。2008 年 12 月开始，欧盟开始实施新指令，将废旧纺织品及服装列为可循环利用材料，极大地推动了纺织品及服装在欧盟的循环利用。

美国发展循环经济年代较早，1976 年，美国联邦政府就制定了专门的《固体垃圾处理法案》。到目前为止，已有十几个州制定了废弃瓶子的处理办法规定，20 多个州制定了禁止在庭院内处理废弃物的法规，近一半的州对固体废弃物的循环处理率超过了 30%。每年 11 月 15 日是美国的"回收利用日"。各州也成立了各式各样的再生物质利用协会和非政府组织，开设网站，列出使用循环再利用成物质进行生产的厂商，并举办各种活动，鼓励人们购买使用循环再利用物质产品。在美国，二手服装店是废旧纺织品服装的主要走向，市民将废弃服装干洗后捐献给慈善组织，慈善组织分拣后直接挂牌出售，市民对二手服装的接受程度高，二手服装的销售不受限制，也没有消毒等"卫生"要求。

从美国、英国等地的经验来看，废旧纺织品服装的主要走向是二手服装市场。在日本，由化纤公司开发涤纶的化学降解技术，并牵头形成了小规模的涤纶废旧服装循环利用体系。在法国，通过与设备厂商的合作，废旧纺织品循环再利用成为高值化产业用纺织品，用途广泛。各国政府和企业设立相应组织，资助在废旧纺织品回收再利用方面的技术创新、市场开发、综合利用对我国循环再利用纤维发展具有一定的借鉴意义。

纵观发达国家的化纤循环经济发展模式，充分认识循环过程的特征，扶植骨干企业持续发展，建立科学有序的回收体系，严格执行加工过程与产品标准，实现全流程的控制，这样可以避免二次污染，确保循环再利用与循环产业健康发展，同时产品质量的得到保证，保障产品市场持续发展。

二、国内发展现状

我国是世界化纤生产与应用大国，2016 年化纤总产量达到 4943 万吨，占到全球化纤总量的 76%，如图 1-7 所示。纺织纤维的加工总量为 5420 万吨，其中化纤占到 81%，居绝对主导地位，如图 1-8 所示。然而在行业快速发展的同时，相应的废旧品处理的问题也随之而来。预计到"十三五"末，废旧化纤纺织品的社会存量将继续增加近 2 亿吨（按 5 年消费计），且正以每年百万吨的速率增长，但回收率仍未能得到有效提升。如果大多数废旧化纤制品被当作垃圾进行填埋或焚烧处理，这不仅严重污染了环境，而且也造成极大的资源浪费。

图 1-7　2016 年我国化纤产量占世界化纤产量比重

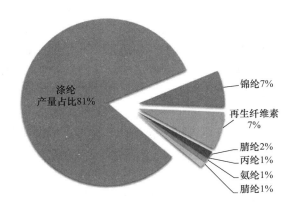

图 1-8　2016 年我国化纤各种类产量占比

目前我国对资源环境的保护越来越重视，在一系列环保政策的驱动下，传统产业中相关问题的整改也都在加快进行，化学纤维及纺织品的循环再利用已经成为我国纺织行业发展的迫切需求，循环再利用的消费理念也正逐渐被更多的消费者认知和接受。我国废旧化纤纺织品综合回收利用正是一项资源丰富、经济与社会效益显著的新兴行业，可从根源上解决原料的粗犷型消耗，缓解我国化纤原料资源制约的难题；解决废旧纺织品的不可降解给环境带来的巨大压力；引领中国纺织产业在低碳与资源等更高层次上参与国际竞争，并进一步提高我国在国际化纤产业发展进程中的话语权。化学纤维及纺织品的循环再利用总体目标是在引导行业走出一条高新技术汇聚、经济效益良好、资源消耗低、环境污染少、人力资源优势得到充分发挥的新型发展道路，这也是我国纺织化纤行业加快经济发展方式转变和经济结构调整的重大战略与机遇。相关规划及政策如表 1-2 及表 1-3 所示。

表 1-2　化纤循环再利用相关规划及政策

年份	相关法律、法规及规章	相关内容
2004	固体废物污染环境防治法	固体废物分类：工业固体物，生活垃圾，危险废物
2007	再生资源回收管理办法	再生资源：旧金属，报废电子产品，报废机电设备，废造纸原料，废轻化工原料，废玻璃
2009	循环经济促进法	遵循原则：减量化，再利用，资源化
2011	建立完整的先进的废旧商品回收体系的意见	提高回收率：废金属，废纸，废塑料，报废汽车，废旧机电设备，废轮胎，废弃电器电子产品，废玻璃，废铅酸电池，废弃节能灯

表 1-3　循环再利用相关规划及政策

颁布时间	相关法律法规与国家政策	颁布单位或组织
2011 年 3 月	"十二五"发展规划	全国人大
2012 年 1 月	化纤工业"十二五"发展规划	工信部
2012 年 1 月	大宗工业固体废物综合利用"十二五"规划	工信部
2012 年 3 月	工业清洁生产推行"十二五"规划	工信部
2012 年 5 月	废物资源化科技工程"十二五"专项规划	科技部等 7 部委
2012 年 6 月	"十二五"节能环保产业发展规划	国务院
2013 年 2 月	产业结构调整指导目录	国家发改委
2014 年 11 月	国家应对气候变化规划	国家发改委
2015 年 7 月	再生化学纤维（涤纶）行业规范条件	工信部
2015 年 11 月	产业关键共性技术发展指南（2015）	工信部
2016 年 3 月	"十三五"发展规划	全国人大
2016 年 12 月	"十三五"节能减排综合工作方案	国务院
2017 年 4 月	循环发展引领行动	国家发改委
2017 年 10 月	产业关键共性技术发展指南（2017）	工信部

从发展政策层面看，化学纤维纺织品循环再利用产业是典型的环保、绿色、循环经济的代表产业，符合国家全面、协调可持续发展战略，属于国家鼓励发展的行业。推进再利用资源的回收和再利用列入"十二五""十三五"规划中。"大力发展循环经济"被写入我国《国民经济和社会发展第十二个五年规划的建议》中，并提出要完善循环再利用资源回收体系和垃圾分类回收制度，推进资源再生利用产业化。党的十九大报告指出，要加快生态文明体制改革，建设美丽中国，要推进绿色发展，加快建立绿色生产和消费的法律制度和政策导向，建立健全绿色低碳循环发展的经济体系。政策措施是推动我国废旧纺织品分类、有效回收和再利用的根本保障。但现阶段，我国与废物分类、回收及再利用有关的法律、政策及措施尚缺乏针对废旧纺织品回收及再利用的内容，还无法满足废旧纺织品回收及再利用的需要。例如针对与废旧纺织品回收及再利用，缺乏提倡使用循环再利用纺织产品理念，缺乏循环资源纺织品相关的收集、合作、推广、宣传的公民、企业、政府义务制度，循环型纺织品回收还没有列入社会公共设施建设，废旧纺织品物流系统缺乏总体设计，产业发展与税收专项支持政策、循环资源纺织品消费鼓励及优先采购制度等有待加强。

我国在废旧化学纤维及纺织品回收领域起步较晚，废旧化学纤维及纺织品成分复杂、配件辅料较多，增大了其回收再利用的难度，加之相关的法律、法规体系的不完善，我国目前与发达国家相比存在着很大的差距，但发展势头迅猛。"十二五"期间，循环再利用化学纤维行业分享经济发展的红利，实现了产能、产量的快速增长，详见表 1-4。再利用涤纶产能从 2010 年的 620 万吨提高到 2015 年的 960 万吨，增长 54.8%，年均增长 9.1%；循环再利用涤纶产量从 2010 年的 390 万吨提高到 2015 年的 530 万吨，增长 35.9%，年均增长 6.3%。循环再利用丙纶产能从 2010 年的 15 万吨提高到 2015 年的 42 万吨，增长 180%，年均增长 22.9%；循环再利用丙纶产量从 2010 年的 10 万吨提高到 2015 年的 33 万吨，增长 230%，年均增长 27.0%。随着下游环保产业的高速增长，循环再利用聚苯硫醚纤维产量从 2010 年的 300 吨提高到 2015 年的 1500 吨，增长 400%，年均增长高达 38.0%。

表1-4 "十二五"期间循环再利用化学纤维产能产量变化情况　单位：万吨

项目	纤维品种	2010 年	2011 年	2012 年	2013 年	2014 年	2015 年	年平均增长率（%）	累计增长（%）
产能	再生涤纶	620	780	800	860	950	960	9.1	54.8
	再生丙纶	15	20	27	35	40	42	22.9	180.0
	再生聚苯硫醚纤维	无须专业生产装置利用再生涤纶设备加工							
产量	再生涤纶	390	450	530	580	560	530	6.3	35.9
	再生丙纶	10	18	22	28	30	33	27.0	230.0
	再生聚苯硫醚纤维	0.03	0.05	0.08	0.1	0.12	0.15	38.0	400.0

注　资料来源：中国化学纤维工业协会。

目前，我国循环再利用化学纤维行业的产能和产量均为世界首位。除了宁波大发、优彩环保等再生化纤企业外，中化国际、航天科技、葛洲坝、台湾远东集团等一批大型国企、跨国公司看好并加快布局循环再利用循环产业，行业的发展将大大提升。

第四节　我国循环再利用纤维发展战略

未来将继续坚持资源循环，以人为本，立足自主创新，紧密结合我国经济社会可持续发展需求和工程科技发展的大趋势，以绿色发展为基调，以"零抛弃""清洁低碳""高效高质高值"为导向，以重大科技工程为抓手，以"政、产、学、研、用"结合的自主创新体系建设为支撑，把握科技发展交叉融合的特征，强化关键技术原始创新与智能化绿色化集成创新，强化中国再利用资源纤维及制品的品牌建设。形成纺织品再利用循环的中国特色的方案及示范产业，建立国家级纺织品再利用循环科研及工程技术开发平台，建成多层次纺织品再利用循环科技创新人才体系，使我国聚酯、聚酰胺、聚丙烯、聚苯硫醚等重点化纤品种的再利用循环技术水平及创新能力跻身世界前列，在低碳与资源等更高层次上参与国际竞争，加速实现我国纺织行业向绿色环保、资源节约的可持续发展方向的转型升级，实现我国由纺织品循环再利用大国向强国的转变。

在我国废旧化纤纺织品循环再利用科学研究以及现有化学纤维循环再利用小试、中试及初步工程化、产业化的基础上，进一步深入开展原创性的化纤纺织品循环再利用的基础研究，着力突破化纤主导品种的化学纤维循环再利用高效及智能化工程化关键技术、化学纤维循环再利用全流程清洁化生产关键技术，完善废旧化纤纺织品的分类收集、资源化前处理等自动化连续化工艺与配套装备体系，提升产业化规模，结合当前国家"固废进口限令"和"环保风暴"的要求，提升我国废旧纺织品循环再利用的利用率、加强节能减排水平。结合终端应用要求，提高化学纤维循环再利用制品的在服装、装饰、汽车内饰、土工等专业化定制比例，扩展再生制品的应用市场，支撑化学纤维循环再利用产量及综合利用水平达到世界引领，同时建立再生制品鉴别与安全性评价标准及管控机制等手段，进一步规范再生行业发展，加强品牌建设，提升国际竞争力与产业形象，发展思路示意图如图 1-9 所示。

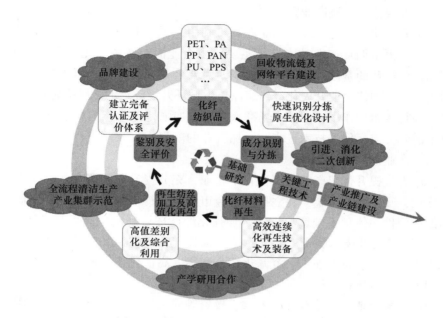

图 1-9　循环再利用纤维发展思路示意图

一、加强总体设计，推进包容发展

由于废旧纺织品的分类收集需要涉及多领域协同推进，但目前国内也尚无专门的统筹和协调的组织机构，存在多头共管的问题，相关环境也需要优化。

第一，设立推进化纤纺织品循环再利用物流体系升级的组织机构。由国家相关主管部门、行业联合会、相关高校和研究机构等负责人和专家，建立跨领域的联席机构，负责协同开展从化纤纺织品生产、贸易、物流、逆物流回收全链条的顶层设计及相关政策和规划制定。

第二，建设纺织品回收物流体系试点，在长三角、珠三角区等纺织及物流产业发达区域，扶持一批骨干企业，在化纤纺织品生产时增加统一的回收分类及物流追踪标识，基于纺织品物流供应链，反向构建废旧品的物流收集链。形成"点对点"，"点到面"的发展形态，全面覆盖服装、家纺、产业用等各应用领域的废旧纺织品全量回收及分类的总集散平台，高度整合目前小、散、低、乱废旧纺织品回收组织，构建社会共享平台，解决企业在废旧纺织品信息的统计、发布、处理和共享上的问题，实现节约资源、降低企业成本、增加经济效益。

第三，充分发挥市政回收系统及环卫公司作用，并采取鼓励措施发动居委会、小区物业等基层组织力量，综合管理基于社区便利店的回收模式以及专卖店回收，利用互联网平台，实现即时预约回收，在主物流线回收的带动下，开辟多样的废旧纺织品集散分支渠道，形成社会多方支撑共荣的良性发展态势。

第四，借鉴欧美废旧纺织品再利用模式，适当时机开放国内二手服装交易，因为针对很多"旧而不废"的纺织品二手交易是能耗污染最小的方式，但开放二手服装交易市场的同时，要强化卫生防疫要求与监管，并完善立法及标准体系。

二、强化行业规范、促进产业升级

单从产能上看，我国已是化纤纺织品循环再利用大国，但却不是强国。虽然市场经济条件下，化纤纺织品再生循环产业技术升级主要应由企业面对市场变化，主动投入开展改造。但化纤纺织品再生循环的基础和支撑条件建设，需要公共资金投入加以支持，并且需要由国家相关部门出台一些加快企业开展化纤纺织品再生循环升级改造的激励措施：

第一，加强行业指导作用，把控市场准入门槛。加强行业生产自律、发展自律、价格自律管理，开展国际交流，促进技术进步，增加行业的凝聚力。政府与行业协会在行业准入的严格把关，引导产业结构调整。

第二，集中力量提升优势产能，扶植骨干企业，充分提升财政资金的使用效率，发挥财政专项杠杆作用，吸收社会资金，建立投资基金市场化运行机制，重点支持发展化纤纺织品循环再利用的软硬件一体化系统解决方案。加强化纤循环再利用"高效高品质""多功能高值化""零排放"等先进技术装备产业化示范，延长产业链和相关产业链接。形成识别、分拣、拆解、无害化处理、再生加工、资源化综合利用、高值化多领域应用开发等完整的产业化循环再利用关键技术体系。

第三，借助国家及地方产业布局、税收、投资等政策调节手段，充分利用和调动社会资源支撑化纤纺织品循环再利用升级改造。给予化纤纺织品循环再利用企业优惠政策，例如增值税退税衍生到产业链。鼓励发展化纤纺织品再生循环的纺织企业参加国家再生示范企业认证，符合条件的同等享受相关的税收减免及专项补贴等优惠政策。着力推进现行产业化再生技术向连续封闭短流程、减排清洁绿色化、全量利用生态化、高效智能化、产品功能化方向的转型，促进废旧纺织品综合利用产业的专业化、规模化、智能能化、集约化发展。

第四，加强金融政策对化纤纺织品循环再利用科技创新的引导作用，积极探索多渠道、多元化的投融资机制，加大对化纤纺织品循环再利用科技创新的投入。支持符合条件的纺织企业发挥自身优势，产经融合，化纤纺织品再生循环资源共享和优势互补。同时建议增设循环经济上市板块，加大循环经济建设的推进力度。

三、融合产学研用，推进技术创新

相比发达国家，我国在化纤纺织品循环再利用方面的基础研究仍相对薄弱。同时，由于循环再利用化纤产业具有赢利性弱、公益性强，投资规模大的特点，基础研究成果转化速度较慢、转化率较低，直接制约了化纤循环再利用循环产业技术升级的进程。为加快产业化技术创新及培育，加速新型适用技术的推广应用，淘汰落后产能，加快化纤纺织品循环再利用技术转型升级，培育和发展新业态、新模式，促进"增品种、提品质、创品牌"，提升化纤循环再利用产业研发、设计、生产、产品、管理、服务的全链条综合水平，建议国家相关主管部门设立专项，建立国家级重点实验室及工程技术研究中心，推进化纤循环再利用基础研究的深入及研究成果的转化。

第一，在国家实施"低碳经济循环经济与加快经济发展方式转变"战略任务中，设立推进化纤纺织品循环再利用的重点专项。支撑应全面覆盖聚酯、聚酰胺、再生纤维素、聚烯烃、聚丙烯腈、聚氨酯、聚苯硫醚、碳纤维等主要化纤品种的循环再利用技术及关键共性技术的基础研究，同时重点支撑基础研究成果的产业应用推广。设立国家科技与产业升级计划、贷款贴息等专项资助，鼓励优势企业投入，并按照国际碳排放标准对执行效果好的企业进行政府专项补贴，推进化纤纺织品循环再利用科研成果向产业转化。

第二，加大废旧纺织品再生领域"产学研用"合作的支撑力度，助力基础研究应用落地。在全国重点区域立若干废旧化纤纺织品综合利用产学研创新基地、产业创新联盟、国家级重点实验室、国家级工程技术中心等互动平台，共同研究、引进、消化、吸收和再创新的关键技术和装备，结合国内实际生产情况，促进再生产业化关键共性技术研发及推广。

第三，推进化纤纺织品循环再利用共性关键适用技术的研究与应用研究的联动。由政府主管部门以政策支持，建立并完善技术遴选、评定及推广机制，加大对化纤纺织品循环再利用共性关键技术研发的投入和供给。通过政府采购促进化纤纺织品循环再利用共性关键技术的转移和扩散通过政府买断的方式加速对先进创新型适用技术的推广应用。

四、深化宣传推广，提升品牌建设

针对我国目前再生纺织品鉴别、认证及安全评价等体系缺失，原生冒充再生扰乱市场秩序，消费者对再生纺织品认知度差、误解多，消费者回收意识薄弱等问题。建议加强相关认证体系及评价体系建设，重视品牌建设，提高消费者对再生产品的认可度及参与意识。

第一，加强化纤循环再利用认证体系建设，强加国际交流合作，明确低碳经济、循环经济产业的要求。加强产品生态安全标准建设，建立与完善废旧纺织品清洁化生产考核和评价体系，在理化性能等基础上，建立安全认证体系，提出循环再利用产品性能评价、质量评价和安全评价体系，着力推进认证评价体系对全产业链的覆盖，引导行业参与国际竞争。

第二，基于认证及评价体系制定行业门槛，加强品牌建设，引导行业重视生产全流程的低碳环保，重视不断提升循环再利用纤维品质及价值，摒弃主要依靠数量、价格竞争的粗放型行业发展模式，从规模扩张主导的短期产能增长转入结构调整和质量效益主导的产能平稳增长，避免低水平的重复投资及产能过剩。

第三，加强科学引导与宣传，加大政府采购与专业化定制支持力度，优先采购循环再利用制品，引导消费者正确认知循环再利用产业。加强公众教育，提高居民对循环再利用产品的接受度，加大宣传力度，组织开展形式多样的宣传培训活动，通过微信、手机、互联网、广播电视、报纸杂志等多种途径普及循环再利用方面的知识，宣传典型案例，推广示范经验。建立居民绿色信用档案，与其他废弃物回收档案相结合，构建社会绿色信用网，督促与激励消费者履行环保义务，形成全民参与的良性发展态势。

五、加强基地建设，培养专业人才

针对化纤纺织品循环再利用行业专业技术人员，特别是高层次专业技术人员，以及具有纺织、材料、机械、信息、物流管理、经济等多学科交叉知识背景的专业人员短缺，建议由政府主管部门出台相关的政策措施，加快推进纺织品循环再利用国家级重点实验室、国家工程技术中心、国家产业技术联盟等科研平台基地，吸引全球范围内的高级专业人才及学科交叉人才、指导加强各层次化纤纺织品循环再利用专业技术人才队伍建设。

第一，面向全球汇聚化纤纺织品循环再利用领军人才和创新团队建设。依托领域化纤纺织品循环再利用重要项目、重点企业化纤纺织品循环再利用升级改造、相关的重点学科和科研基地，面向全球汇聚化纤纺织品循环再利用科技领军人才，积极推进相关的创新团队建设。

第二，跨领域汇聚高水平纺织化纤纺织品循环再利用专业人员。制定相关的专项政策措施，跨领域汇聚国内外化纤纺织品循环再利用核心技术领域高级专家。进一步破除人才发展中的论资排辈和急功近利现象，重实际能力，不拘一格培养造就一批化纤纺织品循环再利用领域的中青年高级专家。

第三，校企联合开展化纤纺织品循环再利用技术人才定制式培养。建立高校、高职、中职院校以相关企业化纤纺织品循环再利用示范项目为平台的，学校与企业单位联合开展化纤纺织品循环再利用技术应用型人才培养机制，支持高校、高职、中职院校相关学科专业与化纤循环再利用企业及融合、产学研用结合建立实训基地，依托基地定制式开展纺织企业化纤纺织品循环再利用人才培养，同时开展相关企业人员的化纤纺织品循环再利用技术培训，推进技术产业化应用进程。

第四，多学科交叉融合培养领域化纤纺织品循环再利用专业学位研究生。改革行业特色高校工程科技人才培养模式，纺织、材料、机械、信息、计算机、工商管理等学科交叉融合，培养复合型领域化纤纺织品循环再利用专业学位研究生。改革本科生课程设置，加强工程实践，跨专业培养具有化纤纺织品循环再利用专业知识和工程实践的专业人才。

第二章　资源前处理

　　资源前处理指的是对废旧瓶、废旧丝、废块、废旧纺织品等原料进行处理，包括收集分拣、清洗除杂、造粒等过程，制备得到适宜加工的物理状态，如片状、粒料、泡泡料、切片等，从而满足纺丝等加工要求。在循环再利用纤维原料中，PET 占有重要的比例，主要有 PET 瓶、PET 膜、PET 纤维等，如图 2-1 所示。本章分别以废旧瓶、废旧纤维及废旧纺织品为研究对象，分别阐述资源化的工艺流程及装备。

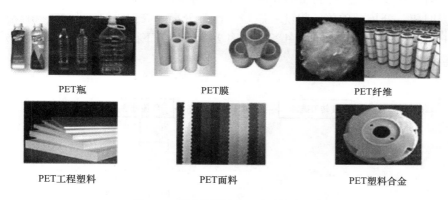

| PET瓶 | PET膜 | PET纤维 |
| PET工程塑料 | PET面料 | PET塑料合金 |

图 2-1　循环再利用 PET 原料来源

第一节　废旧瓶前处理

一、废旧瓶的基本特性

　　废旧瓶片的再利用作为一项节约资源、保护环境的措施，普遍受到世界各地的重视。废旧瓶片的循环再利用方法主要包括了分类回收、制取单体原材料、生产清洁燃油和用于发电、纺丝成纤维等技术。瓶片的循环再利用对减少二氧化碳气体排放有重要作用。与埋地和焚烧以回收能量方案相比，再利用每吨塑料可减少产生 1.5~2.0 吨二氧化碳。PET 瓶是食品、饮料包装的主要品种之一，世界年生产聚酯瓶约 3000 万吨，其中中国约 600 万吨。旧聚酯瓶具有极强的化学惰性，很难在自然条件下降解，不仅对地球环境造成很大的负担，而且还会造成极大的资源浪费。

　　PET 瓶本身不仅包括了瓶体的 PET 组分，还包括了 PE 的瓶盖、PVC 的标签纸还有标签纸上胶水等成分，如表 2-1 所示。经过机械法回收纯 PET 的含量高达 99.9%，HDPE 和黏合剂含量可分别降至 0.03%、0.01% 和 0.06%。PET 瓶片循环再利用料的特性黏度可达 0.74dL/g。一般要求 PVC、HDPE、黏合剂含量要极低，否则影响 PET 的可纺性。

表 2-1 PET 瓶组成及成分

瓶组成	成分
瓶体	PET/水瓶（0.75dL/g）汽瓶（0.85dL/g）
瓶盖	PE、PP、PVC
标签纸	PE、PP、PVC
胶水	EVA
油墨	油墨

二、废旧瓶资源化工艺流程及装备

废旧瓶前处理过程是其再利用的关键，直接影响到其产品的品质。废旧瓶前处理工艺流程细分为废旧瓶—分拣—破碎—粗洗—瓶盖、标签分离—高温处理—脱水—精洗—脱水—净瓶片。废旧瓶前处理流程及车间如图 2-2 和图 2-3 所示，下面将对废旧 PET 瓶前处理主要流程进行分别说明。

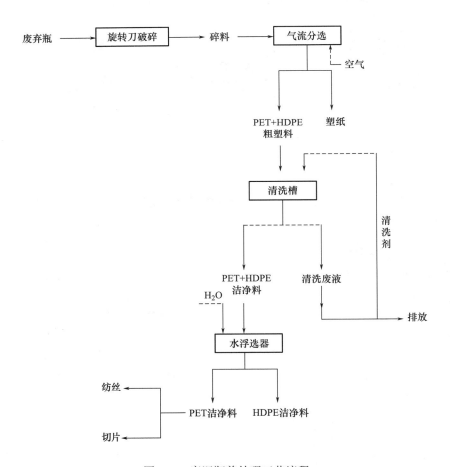

图 2-2 废旧瓶前处理工艺流程

图 2-3　废旧瓶前处理车间

（一）整瓶清洗

PET 瓶由输送机输送进入洗瓶机。PET 瓶按洗瓶工艺要求进行清洗，洗瓶机在洗瓶过程中，同时解开片状瓶砖，洗瓶机对 PET 瓶中的泥沙和杂质等进行预洗去除，洗瓶工段还可去除残留在 PET 瓶中的部分 PE 商标、纸标签和部分胶粘 PVC 标签。更重要的是，经过加热预洗，PVC 瓶物理性状发生变化（相对 PET 瓶而言，PVC 瓶颜色变乳白朦胧色或淡黄色），十分方便后续挑选。

（二）瓶的识别与分拣

废旧瓶的来源非常复杂，常常混入沙土等杂质，且不同品种、不同黏度的瓶片往往混杂在一起，这不仅会对废旧瓶的回收加工造成困难，也会较大地影响生产的制品的质量。因此，废旧瓶前处理不仅要将废旧瓶中的各种杂质清除掉，而且也要将不同品种的瓶分开。

1. 废旧瓶的分离方法

废旧瓶的分离方法包括了人工分离、半机械化分离、机械（自动）分离（X 射线探测和红外线扫描技术），这几种方法的优缺点如表 2-2 所示。

表 2-2　废旧瓶分离的方法

方法	操作模式	优点	缺点
人工分离	操作人员通过肉眼观察鉴别，凭经验分离各种瓶片废料	投资低	劳动强度大、效率低、准确率低
半机械化分离	操作人员通过肉眼观察鉴别在传送带上的废旧瓶片，然后通过自动抛出装置进行分离	投资较低，劳动强度有所降低	效率依然不是太高，准确率低
X 射线探测和红外线扫描技术	通过 X 射线、红外线探测	准确率非常高（错误率小于万分之一），生产效率高（1t/h）	投资很大，给料要求高
水浮选器/水力旋流器分离技术	根据瓶上各种组分的比重不同	快速高效	混入杂质对聚酯可纺性影响较大

（1）人工分离与半机械化分离技术。主要依赖操作人员的经验，虽然投资低，但这种方法劳动强度大、效率低、准确率低。

（2）近红外（NIR）识别分拣技术。近红外（NIR）谱区主要是分子振动的倍频和合频吸收。双原子分子非谐振子除了基频跃迁外也可能发生从基态到第二或更高激发态之间的跃迁，这种跃迁称为二级或多级倍频跃迁，产生的吸收谱带称为二级或多级倍频吸收，统称倍频吸收。多原子分子的振动可以看成是由许多简正振动组合而成，它们之间可能发生相互作用，使吸收峰频率近似于二基频的和或差，这种吸收叫合频吸收。NIR 吸收很适合用于分析透明的或淡色的聚合物，且相当快捷和可靠。NIR 光谱的波数为 $14300 \sim 4000 cm^{-1}$，适用于大多数通用塑料及工程塑料（PE、PP、PVC、PS、ABS、PET、PC、PA、PU 等）的鉴定，因此 NIR 技术应用较广。该法快捷、可靠，响应时间短，灵敏度高，穿透试样的能力比 MIR 强。同时，NIR 光谱仪无运动部件，易维修。

（3）水浮选器/水力旋流器分离技术。这种分离回收技术的原理是根据瓶上各种组分的比重不同，利用气流分选器、水溶液洗涤剂、水浮选器/水力旋流器、静电分离器等分离出标签、胶、HDPE、铝等，最后得到纯 PET。其中气流分选主要分离出 PET 瓶的标签，水浮选分离出其中的 HDPE 瓶盖。

在 PET 瓶前处理过程中，由于原料情况的不同以及用户对最终产品的要求不同，对分选设备的要求和布置就各有不同。应该遵循分选设备的互补性、杂质分选的全面性、特殊杂质的针对性原则。

2. 分选设备的互补性

当某一瓶子通过一分选机进行分选，未能被分选机有效分离出来（分选效率都小于100%），这说明该瓶子本身可能具有不易被分选机识别出来的特性，比如标签、脏物质、物质形状等因素。如果该瓶子再次通过同样的第二台分选机，第二台机器也有非常大的可能误判该瓶子，因为该瓶子对两台分选机来说是一样的。这就说明，如果串联两台基本一样的分选机来提高生产线的分选效率，结果肯定是不理想的。用两台分选机来提高最终产品质量的情况下，必须考虑分选设备的互补性，比如说，前一台分选机是反射光正分选，那第二台采用穿透光的负分选来互补性能，从而把一些漏选的杂质高效地分离出来。

3. 杂质分选的全面性

长丝级或瓶级将是未来主要质量要求，在这种情况下，设计分选中心一定要考虑原料的特性，对原料中可能存在的杂质进行充分的考虑。对于从废弃物分选工厂或超市回购的瓶子，主要杂质一般为各种不同的塑料。从垃圾或填埋场里再次回收的瓶子可能带有很多其他杂质，这些杂质的不同都会对分选机的安排产生影响。

4. 特殊杂质的针对性

在 PET 回收的所有杂质中，特别是高品质 PET 回收中，PVC 依然是最重要，也是最难控制的，这就需要在设计分选方案时对 PVC 有一个特殊的考虑，从而能使 PVC 在最终产品中有非常好的控制。

对于分选机来说，有正分选和负分选的区别，所谓正分选，就是在进料的瓶子中，将需要的瓶子打出来，同理可得，负分选就是在进料的物料中将杂质从原料中打出。表 2-3 为分选机正分选和负分选的区别。

表 2-3 分选机正分选和负分选的区别

分选方式	基本过程	优点	缺点
正分选	将物料吹离进料流	在原料情况比较复杂，同时只进行简单的物料预处理情况下，始终都能得到较纯净的物料，使清洗线能一直保持非常稳定的原料供应和产品质量保证	压缩空气使用量和机器负荷比较大，这样会增加运行成本和设备维护成本
负分选	将杂质吹离物料流	压缩空气使用量较少，运行成本和设备维护费用较低	对不可控杂质处理能力不足

5. 分选的案例分析

案例一：

在原料较好，并且有过较好的预处理情况下，推荐使用以下方案（图 2-4）。

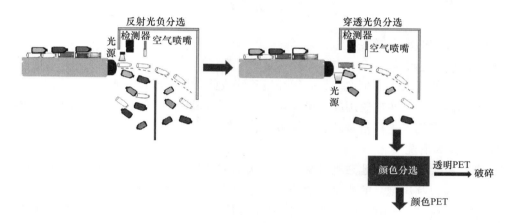

图 2-4 分选方案一

该方案主要是：第一台采用反射光分选，将所有杂质包括不透明的塑料在第一道分选时去除，同时还有可能少量的 PVC 遗漏后进入第二道穿透光精分选设备。在第二台设备里，由于是穿透光精分选，PVC 在此得到针对性的处理，这样两台分选机达到了很好的互补（穿透光和反色光），颜色分选可以将有颜色的、不透明的（包括 PVC 标签的全包瓶）进行分选，从而进一步减少人工和 PVC 标签可能带来的对最终产品质量的污染。

在此方案中，如果去掉颜色分选，会使人工成本上升，如果去掉一台材质分选机，由于没有互补性存在，可能会导致 PVC 含量的升高，用户可以结合自己的实际情况和要求对分选设备进行取舍。

案例二：

该方案主要针对材质比较混杂，前段并没有进行非常细致的预处理生产线（图 2-5）。

第一道反射光正分选，将所有 PET 瓶从物料流中分选出来，通过第二道穿透光负分选精选 PET 瓶，这样达到两台设备的互补性。由于第一台采取了正分选，所有杂质的多样性问题得到解决，第二台穿透光精分选也同样对 PVC 杂质有了针对性的处理，从而确保了最终产品的高品质。

同样，该方案可以根据对最终产品的要求来减少颜色分选机或者一台材质分选机来适合

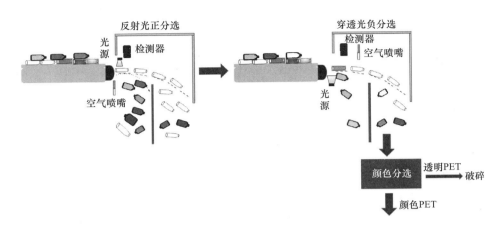

图 2-5　分选方案二

于不同预算和要求的清洗线。

（三）废旧瓶的破碎

废旧瓶的形状复杂、大小不一，必须经过破碎或剪切等手段将其破碎成一定大小的物料，方可进行再利用加工。通常使用撕碎机或切粒机对废聚酯进行切片处理。有的废旧聚酯瓶只进行一次破碎，有的先进行粗破碎后再细破碎，最终成为 1.0~1.5cm 大小的碎片。

（四）瓶片的清洗

废旧瓶通常会不同程度地沾有各种油污、灰尘和垃圾等，必须清洗掉表面附着的这些外部杂质，以提高再利用制品的质量。清洗方法主要有手工清洗和机械清洗两种。清洗设备主要可分为立式和卧式两种类型。干燥设备主要有热风干燥机、真空干燥设备和红外线干燥器等。

不同来源的瓶片清洗过程有混合、输送、搅拌清洗（水温 90~95℃，时间 30min）、输送、脱水、一道清洗（密度差）、输送、二道清洗（密度差）、脱水、气流输送、筛选（大尺寸筛除）、批料混合等，瓶片的清洗车间见图 2-6。

（五）瓶片的干燥

瓶片中的水分包括自由水分、平衡水两部分。可用下式表示：

$$F = F' + F^*$$

式中：F 为切片的含水量；F' 为自由含水量；F^* 为平衡含水量。

自由水分是可以被去除的水分；平衡水分是与一定的干燥条件相平衡、不能被完全去除的水分。降低平衡水分关系到切片的最终含水量能否符合纺丝要求。因此，切片干燥的关键是减少平衡水分。根据亨利定律：

$$F^* = KP$$

式中：K 为平衡常数；P 为水气分压。

由式可知，若要降低平衡水分，必须降低水气分压。抽真空、空气脱湿、提高温度等均可降低水气分压。

水分去除的速度取决于干燥介质的温湿度和水分与切片的结合形式。根据水分子与切片

图 2-6　瓶片清洗车间

的结合形式，可将切片中的水分为表面吸附水与内部结合水。自由水分基本属于表面吸附水，存在于切片表面空隙中，比较容易去除；平衡水分基本属于水分子间水分，其中部分水分子与聚酯大分子形成氢键，很难去除。只有当切片内部与表面存在水气分压差时，内部结合水由于温度升高而加剧运动，才能扩散到切片表面，进而蒸发，被干燥介质带出。切片内的水分扩散到表面较困难，必须有足够的时间才能达到平衡。水分的平衡是切片内部与表面的平衡，又是切片表面与干燥介质的平衡。表 2-4 是纺丝级回收再利用聚酯瓶片与原生纤维切片干燥对比。

表 2-4　纺丝级回收再利用聚酯瓶片与原生纤维切片干燥对比表

项目	原生 PET 切片	循环再利用瓶片
含水率（%）	≤0.4	≤2.0
外形尺寸（mm×mm×mm）	4×4×2.5	3×3×1~10×10×1
预结晶（干燥）参考时间（h）	1.0~1.5	0.5~1.0
预结晶（干燥）参考温度（℃）	140~160	120~140
干燥参考时间（h）	4~6	4~6
干燥参考温度（℃）	150~165	160~180

　　针对来源差异性低、品质高的废瓶，可以通过以上的前处理工艺后用于纺丝成形加工。循环再利用瓶片如图 2-7 所示。诸如其他类似的废旧 PET 材料如厚度较高的薄膜等均可以按照以上工艺流程进行前处理。但针对批次混杂、黏度差异大的瓶片，工业上还增加了瓶

片熔融均化与造粒环节。其中均化过程是将不同黏度大小的废旧瓶片及其助剂或改性剂实施混合使其均匀的过程。低黏度的瓶片在均化过程中会通过一定的方法使其相对分子质量增加。在完成均化增黏等过程中废旧瓶片形成的熔体一方面可以直接用于纺丝，另一方面可以造粒，形成特定形态结构大小的粒子，再用于后面的加工。为保证循环再利用切片的质量，再生装置中采用了水下切粒的方式实现切片的生产，离心脱水的方式可有效地去除产品表面的水分。水下切粒机具有自动化程度高、产量大、占地面积小、引料速度快的优点，切割室的快速更换，降低了生产投资成本，保证了循环再利用切片装置的持续运行。

图 2-7　循环再利用 PET 瓶片

三、瓶片质量标准与影响因素

循环再利用瓶片主要来源于矿泉水瓶、可乐瓶、热罐装饮料瓶和油瓶等。由于瓶片回收、清洗的工艺途径差异较大，因此与常规 PET 相比，回收瓶片表现为杂质多、特性黏度波动大、色泽偏黄、含水率高等特性，见表 2-5。这样的瓶片在纤维生产过程中表现为过滤性能差，纺丝断头多，可纺性差。因此需要对其进行严格的质量监控。

表 2-5　纺丝级回收瓶片与原生纤维切片物理性能对比

项目	原生 PET 切片	纺丝级循环再利用瓶片
特性黏度（dL/g）	0.64~0.66	0.7~0.85
熔点（℃）	260	255
水分（%）	≤0.4	≤1.0~3.0
杂质（%）	≤0.01（灰分）	≤0.02（PVC 等）
外形尺寸（mm×mm×mm）	4×4×2.5	3×3×1~10×10×1
堆积密度（t/m³）	0.75	0.35
颜色	白	白、绿、蓝

在回收 PET 瓶片质量控制过程中，应重点关注瓶片的堆积密度、含水率、外形尺寸及

PVC 含量。由于含水率及外形尺寸会影响瓶片的干燥效果，应将其控制在具体的范围内；堆积密度及外形尺寸会直接影响螺旋杆挤压机的挤出量及喂入效果；在具体的生产环节，应控制好 PET 瓶片中杂质的含量，符合生产要求。因此，纺织行业标准，FZ/T 51008—2014 规定了再利用聚酯（PET）瓶片的理化性能。标准适用于以回收的聚对苯二甲酸乙二醇酯为材质经破碎、分离、清洗等工序加工生产的聚酯（PET）瓶片，其他同材质的再利用聚酯（PET）原料可参照使用。

循环再利用聚酯的瓶片理化性能项目和指标见表 2-6。瓶片的理化性能项目主要包括瓶片尺寸、瓶片过网率、本色瓶片含量、水分、粉末含量、聚氯乙烯含量、聚烯烃含量、杂质含量、pH、特性黏度、熔点和非聚酯物质残留量。根据瓶片的性能指标，将瓶片分为 A 类、B 类、C 类和 D 类。

表 2-6 循环再利用聚酯（PET）瓶片的理化性能项目和指标

序号	项目		A 类	B 类	C 类	D 类
1	瓶片尺寸（mm）	≤	$M_1^①\times M_1$			
2	瓶片过网率（%）	≥	95			
3	本色瓶片含量（%）	≥	99.95	98.00	90.00	—
4	水分（%）	≤	1.0	2.0	3.0	6.0
5	粉末含量（mg/kg）	≤	2000	3000	5000	8000
6	聚氯乙烯含量（mg/kg）	≤	100	300	500	800
7	聚烯烃含量（mg/kg）	≤	200	300	800	1000
8	杂质含量（mg/kg）	≤	300	500	800	800
9	酸碱度 pH	≤	8.0	8.0	8.5	8.5
10	特性黏度（dL/g）	≥	0.72	0.72	0.70	0.65
11	熔点（℃）		$M_2^②\pm5$	$M_2\pm5$	$M_2\pm5$	$M_2\pm5$
12	非聚酯（PET）物质残留量（mg/kg）	≤	30	50	50	50

① M_1 为瓶片尺寸，小于 16mm，具体由供需双方约定。

② M_2 为熔点的中心值，具体由供需双方约定。

未经干燥的原生 PET 切片，其含水率通常在 0.4%～0.5%。循环再利用瓶片中含水量要比常规切片含水量更高，在 1.0%～3.0%。瓶片中的水分对纺丝极为有害。切片含水率对纺丝工艺的影响如下。

（1）切片中的水分使聚酯分子在纺丝时产生剧烈水解，相对分子质量降低，从而使得丝的质量下降，甚至无法纺丝。

（2）水分的存在会使单丝中夹带水蒸气，形成"气泡丝"，产生毛丝和断头。

（3）含水量不均匀，会使成品染色不匀。

（4）未经干燥的含水切片基本是无定形结构，其软化点较低，若直接用于纺丝，易在螺杆挤出机的进料口受热后软化粘连，造成"环结"堵塞现象，尤其是长丝进料速度较慢，更易产生这种情况。

第二节　废丝、废块前处理

废旧化学纤维包括常见的聚酯纤维、聚烯烃纤维、聚氨酯纤维等，其中以废旧聚酯纤维占主导地位。聚酯的废丝、废块前处理以粉末化处理法为主。

粉末化处理法是对聚酯废丝进行微波加热、真空清洁、粉末研制，获取"聚对苯二甲酸乙二醇酯"原料。该方法关键是 BHET 的获取，即将制成的熔体粉末与 PTA 互混进入酯化系统进行醇解，全部还原为酯化单体 BHET，再以原生单体的形式进行链增长反应，保证了熔体品质的均一性，其前处理过程如图 2-8 所示。

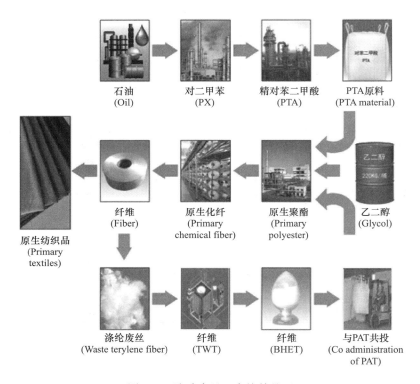

图 2-8　聚酯废丝、废块前处理

粉末化处理法原理是针对聚酯废丝、废块传热速度慢的弊端，采取微波复合脉冲技术和模糊数学矩阵式微波发生程序，迅速剥离纤维表面的油剂和水分子。同时在真空（1000Pa）的作用下，快速蒸发废丝中的水分和油剂，无需水洗和任何清洗剂。再次利用微波对高分子化合物的特殊降解能力，迅速降低聚酯纤维的强度。粉末化处理法设备主要包括初步粉碎、真空除水、真空除油剂、复合脉冲结晶与精磨制粉等过程。粉末化处理法可以实现聚酯及涤纶生产企业对废丝的就地内部消耗。其主要包括的环节及再利用车间结构分别如图 2-9 及图 2-10 所示。

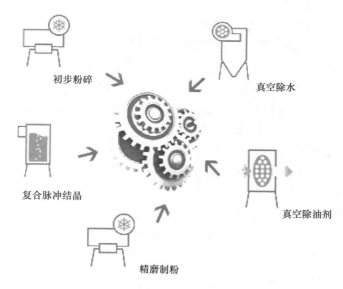

图 2-9　粉末化处理法主要流程

图 2-10　废丝、废块粉末化处理法车间结构示意图

第三节　废旧纺织品前处理

一、物理开松法

物理开松法是废旧纺织品回收利用方法之一，又称为机械开松法，物理开松法再利用技术是指将废旧纺织品不经分离而直接加工成可以纺出纱线的再利用纤维，然后织出具有穿着性或一定使用功能的面料，或直接将废旧布片经简单加工后直接使用的纤维层面的方法。物理开松法回收再利用废旧纺织产品的本质是将纤维还原到初始状态，这种方法仅仅是改变纤维的原始状态，几乎不破坏纤维分子的基本构成，是当下应用最广的废弃纺织产品再资源化

方法。物理开松法再利用废弃纺织品具有工艺简单、步骤少、要求低等特点，所得纤维符合成纱标准，通过简单的加工处理即可重回市场。

机械开松需要经过机械的切割、开松和撕裂等过程，得到的纤维分为可纺纤维和不可纺纤维。在转杯纺、环锭纺、摩擦纺和平行纺中，机械开松纤维可作为纺纱的原材料。纤维的细度和长度在转杯纺中要求相对较低，对于纺织厂的废棉和落棉，可以与其他的棉混合，作为转杯纺的原料。在实际生产经验中，人们发现将不同的纤维混纺比单一的废旧纤维的纺纱效果好，在一定程度上可以改善纺出纱线的质量。

（一）物理开松法再利用原料来源

机械开松法再利用原料废旧纺织品主要来源于以下几个方面。

1. 纤维加工产生的废料

无论是天然纤维还是化学纤维的生产，都不可避免地会产生一些副产物或废弃物，如轧花产生的落花和棉短绒、梳麻产生的亚麻下脚料和麻屑、生产化学纤维过程中产生的粗纤维屑和废丝等。这类纺织废料成分单一，且主要呈纤维状。

2. 纺纱工程产生的废料

在纺纱工程中也会产生各种纺织废料，如落花、落毛、落丝、回丝、废纱等。这类废料成分易于确定，有的呈纤维状，有的则以具有一定捻度的纱线形式存在。

3. 服装、纺织品加工产生的废料

服装、纺织品加工产生的废料是指服装、纺织品加工过程中，剪裁和缝制时产生的线头、布边、布角、布头等。纺织废料除了可以拼接加工布艺产品外，还是生产再利用纤维的主要原料。我国是纺织品生产和出口大国，每年纺织行业产生的纤维废料数量庞大。这类废料的成分比较复杂，花色多，具有一定的组织结构。

4. 生活中的废弃物和纺织品

随着人们生活水平的提高，服装、纺织品的更新周期加快，生活中的废弃服装和纺织品数量惊人而且随处可见，如旧服装、旧地毯、旧纤维包装物等，这类废弃物均可作为纤维生产再利用的原料。而且，其中的一些旧服装或纺织品还可以进入二手市场流通。这类纺织废料的成分复杂，不仅具有一定的组织结构，而且颜色和形状种类繁多。

（二）机械开松法再利用技术现状

1. 国外废旧纺织品物理开松法再利用状况

在国外，再利用纺织品往往售价比普通纺织品高出10%~20%，而在国内却难以摆脱低档廉价的形象。"黑心棉"等事件还使许多人对再利用纺织品产生抵触情绪。实际上，目前再利用棉纱的主要原料是生产服装过程中产生的碎布料，这些材料都是新的，与人们通常理解的二手服装、旧衣服不是一个概念。

日本采用机械开松技术的企业主要集中在爱知县岗崎地区和大阪府泉州泉南地区。岗崎地区由于离丰田公司较近，企业主要是再利用旧衣物和纺织服装，生产汽车内饰用产品，主要包括汽车隔热、隔音棉，同时也生产建筑物隔热层、劳动手套以及其他类似用途的产品。大阪府泉南地区的企业主要使用边角料生产棉纱和土木工程用棉。

国外的物理开松法纤维再利用生产线的设备比较先进，产能较高。如西班牙的 Margasa 公司推出的旧衣服自动制造再利用纤维生产线，该生产线每小时能自动加工 2000kg 废旧衣物

及纺织品，完成碎步、开松、除树脂拉链和纽扣等杂质、除短纤维及灰尘、制成棉花状纤维并完成压缩打包状态的再利用纤维。

2. 国内废旧纺织品物理开松法再利用状况

目前，我国的废旧纺织品回收还没有形成规模，主要是分散的少数单位投入这一行业，缺乏大型龙头企业参与，回收到利用的产业链不够通畅。同时，针对废旧纺织品的社会认可度存在一定的问题。社会也缺乏专门的回收组织，普通群众的废旧衣物很多时候没有地方投递，导致更多的衣物被当做垃圾浪费掉，街道社区没有专门的回收点，回收面相对比较窄，这些都有待进一步的改进和提高。

在机械处理中，有时会伴随有粉尘的飘散，影响空气质量。目前，机械处理还无法达到全自动化，其核心问题在于：首先，无法实现衣服纽扣、拉链及其他非布料装饰品的自动分离，主要依靠人工用剪刀裁剪掉这些附件；其次，对于机械开松的专用设备很少，还有待进一步深入研究；最后，机械处理的信息化程度较低，还不能实现废旧纺织品纤维处理时在线检测与评估。

目前，苍南县已形成服装下脚料、废布角料收购、开花、气流纺纱、拖把和宠物饰品等产品生产的较完整产业链。苍南县再生纺织业从业人员达20多万，工业年产值达150多亿元；全年实现废角料吞吐量300多万吨，在全国占比达到80%以上，形成了以宜山、钱库为中心的再利用纺织产业群。苍南县宜山镇很多企业从事再利用棉制造，以转杯纺纱工艺加工再利用棉纱的规模以上企业约40家，全镇大约有6万余人从事再利用棉纱的生产和流通，年产约80万吨纱线，产值30多亿元，该县是全国废旧纺织品综合利用试点基地。再利用纺织产业的快速发展给当地老百姓带来了收益，但产业"低、小、散"无序发展所产生的负面效应也逐步显现，企业产业层次低、噪声与粉尘污染、消防与生产安全隐患、企业违章建厂、机器设备陈旧简陋等问题日渐严重。废旧纺织品再利用产业发展主要问题：一是环境污染问题；二是违法占地、违章建筑的问题；三是安全生产与消防安全问题；四是劳动保障与职业病防治问题；五是高能耗设备的淘汰问题；六是无照经营问题，目前没有营业执照的依然有很多；七是质量安全问题，苍南再加工纤维质量问题，归根到底是产品标识问题。

如今，国外机械法回收废弃纺织品已经不再拘泥于"成纤—纺纱—织布"这一传统模式，而是早已跨界到各个领域。如利用废旧纺织品培养真菌、降解得到微晶纤维素以及制成羧甲基纤维素等。跟国外相比，我国机械法回收再利用废旧纺织品还相对落后，依旧只是停留在重新制成纱线、织物以及非织造布的阶段，废旧纺织品新的行之有效的回收再利用方法亟待研发。

（三）机械开松法工序与装备

机械开松法再利用技术针对那些因款式过时或是不再适合穿着而被丢弃的陈旧纺织品，如若通过粉碎的方式再利用使用，在很大程度上是一种资源的浪费，这部分废弃纺织品可以通过设计、改造及再加工后成为适合重新使用的新产品。一些处于半新状态的纺织品，因款式过时或不适合其所有者的使用要求而被废弃的，若将其打碎作为再生纤维未免有些浪费。若能将这些纺织品简单处理后（分类、消毒），对其款式进行改造或者艺术再创造成为新的产品，将是一种更加合适的再利用方法。

物理开松法回收废旧纺织类产品一般包括以下步骤：预处理、成纤、纺纱以及成型，见图 2-11。

图 2-11　废旧聚酯纤维制品开松再利用工艺流程

1. 回收及前处理阶段

废旧纺织品形式不同，废旧衣物类产品会有金属及其其他材质的辅料，物理开松再利用废旧纺织品时，必须在切割前去掉金属拉链、纽扣、金属饰品等，以免这些材料的存在对切割刀具造成破坏。废旧纺织品来源不同，卫生情况难以保证，尤其是使用后的废旧纺织品，必须要进行清洗、消毒等处理。

纤维的回收阶段最需要注意的是尽可能地减少对纤维的损伤以及防止飞花现象，针对这个问题，可以根据实际情况，在加工过程中对纤维加湿或者是加油剂处理使其变软。

（1）废料切割技术。在原料前处理过程中最重要的技术是将纺织废料切割成适当的小片，纺织品废料切割是回收纤维阶段的第一步，切割设备制造者的主要目标是提高设备单位时间的处理能力。

回收设备在废旧纺织品回收中占有重要的地位，在实际的生产中作用十分明显，随着回收废旧纺织品的不断发展，纤维处理设备的研究得到了一定的发展和关注，纤维处理设备研究的重点在于加大处理能力和拓展多品种处理对象。

纤维处理机主要包括了放射式刀盘、平行切断刀片、旋转式切割机、豹式破布开清机。

放射式刀盘是目前在短纤维切断方面使用最普遍、最成熟的技术。其切断长度的适用范围非常广泛，可切断从最短 3mm 到 200mm 长度的纤维，切出的纤维长度均匀。

切断刀片位于刀盘上，刃口向上，在一个平面方向上排布，切断长度由刃口之间的间距决定。进给装置是一个倾斜的压轮，经过刀盘及碾压将废旧纺织品切成需要的给定长度。切断后的纤维靠重力作用自由垂直落下，整个过程落棉顺畅，压轮同时和多把刀片接触，切断效率和精度较高。

旋转式切割机配备有四个锋利的刀片，从而使切割得到的产物较短，不会引起加工对象的浪费。

豹式破布开清机可以很好地加工废布料，经过不同的工艺流程，不同特性的机械设备功能得到充分发挥，原料每小时的处理能力达到 2.5 吨，工作宽度达 1.9m。

（2）撕破技术。撕破技术是回收纤维阶段的第二步，是将切割后的小布片通过机械方法进一步分解成更小的可供梳理的单位，主要是通过匹配锡林的外周线速度来解决，当排出的碎块较大时可被单独地或集中地收集起来，然后再次喂入。

（3）非纤维制品组分分离技术。从机械角度来看，如何去除非纤维制品组分是充分利用这类原料的技术非常重要的所在，原料回收原理是利用纺织品和非纺织制品之间质量的差异，在分离装置上采用其中任意一种分离方法，整个原料流的初步除杂过程需要在精细开松阶段之前进行。

（4）开松技术。开松是利用机械上布满钢钉的锡林将织物开松为纤维状，这个步骤是回收纤维阶段最关键的一步，一般纱线的结构越结实，越难保证低损伤回收纤维的要求，因此这就要求采用更高技术水平的开松技术来达到回收纤维的性能要求。

（5）混合技术。现在的纤维回收设备绝大部分都需要使用均匀不同投料的混合炉。炉体保证了原料喂入、输出的顺利进行，而原料喂入情况的好坏正是纤维质量和设备发挥高效率的保证。依靠炉体容积与相应的改进技术，混合炉还可以放置于破布开清机的前部，另外，如果流程中相互间隔几台混合炉，那么就可同时使用数台破布开清机，这样就提高了生产效率。

2. 纤维成纱阶段

在纺纱加工阶段也可以在回收纤维中混用一些新纤维共纺来得到品质更高的纱线。随着环锭纺、摩擦纺、转杯纺和平行纺等先进纺纱技术的发展，使得采用回收处理得到的纤维进行纺纱变成了现实，并可进一步保证一定的纱线质量。摩擦纺低速高产，且对原料适应性广，是经济可行的加工回收再利用纤维的方法，其加工棉类废旧纺织品的工艺路线为：废旧纺织品分类、加湿—切割机—开松机—梳棉机—并条机—摩擦纺纱机。环锭纺和转杯纺都可以使用新旧混合纤维进行纺纱，其中转杯纺主要考虑纤维的强力因素，对纤维长度和纤度要求不高，这些特点正适合于废旧纺织品的加工。将废旧布片纺成粗纱工艺路线为：废旧布片分类、加湿—切割机—开松机—并条机—转杯纺纱机。平行纺是将短纤维平行排列，不经加捻而由长丝呈螺旋线状将它们包缠起来的纺纱方法，这种纺纱方法适合加工废旧短纤维。

3. 成品阶段

经前段处理工艺得到的较长、性能较好的纤维用来纺纱，纱线可以直接用于织造新的纺织品，最后经过织造形成织物成品；对于经前处理工艺得到的较短、性能较差的不可纺纤维，可以利用非织造工艺制得非织造产品。非织造布工艺流程短、生产速度快、成本低、含量高、用途广，更重要的是其生产原料来源多，碎衣布料经过处理后也可用来生产非织造布，为废旧纺织品的回收再利用提供一条重要渠道。由废料再加工非织造布除前段工序以外，还包括以下两个工序：纤维制网、纤网加固。由于非织造工艺的多样性，以及再生纤维长度不均匀，纤维较混杂的特点，为了得到物理和化学性能优良的产品，在再加工工艺的选择上必须要与再生纤维的特点相结合，同时，也可以在再生纤维中混入一定量的新纤维，以进一步提高非织造布的化学性能。

（四）特点与适用范围

日常使用的纺织品，一部分是由天然纤维包括棉、麻、毛等材料构成，另外一部分是由化学合成纤维材料构成。一般来说，天然纤维及其制品很难通过化学方法进行再利用。目前的纺织品以混纺为主，既满足了时尚性又具有良好的功能性。但是目前使用的纺织品给再利用带来很大的困难。

机械开松法再利用纤维的结构与性能特性决定了其应用领域，国内外文献均有对物理开松法再利用纤维在吸油吸水性能上的报道，计算方法如下：

$$吸油速度 = \frac{试样浸没时间(s)}{“包裹”试样重量(g)}$$

$$吸油能力 = \frac{吸收的油的重量(g)}{用于吸收油的纤维的重量(g)}$$

通过与传统的清除漏油的纤维进行比较，发现纺织废弃纤维开松后快速吸油的能力是最好，表2-7中列出了不同纤维的吸油能力和吸油速度。为了进一步证实物理开松法再利用纤维的吸油速度快，又补做了玻璃管实验。将准备用于实验的纤维状原料均匀地塞进内径为1.0cm的玻璃管。塞进纤维的玻璃管一端垂直浸没在液体（油）槽中。测量通过芯吸作用吸收到纤维原料中的油重量并将其变为时间的函数关系再进行比较。玻璃管芯吸实验同样表明蓝色和白色纺织废弃物纤维原料的吸油速度比原棉快得多。

表 2-7　不同纤维原料清除漏油的特性①

纤维	吸收能力（g油/g纤维）		吸收速度（g油/s）	
原料	水	油	水	油
原棉	15.7±2.1	17.6±1.7	0.26±0.04	5.9±0.3
熔喷聚丙烯	9.1±0.6	9.3±0.4	0.17±0.03	3.4±0.4
聚丙烯短纤维	12.4±1.7	12.2±1.4	0.25±0.03	5.2±0.5
蓝色纺织废弃物②	6.1±0.3	6.2±0.3	0.40±0.04	8.5±1.1
白色纺织废弃物③	6.6±0.3	7.3±0.8	0.42±0.03	7.8±0.5

① 表中内容均采用文中所阐述的吸油实验，所有实验数据均为5次实验数据的平均值。
② 为43%棉、43%涤纶和14%Lycra氨纶混合物。
③ 为90%涤纶、10%Lycra氨纶混合物。

棉型再利用棉纱基本上是由棉针织服装的边角料加工制成，化纤再利用纱基本上是以涤纶服装或制品的边角料加工而成，通过专业化的边角料经营、再利用棉纱转杯纺纱加工、纱线销售等上下游产业链，为牛仔布、窗帘布、沙发布、手套和拖布提供了原料。再利用棉纱的加工生产几乎全部采用转杯纺纱，这主要是由于原料经过开松后，纤维长度缩短、强力下降，不适合环锭纺纱流程，而转杯纺工序短、产量高，非常适合再利用棉纱的生产。棉型再利用纱用途中，1/3用于生产牛仔布，1/3用于生产窗帘和沙发面料，其余用于生产劳动手套和拖布。化纤再利用纱多用于生产装饰布、手套、拖布和填充物等。

通过物理开松法再利用的纤维被广泛应用于家居装饰、服装、家纺、玩具和汽车工业等各个行业领域。按照物理开松法再利用纤维形态结构主要分为以下几类：

1. 再加工纤维织物

废旧纺织品在纺织领域的应用最成熟，也是应用最早的领域。目前废旧纺织品物理开松法再利用的原料以棉纤维为主（包括了纯棉、棉纤维为主的涤棉织物等）。再利用的毛纤维一般长度较长，可以直接纺纱织成粗纺面料或编织毛衣裤，由这种废毛生产的粗纺呢或毛衣裤其质量并不比原毛生产的逊色，对于纤维长度较长的再生毛纤维也可掺入其他好纤维使用，采用环锭纺、转杯纺、摩擦纺或平行纺等纺纱机均可，所纺纱线可用于制作家居面料、工业用织布、过滤材料及各种毛毯、面料、服装衬里等。

2. 再加工纤维非织造布

这是纤维回收再利用最广泛的领域，主要应用于工农业生产和各生活领域。由于非织造布生产工艺流程短、成本低且对原材料的适应性好，因而纺织废料用于非织造布的加工正在逐步扩大。对于一些化纤短纤维，可以加工成针刺毡等非织造布用作汽车中的隔音网、车座的衬里、地毯等，也可做家具业的装饰用品、土木工业的土工布、过滤产品等。

3. 再加工纤维填絮料

对于一些质量较差的、长度较短的再生纤维，经过适当处理可做填絮料使用。如隔热、隔音层的材料，也可做运动场上聚酯泡沫塑料垫内的填充物。

二、泡料、摩擦料制备法

（一）工艺流程及装备

泡料、摩擦料工艺流程包括了废旧纺织品的清洁、废旧纺织品中纤维的鉴别与分离、废旧纺织品粒料的制备。

1. 废旧纺织品的清洁

废旧纺织品再利用之前，必须将回收的废旧纺织品进行清洁处理，清洁的过程主要包括预洗、热/冷漂洗、干燥、消毒等。在清洁过程中水的处理很重要，一条成功的生产线需要有水的处理和循环体系。水的使用也直接影响清洗机器的保养和加工成本。常用的废旧纺织品消毒方法有紫外线消毒、蒸汽消毒和消毒剂浸泡消毒。

2. 废旧纺织品中纤维的鉴别与分离

大多数回收的废旧纺织品中，纤维的组成不是单一的，因而在加工利用之前往往需要将纤维进行分离。主要以人工分拣法与自动在线分拣法为主。其中自动在线分拣方法中以近红外识别方法最具有代表性，相比较传统依靠人工经验分拣效率低、错误率高等问题（图 2-12），近红外技术是废旧纺织品实现快速、在线、准确、低碳分拣的最佳手段（图 2-13）。

图 2-12　传统人工分拣

NIR 光谱采集的信息：主要是含氢基团（O—H，C—H，N—H，S—H，P—H 等）在中红外区吸收的倍频和合频吸收。但光谱吸收强度低、谱带复杂而且重叠严重，在进行定性或定量分析中，必须借助化学计量学软件才能得到准确、可靠的分析结果，识别过程如图 2-14 所示。NIR 光谱技术是把光谱测量技术、化学计量学和计算机技术融为一体的综合技术，是

图 2-13 意大利（D&V）自动在线分拣系统

目前在现场进行快速、无损分拣的最佳选择。近红外技术应用于废旧纺织品鉴别及成分预测是可行的，一方面可以解决制约废旧纺织品回收再利用的技术瓶颈——分拣的问题；另一方面又可以提高废旧纺织品回收再利用产品的质量。由于废旧纤维制品在宏观上具有蓬松度大、易缠结、不易粉碎、含混纺结构等特点，和块体塑料有较明显的差别，因此机械旋分法、浮分法并不太适用。近年来，近红外线光谱识别技术的发展，在废旧纺织品分拣方面应用较为突出。近红外光谱分析的本质依据是不同物质含有不同的化学基团，不同的化学基团具有不同的近红外图谱，可借助不同基团与不同图谱之间的一一对应关系来实现纤维种类的

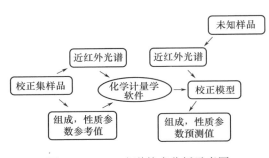

图 2-14 NIR 光谱技术分析示意图

鉴别及成分预测。同时，废旧纺织品虽然经过使用，但是其纤维的化学结构及分子组成没有发生变化，与原纺织品的纤维成分及含量几乎没有差异，因而利用近红外技术对其进行鉴别及成分预测是可行的。Polychromix 基于对专利的 MENS（微机电系统）的核心技术，提供了新一代便携式和强大的分析工具，降低了成本。

手持式近红外光谱仪识别纺织品中组分过程如图 2-15 所示。

3. 废旧纺织品粒料的制备

废旧纺织品粒料的制备即造粒，目前包括以下几种造粒方法：冷相造粒法、熔融造粒法、摩擦造粒法和水热协同塑化造粒技术。

（1）冷相造粒法。冷相造粒法是指将废旧纤维制品置于 258~260℃ 条件下，经过一系列的处理过程后重新得到高聚物粒子的方法。具体操作步骤如下：将经过粉碎、洗涤、干燥后的废旧纤维制品投放到冷相造粒机中，当造粒机中的温度上升至 200℃ 左右时，造粒机自动注水降温，当机中温度再次升高至 200℃ 时，再次注水降温，然后经出料、脱水干燥以及筛选后，得到粒径为 2~11mm 的粒子，造粒过程完成。

（2）熔融造粒法。熔融造粒法包括三个步骤：废旧纺织品前处理、熔融塑化以及切粒包装。废旧纤维制品经粉碎、洗涤、干燥后，经螺杆输送至输送管，废料被压实后在管口挤出，

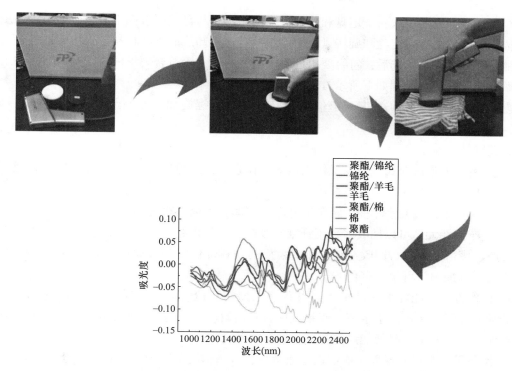

图 2-15 手持式近红外光谱仪

再经熔融冷却,切粒加工成切片。废旧纤维制品经过熔融造粒后得到的切片,可以跟原生切片混合使用制成聚合物合金,除了用于纺织行业,还用作泡沫土工材料等。

为了减少熔融造粒中聚酯降解带来的影响,人们发展了熔融增黏技术。与传统的固相增黏技术相比,液相增黏技术省去了中间切粒再熔融的过程,因此在能耗方面有着一定的优势。但是液相增黏技术,特别是大容量的连续化操作,对反应的压力、温度、停留时间等影响熔体热历史的因素控制要求较为严格。图 2-16 是熔融增黏造粒设备示意图。

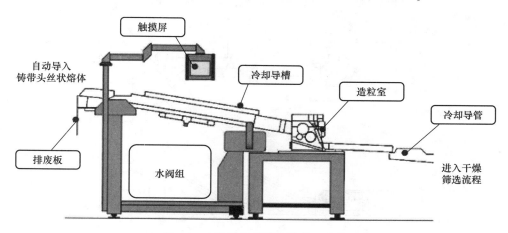

图 2-16 熔融增黏造粒设备示意图

(3)摩擦造粒法。摩擦造粒法的主要设备是摩擦造粒机,摩擦造粒法的原理是将废旧纺织品经由计量推进器喂入一个定盘和旋转盘之间，物料与盘之间摩擦生热，达到一定温度后，物料塑化成条，此时向定盘和旋转盘通入冷水冷却，冷却后的条状物料进入切碎机进行粉碎，再经由旋风分离以及筛选后，符合要求的粒子进入料仓，不符合要求的粒子则返回再加工。

摩擦造粒的工艺流程如下所示：

废旧纺织品→皮带输送机→切丝机（粉碎机）→单螺旋加料器→造粒机→切粒机→成品称重→手工包装

其关键技术在于：

① 采用风力输送形式，减少操作人员的工作强度，能源耗用低，能达到高的再生纺料造粒效率。

② 摩擦粒子黏度几乎不变，可随时开车、停车，不需暖机时间。

③ 生产弹性大。可以回收多种废纤维、废塑料，如丙纶、涤纶、锦纶，亦可对废泡沫塑料、废胶、废薄膜等进行回收造粒。在造粒机的进料部位安装有加色机构，如添加彩料、色母粒或其他添加剂，可生产有色粒子。

④ 操作方便，能耗低。整个生产过程，除加料和包装为手工操作外，其余全为自动操作，劳动强度低，操作要求不高。废料从进料到出料，所需时间不到 2min，物料的停留时间短，既保证造粒质量，又使能量消耗低，经济效益高。

⑤ 设备易于维修和保养，所需设备数量少，且结构简单，安全可靠，维修保养简便，有利于设备的现代化管理。

⑥ 摩擦粒子消耗低，产品质量好，在生产过程中无废料生产，也不加入其他辅助材料，产量等于废旧纺织品的加入量减去水分和油分，产品质量主要取决于废旧纺织品，在加工过程中黏度降低很少，不超过 0.02dL/g。

图 2-17 是用于废旧纺织品回收的摩擦造粒设备示意图。

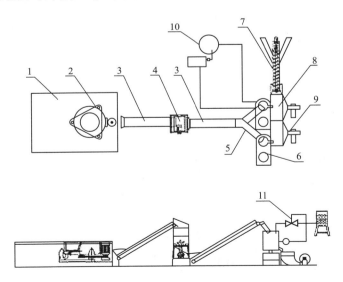

图 2-17　废旧纺织品摩擦造粒设备示意图

1—挑选平台　2—清洗脱水装置　3—输送带　4—切断机　5—三通装置　6—团粒装置　7—出料蛟龙
8—输送带　9—风冷却装置　10—水冷却装置　11—温控装置

热熔快速造粒，其结果为原料特性基本不变，再利用料的利用价值大幅度提高。此外，摩擦造粒法工艺简单、设备投资少，不会给环境带来很大的影响。但是此法也存在很大的不足。在回收加工过程中，由于水分子或残留酸的存在使得聚合物大分子发生降解，相对分子质量降低，最终导致再生产物的性能发生恶化，如黏度下降、色值变差。由于回收过程中废旧纺织品可能会发生降解反应而产生乙醛，因此在食品和药品包装领域的应用受到了限制。除此之外，废旧纺织品每一次熔融造粒后，其物理化学性能就会降低，一次再生产后产生的废料或废弃物就无法再用物理法进行回收了，因此该方法回收废旧纺织品不能形成闭式循环。同时，根据物理法的回收机制，摩擦造粒法主要被应用在单一成分的合成纤维上。但是为了满足使用需求，市面上的纺织品大多是混纺纤维，成分不单一，因此摩擦造粒法的使用受到了很大的限制。摩擦造粒法主要用于单组分废旧纺织品回收的前处理，不适用于混纺纺织品的回收再利用。

（4）水热协同塑化造粒技术。废旧纺织品宏观形态蓬松（堆积密度为 $0.3 \sim 0.6 g/cm^3$），严重影响进料效率，因此必须先对其进行造粒预处理以提升其堆积密度（堆积密度为 $0.9 \sim 1.1 g/cm^3$），即布泡料的制备。造粒原理是利用纤维与机器刀片间的高强剪切摩擦生热实现物料熔黏压缩。传统泡料制备中温度的控制仅通过摩擦时间进行粗略控制，因此常会出现局部过热导致聚酯发生不可逆热降解，黏度损失严重，且泡料质量差异大，直接影响后续熔体的增黏。

针对此问题，采用水热协同塑化造粒技术，在废旧纺织品清洗后的离心脱水过程中，通过控制脱水工艺，保证其具有一定含量的水分，同时在摩擦过程中定时定量补加一定水分，这些水分在团粒过程中主要起到三个作用：

① 调节泡料温度，一方面使过热部分冷却，防止不可逆热降解劣化的发生及扩大；另一方面气化的水可以有效地将团粒系统内的热量均匀分散与平衡，实现体系内温度的稳定调节。

② 作为增塑剂，少量的水分子经热扩散进入聚酯非晶区，增加非晶区含量，可产生较为明显的塑化效果，利于搓粒成团，且可实现低温下的团粒。通常热熔团粒需要220℃以上温度才能实现，而引入水分子塑化后，进一步避免过程中热降解的发生。

③ 有利于泡料的粉碎，引入一定量的水分熔黏团粒后，会使泡料形成一定气孔微相，在后期大量水冷作用后，能够提高泡料强度及韧性，在团粒一定时间后加入适量的水对其进行急剧冷却，并在高速旋转的刀盘作用下破碎，破碎稳定，效率高。

水热协同塑化过程 PET 大分子聚集态演变示意图如图 2-18 所示。

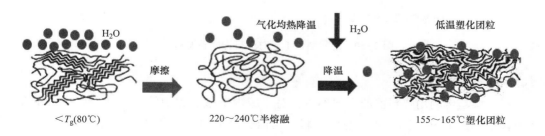

图 2-18　水热协同塑化过程 PET 大分子聚集态演变示意图

水热协同塑化造粒与常规摩擦造粒在500r/min工艺条件下,系统内温度变化情况及团粒效果如图2-19,可以看出,在5min后搓粒的泡泡料具有一定的黏结性,同时由于改进的搓粒装置中设置了温度报警与自动加水降温装置,因此不会出现传统的搓粒装置中搓粒区温度持续增加的问题,并且在150~160℃,废纤就具有良好的黏结和成团性能。同时,由样品黏度降数据(图2-20)也可以看出,水热协同团粒法能够缓解团粒过程中的热降解,黏度降由12%降低至3%。

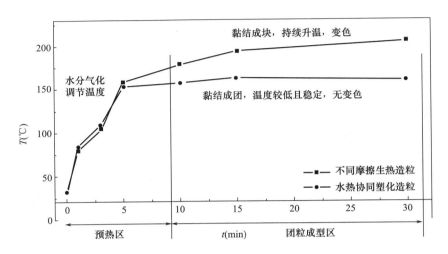

图2-19 不同造粒工艺下泡料温度随团粒时间的变化关系

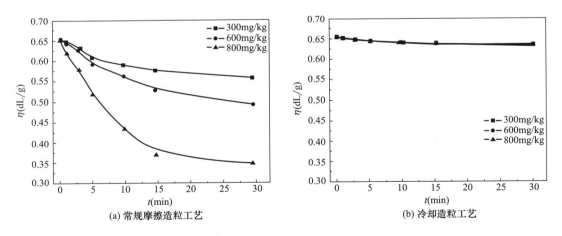

图2-20 泡料制备工艺对泡料特性黏度的影响

4. 泡料的干燥工艺

泡料干燥是再利用喂料前的重要环节,对于减少熔融过程中的不可逆降解十分重要,通常要求含水率低于50mg/kg才可螺杆进料。目前,聚酯泡料的主要干燥方式采用真空转鼓,但由于泡料的含水率高(≥1%)、颗粒大小不一等因素导致单一真空干燥泡料含水存在差异。将真空转鼓干燥和热风干燥相结合,即采用"真空转鼓—热风"的半连续干燥工艺,同时在热风干燥仓入口增设搅拌桨保证进料均匀分散，仓内增设伞状孔板结构防止泡料干燥过程中的黏结搭桥。从根本上解决了真空转鼓干燥含水高和出料易回潮的问题，通过这种组合式干燥方式，干燥后的废聚酯纺织品的含水率低于 30mg/kg，干燥效果较传统工艺提升明显。不同的干燥工艺对聚酯泡料的影响见表 2-8。

表 2-8　不同干燥形式的优点与缺点对比

干燥方式	具体干燥工艺	干燥效果
真空转鼓干燥	135~150℃，真空度<-0.086MPa，时间≥8h	含水率≥70mg/kg 氧化少、颜色好
热风干燥	120~135℃，压空露点-80℃，时间 14~16h	含水率≥50mg/kg 无回潮
真空转鼓—热风干燥联用	真空干燥 3h 含水率将至 350mg/kg； 热风干燥时间 6h	含水率≤30mg/kg 不回潮、颜色变化少

泡料种类及级别多，生产中通常需要对不同类型的泡料进行混配使用，因此混合均匀性是至关重要的。在当前普遍采用的混合工艺中，普通的混料装置是一个立式的料筒，中间旋转轴带有倾斜角度的搅拌叶片，通过电动机带动轴转动来实现原料的搅拌。这种搅拌装置有一个缺陷，因为各种原料放入立式筒后，底层的原料始终都在最底层，而上层的也始终在上层，导致各种原料分层比较严重，并没有实现上下层料的整体搅拌，而只是某个层范围内的搅拌，这样就造成各种原料无法充分均匀混合，影响最后的纺丝质量。

由于废旧聚酯泡料本身为不规则的易成粉材料，为了降低摩擦料自身在黏度、熔点、颜色、杂质含量、粒径等方面的差异。利用螺旋旋转叶片的混料效果，从而达到强化轴向和径向混合效果，实现了底层摩擦料与上层摩擦料的均匀混合。并且混料装置带有多个可计量喂料绞龙。根据配料的需要分别计量后进入物料风机，在物料风机的作用下经物分离装置落入水平旋转的混料器，在搅拌叶片的作用下摩擦料间相产生交叉运动，互相接触，经过多次长时间的作用使得摩擦料混合均匀，实现不同品质物料的均匀混合和调配。混料示意图如图 2-21 所示。

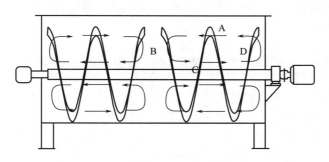

图 2-21　螺旋旋转叶片的混料示意图

针对摩擦料在投料和混料时的不匀现状，劳动强度大，结合螺旋旋转叶片的搅拌装置，实现了泡料混合和投料的半自动化，减少了工人劳动量，提高了劳动效率。其工作原理是将各种摩擦料按配比投入地下仓的料斗，再通过风机绞龙结合体定量送料进入旋风分离器进行除尘，再落入混料机使布泡料充分混合。混合结束后，摩擦料落入计量送料机，经风机再一次定量送料到另一个旋风分离器，分离后摩擦料落入大容量料筒内。在料筒内分别设置了上、下限料位计，当料位到达下限料位时给投料出发出信号，在允许的混料时间内适当加快投料速度，让料仓内的料位升高；当料位到达上限料位时给投料处发出警报，增加投料的时间间隔。这种警报设置能保持料仓内有充足原料，避免供料不足或过多而影响整条生产线。整个混合投料系统既对摩擦料进行了除尘，又实现了投料的半自动化。摩擦料的半自动投料混料系统如图 2-22 所示。

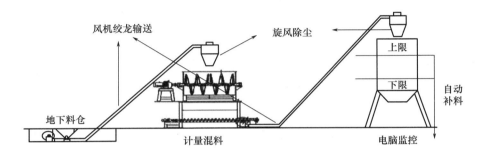

图 2-22　摩擦料的半自动投料混料系统

三、泡料质量标准与影响因素

中国化学纤维工业协会标准，T/CCFA 01018—2016，纤维级循环再利用聚酯（PET）泡料规定了纤维级循环再利用聚酯（PET）泡料产品的理化性能。本标准适用于回收的聚酯类纤维及其制品加工成的纤维级循环再利用聚酯（PET）泡料。其他类循环再利用聚酯泡料或颗粒状制品可参照使用。

纤维级循环再利用聚酯（PET）泡料的理化性能项目和指标见表 2-9。泡料的理化性能项目主要包括粉末含量、过网率、水分、杂质含量、特性黏度和熔点。这些性能对于泡料的后续纺丝至关重要。如特性黏度低，难以纺丝，需要进行增粘；含水量高，会造成 PET 降解或是形成气泡丝；杂质含量高，则易于形成断丝。根据上述泡料的性能指标，可将样品分为优等品、一等品和合格品。

表 2-9　纤维级循环再利用聚酯（PET）泡料的理化性能项目和指标

序号	项目		优等品	一等品	合格品
1	粉末含量（%）	≤	5		
2	过网率（%）	≥	90		
3	水分（%）	≤	0.5	1.0	1.0
4	杂质含量（mg/kg）	≤	30	100	200
5	特性黏度（dL/g）	≥	0.64	0.58	0.52
6	熔点（℃）		240		

第三章 物理化学法循环再利用技术

简单的熔融加工方法在回收黏度差异大的废旧瓶、纤维制品时，因其在使用和加工中发生降解，分子链断裂导致相对分子质量大幅度降低、杂质较多，难以直接满足纺丝的使用要求。物理化学法循环再利用技术是针对简单物理熔融加工方法的改进升级，通过将回收的废料熔融后，进行液相或者固相增黏，这种方法以物理法为主，辅以化学法提高相对分子质量，降低杂质含量，使其达到纺丝原料品质标准的大分子层面的再利用循环。在生产成本增加不大的情况下，有效提升制品的品质并实现差别化再利用。

第一节 物理化学法循环再利用技术概述

一、物理化学法循环再利用技术定义及原理

物理化学法循环再利用技术的核心是调质调黏技术，是指通过液相/固相增黏或者添加扩链剂的方式提高废旧原料相对分子质量，提高其特性黏度，有效提升再利用产品的品质。相比于化学法回收，物理化学法循环再利用技术具有工艺简单、投资少、处理成本低、易于推广的优点。相较于简单的物理熔融加工方法，物理化学法循环再利用技术增加了对原料质量、黏度等调节，主要是要解决原料来源复杂、组分不单一（含杂、含染料）对加工过程影响较大的问题。物理化学法循环再利用技术原料以黏度差异较大的瓶片、废旧纺织品形成的泡料等为主。

以废旧聚酯纤维形成的泡泡料为例，以传统的物理法对泡泡料进行回收时，多种纤维生产过程中的化物料杂质在黏稠熔体中无法实现有效的分离，且这些杂质又会导致聚酯大分子链在再生熔融过程中发生严重的不可逆热降解，使得原本特性黏度仅为 $0.5 \sim 0.55 dL/g$ 的熔体进一步劣化而无法满足纺丝成型的要求。针对此问题，必须重新设计新型的再利用方法。图 3-1 是泡泡料"微醇解—脱挥—聚合"物理化学法循环再利用技术路线，即先通过解聚使聚酯熔体的黏度降低，使熔体中的杂质能够由过滤及脱挥有效地去除，同时均化聚酯相对分子质量，从而获得杂质含量较低的低黏熔体，之后再通过缩聚，可获得较好的增黏效果。

物理化学法循环再利用技术典型的工艺流程主要包括：废料成分识别与分拣、粉碎清洗、造粒（对于废旧纤维制品）、干燥、调质调黏（主要通过添加扩链剂增黏、液相或固相缩聚、微醇解增黏等手段实现）、熔体纺丝成型等。其中在第二章已经对废料成分识别与分拣、粉碎清洗、造粒（对于废旧纤维制品）、干燥等前处理工艺进行了讲解，本章着重分析调质调黏过程。

二、调质调黏方式
（一）扩链增黏技术

扩链增黏是指通过添加能够与 PET 端羟基/端羧基进行化学反应的化合物，实现增大

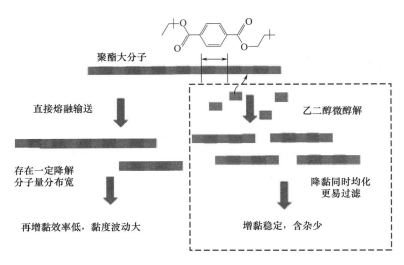

图 3-1　废旧泡泡料物理化学法循环再利用技术路线

PET 相对分子质量的目的。扩链增黏的方法具有工艺流程短、操作简单、成本低、反应速度快等特点。目前国内外的研究报道中经常使用的扩链剂主要有酸酐类、环氧树脂类、二异氰酸酯类、噁唑啉类、亚磷酸三苯酯类等。根据与 PET 端羟基/端羧基作用方式，可以分为以下三类：

1. 与 PET 端羟基作用类扩链剂

PET 端羟基可以与酸酐类扩链剂开环后形成的端羧基发生化学反应，实现 PET 相对分子质量增大的目的。均苯四甲酸二酐（PMDA）因具有四个酸酐基团，反应活性更高而受到广泛关注，图 3-2 所示为 PMDA 扩链增黏机理。采用 PMDA 分别对原生 PET（0.76dL/g）、瓶片废料（0.74dL/g）和废旧瓶片（0.65dL/g）这三种材料进行扩链增黏的实验，结果表明，

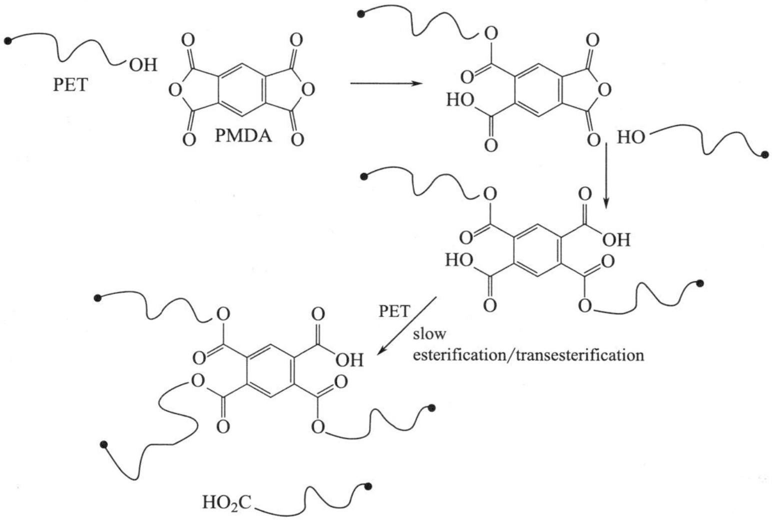

图 3-2　PMDA 与 PET 端羟基的扩链/支化反应（●表示端羧基）

当 PMDA 添加为 2%（质量分数，下同）、4% 和 4% 时，扩链再生聚酯特性黏度分别达到了 0.84dL/g、0.78dL/g 和 0.66dL/g。PMDA 和 3,3′，4,4′-二苯甲酮四甲酸二酐（BTDA）对 PET 废旧瓶片（0.71dL/g）的扩链结果表明，PMDA 扩链效果强于 BTDA。

2. 与 PET 端羧基作用类扩链剂

噁唑啉类扩链剂可以与 PET 端羧基发生化学反应，实现相对分子质量增大的目的，其中双噁唑类扩链剂与 PET 端羧基的反应机理如图 3-3 所示。多种杂环扩链剂 ［2,2′-双（2-噁唑啉] 和咪噁嗪类）对不同特性黏度 PET 切片（0.56~0.78dL/g）的扩链增黏结果表明，当 2,2′-双（2-噁唑啉）（BOZ）添加量为 0.5%（质量分数）时，PET 特性黏度由 0.78 提高到 1.07dL/g。2,2′-双（2-噁唑啉）（BOZ）对 PET 切片（0.64dL/g）和废旧瓶片（0.77dL/g）的扩链增黏结果表明，BOZ 可以很好地实现 PET 切片的增黏，当扩链剂添加量为 2%（质量分数）时，PET 特性黏度达到了 0.75dL/g。由于热降解和水解等原因，对废旧瓶片的增黏效果不明显。

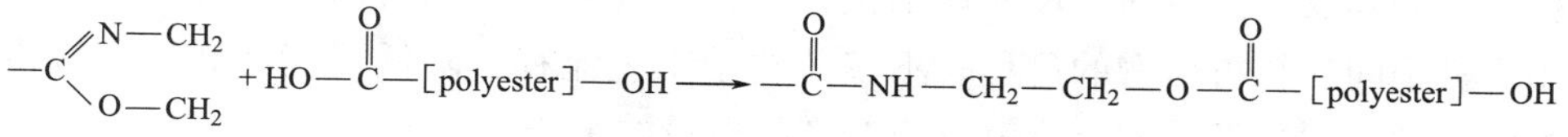

图 3-3　双噁唑啉类扩链剂与 PET 端羧基反应机理

3. 与 PET 端羟基和端羧基同时作用类扩链剂

此类扩链剂主要包括环氧树脂类、二异氰酸酯类和亚磷酸三苯酯类等。环氧树脂类扩链剂优先于 PET 端羧基反应，当端羧基含量很低时也可以与 PET 端羟基反应，与 PET 端基的反应方程式如图 3-4 所示。采用双环氧化合物对 PET 切片（0.74dL/g）进行扩链增黏，结果表明，扩链产物特性黏度为 0.68~0.75dL/g，接近原生 PET，端羧基含量降低至原生 PET 的 1/3。实验还发现，挤出成型过程中通入氮气将进一步提高扩链产物的特性黏度。

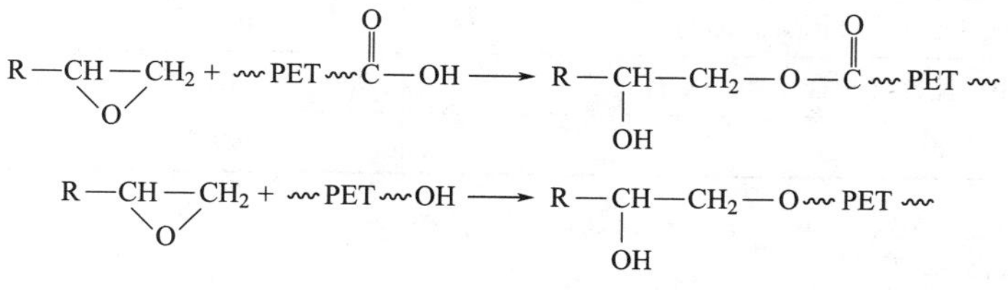

图 3-4　环氧树脂类扩链剂与 PET 端基反应机理

二异氰酸酯类扩链剂既可以和 PET 端羟基反应，又可与端羧基反应，扩链方程式如图 3-5 所示。以噁唑啉类（1,4-亚苯基-双噁唑啉和 2,2′-双噁唑啉）、4,4′-二苯基甲烷二异氰酸酯（MDI）、4,4′-二环己基甲烷二异氰酸酯（HMDI）作为扩链剂，对原生切片（0.72dL/g）进行了扩链增黏的实验，扩链剂含量均为 0.9%（质量分数）。对比发现，二异氰酸酯类扩链效果优于噁唑啉类，MDI 和 HMDI 改性聚酯特性黏度分别为 1.01dL/g 和 1.37dL/g。进一步对比 MDI 和 HMDI 在不同扩链时间下的扩链效果发现，脂肪族二异氰酸酯与 PET 端基反应活性更高，在较短时间内完成扩链反应（2min）。采用磷酸三苯酯（TPP）对 PET 切片进行扩链增黏实验，并指出亚磷酸三苯酯可以与 PET 端羟基和端羧基同时作用。研究表明，当 TPP 添加量为 2.5%

（质量分数）时，PET 特性黏度由 0.68dL/g 提高到 0.91dL/g。

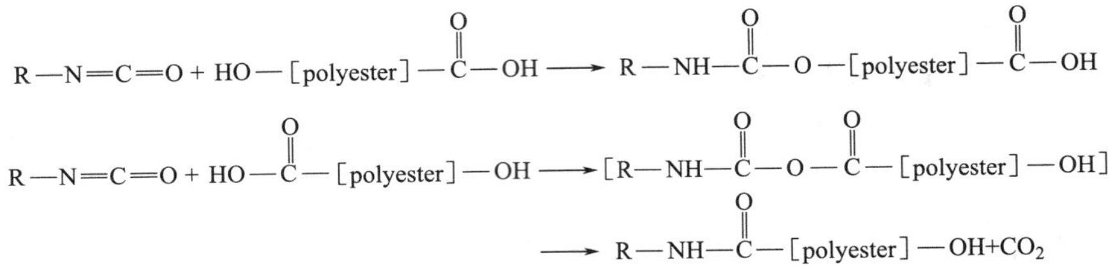

图 3-5　二异氰酸酯类扩链剂与 PET 端基反应机理

（二）液相调黏

1. 液相调黏特点

液相调质调黏反应温度高、反应速率快；产物呈液体流动态可以直接进行纺丝工艺，省去了固相增黏中间切粒再熔融的过程，不仅节约了工艺流程，降低了能耗和生产成本，同时避免了熔融纺丝过程中发生的热降解反应对产品质量的影响。

表 3-1 所示为两种工艺路线的能耗对比，液相调质调黏再生在生产经济和能耗上具有明显的优势。

表 3-1　采用固相和液相调质调黏法生产涤纶工业丝的能耗对比

工序种类	固相	液相
聚合能耗（折合标煤，kg/t）	157	157
常规缩聚熔体切粒能耗（折合标煤，kg/t）	8.2	—
固相缩聚能耗（折合标煤，kg/t）	91	—
液相增黏能耗（折合标煤，kg/t）	—	47.8
螺杆熔融（折合标煤，kg/t）	100.7	—
后续工序能耗（折合标煤，kg/t）	242.3	242.3
合计	599.2	447.1

2. 液相增黏反应动力学

液相增黏的反应机理：小分子产物被不断排出反应体系从而使分子链间逐步发生缩合反应，达到提高聚合物相对分子质量的目的。但是由于反应温度高于固相增黏，需要考虑二酯基团的热降解反应、氧化降解反应及水解反应等副反应。

3. 液相增黏反应器结构

PET 在液相调质调黏过程中由于聚合度的提高，体系黏度的增大，对小分子物质脱挥造成了困难。因此寻求传质比面积大的反应器成为了关键因素。脱挥设备可以分为非旋转式（静态）和旋转式脱挥器两类。其中，非旋转式脱挥器主要包括闪蒸器、落条式、落膜式三种。旋转式则有薄膜蒸发器、单螺杆/多螺杆排气挤出机、圆盘脱挥器等。传统反应器为带有搅拌装置的圆盘结构，受熔体网架的限制圆盘或网片必须保持较大间距，使得单位体积熔体拥有的表面积有限；反应器内部依靠液位差流动，存在釜壁处流动状况不佳，存在较多死区等诸多问题。因此,越来越多拥有大比表面积的新型反应器应运而生。

(三) 固相调黏

1. 固相调黏特点

固相调质调黏(Solid State Polycondensation)是指在抽真空或者惰性气体保护下,将PET加热至玻璃化温度以上、熔点以下发生的缩聚反应。通过抽真空或惰性气体保护的方式带走反应小分子产物(EG、H_2O),促进缩聚反应的发生,从而提高PET的特性黏度。固相缩聚的温度通常在200~240℃,副反应发生的概率很小,主要发生酯交换和酯化反应,如图3-6所示。固相调质调黏工艺主要包括干燥、结晶、缩聚和冷却切粒四个阶段。固相增黏反应速率是由小分子(EG、H_2O)的扩散过程和动力学共同控制的。扩散过程包括两方面:

(1)小分子依靠浓度梯度从颗粒内部向气—固界面扩散;

(2)小分子由气—固界面向气相扩散,通过抽真空或惰性气体吹扫的形式从体系中脱除。

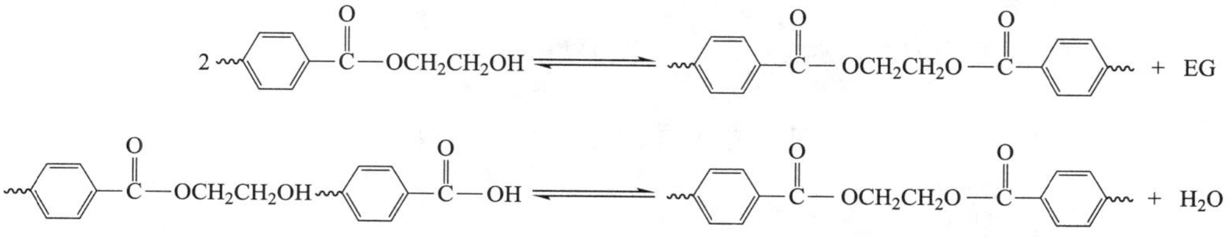

图3-6 酯交换和酯化反应

2. 固相调黏影响因素

影响固相调质调黏的因素较多,主要包括原始聚合物特性(结晶度、颗粒尺寸、特性黏度)、反应条件(温度、时间等)。分子链以固态形式存在即处于"冻结"(frozen)状态,只有处于无定形区域的链端基可以通过小范围的蠕动来参与反应。颗粒尺寸与反应表面积和小分子扩散密切相关,固相增黏的反应机制根据操作条件的不同而改变:在气体流速相同的条件下,随着反应温度的增大,大粒径PET反应机制由动力学控制转变为内部扩散控制;当反应温度相同时,小粒径的PET固相缩聚机制由表面扩散控制转换到化学反应控制;在反应温度和气体流速相同的条件下,随着PET粒径尺寸的增大,固相缩聚反应机制由表面扩散转换至内部扩散控制。

(四) 微醇解—脱挥—聚合

以传统的物理法对聚酯布泡料进行回收时,多种纤维生产过程中的物料杂质在黏稠熔体中无法实现有效的分离,且这些杂质又会导致聚酯大分子链在再生熔融过程中发生严重的不可逆热降解,使得原本特性黏度仅为0.5~0.55dL/g的熔体进一步劣化而无法满足纺丝成型的要求,即便是采用附加液相增黏的"物理化学法"也很难将黏度增长至0.60dl/g以上。采用聚酯熔体高效调质调黏技术(微醇解—脱挥—聚合,新型物理化学再生法),即先通过解聚使聚酯熔体的黏度降低,使熔体中的杂质能够由过滤及脱挥有效地去除,同时均化聚酯相对分子质量,从而获得杂质含量较低的低黏熔体,之后再通过缩聚,可获得较好的增黏效果,使再生熔体稳定增黏至0.63dL/g,黏度波动减小至±0.01dL/g。

基于熔体的酯交换反应,采用乙二醇作为聚酯相对分子质量的调节剂(原理如图3-7所示)及分子结构的修复剂(原理如图3-8所示)。在螺杆进料时添加适量乙二醇,使含杂聚酯微量醇解，可有效降低熔体黏度。既可有效去除颗粒杂质，提升过滤效果及效率，同时新鲜乙二醇的引入还可将劣化官能团置换，在分子层面修复再生熔体，促进熔体酯交换，并均化相对分子质量分布（原理如图 3-9 所示），为后道脱挥工艺中劣化分子片段脱除及熔体调质调黏奠定基础。

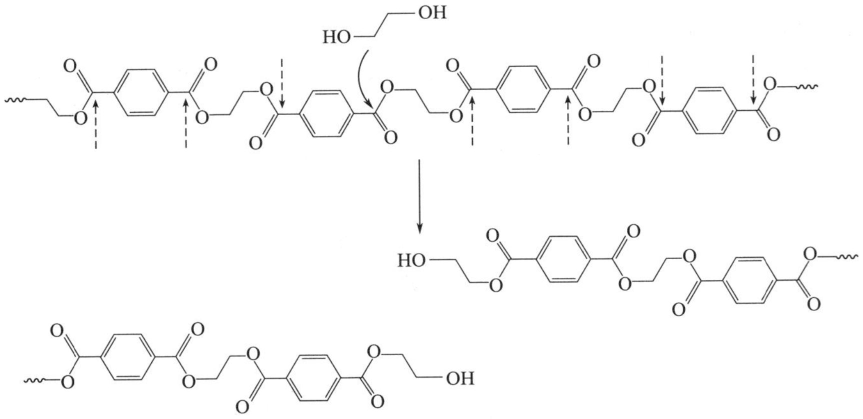

图 3-7　PET 的乙二醇解聚原理

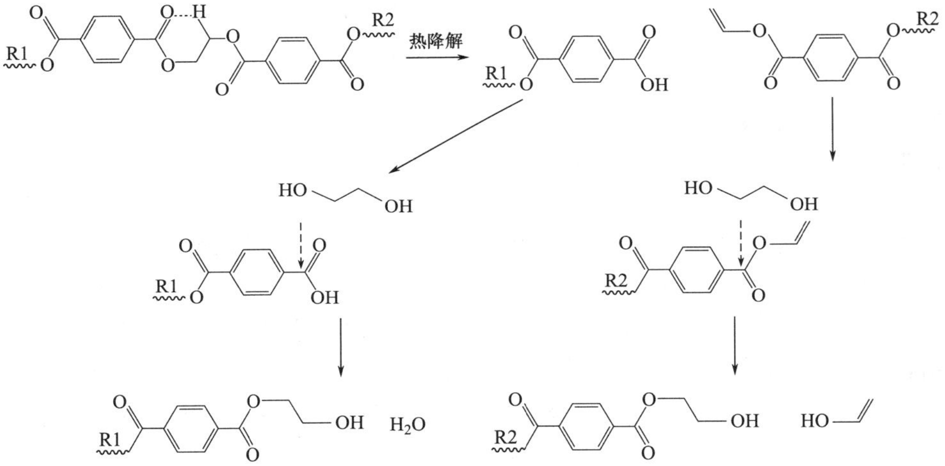

图 3-8　乙二醇对热降解劣化结构的修复原理

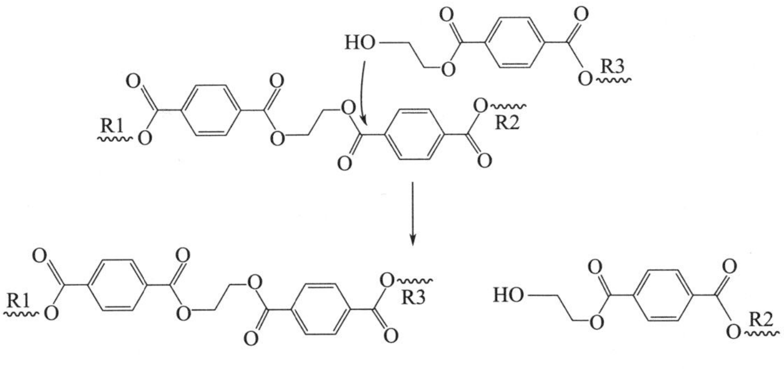

图 3-9　基于酯交换反应的相对分子质量均化原理

第二节 调质调黏装备

一、熔体增黏脱挥设备

物理化学法回收再利用技术方面，国外早在 20 世纪 70 年代就有研究，且有较为成熟的处理技术、装备和工艺。近年来较具代表性的技术进展主要有德国 Gneuss 公司开发的多旋转超高比表面真空挤出机（MRS）和奥地利 Erema 公司开发的 Vacurema 系统。Gneuss 公司的多旋转超高比表面真空挤出机（MRS）技术可使聚酯在熔融的同时实现脱挥增黏，高效节能，见图 3-10。

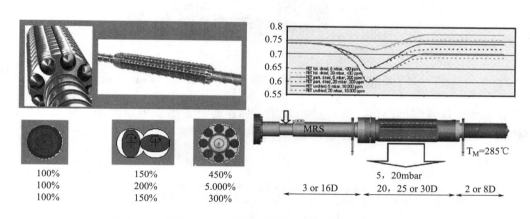

图 3-10　德国 Gneuss 公司多旋转超高比表面真空挤出技术

奥地利 Erema 公司开发的 Vacurema 系统也是基于真空脱挥的原理对废旧聚酯进行再利用，系统可通过自动真空闸实现连续的干燥与熔融，高真空反应器与螺杆直接相连，可免去挤出过程的排气，缩短螺杆长度，提升再利用效率，减少乙醛产生，见图 3-11。采用立式双缸过滤器，并且利用双缸室，实现滤芯的高效切换和熔体的过滤在线清洗，滤芯聚酯熔体含量由 25%～30%（质量分数）降低到 1.25%～1.50%（质量分数），滤芯清洗时间由 45～60min 降低到 10～15min。过滤器不用煅烧、不用拆装、不用预热，就能实现过滤芯在线清洗，经过反冲洗的过滤芯上附着的 95% 以上的杂质被去除掉；利用该过滤器减少了熔体排废量、减少了二次污染，操作简单、方便，达到不煅烧、不拆装、不预热、快捷、省时、省力、劳动强度低的目的。

二、泡料螺杆微醇解及过滤设备

因为螺杆内要进行醇解反应，且聚酯泡料密度和尺寸差异较大，采用常规螺杆会出现挤出压力波动大的现象，由此引发熔体挤出量不稳定、机头压力波动大、螺杆各区温度波动大、螺杆转速忽高忽低、螺杆使用周期短等系列问题。螺槽梯度加深的高剪切螺杆用于泡料的醇解，该螺杆由加料段、熔融段、均化段、混炼段组成，示意图见图 3-12。将加料段和熔融段螺槽深度由常规的 33.5mm 和 10mm，增加到 35～36mm 和 11～12mm，有利于泡料的进料和压

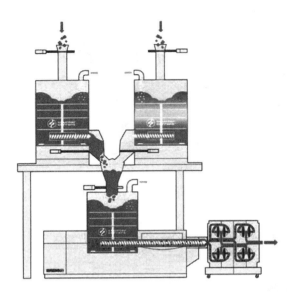

图 3-11　奥地利 Erema 公司开发的用于聚酯再利用的 Vacurema 系统

缩，并在混炼段设置菱形凸钉，提高剪切效果，加速醇解，缩短剪切时间，降低熔体回流，同时使得物料压实效果更好，输送更平稳。

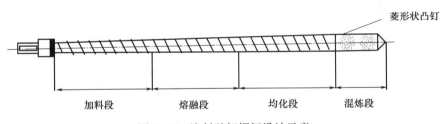

图 3-12　泡料醇解螺杆设计示意

　　乙二醇与泡料的投料比是控制醇解程度的关键，投料比为（2~3）∶1000（质量比），醇解的温度为280℃时醇解效果最优。由实验获取的醇解降黏动力学曲线（图 3-13）可以看出，该条件下微醇解产物黏度较为稳定，且该温度下的动力黏度完全满足快速精细过滤要求，同时曲线还明确了停留时间以 3~5min 为最优。

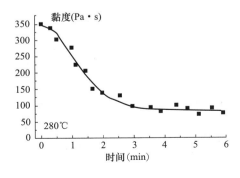

图 3-13　泡料螺杆醇解降黏曲线

三、熔体的脱挥除杂与再利用聚合增黏设备

　　熔体的纯净度除受可过滤的固体杂质影响外，还有染料、助剂及聚酯降解产物等无法过滤去除的低分子杂质，因此需要通过高效脱挥去除。脱挥的关键在于反应釜内部蒸发面积的大小和熔体在釜内停留的时间。为了增加脱挥面积，采用高比表面积的立式格栅降膜反应釜对含杂熔体进行脱挥，通过对立式反应釜内部的格栅结构和格栅层分布进行结构性调整，在保证最大程度去除熔体在立式反应釜阶段中低分子物质

和低分子聚合物的同时，利用过程中的高真空环境，同步实现聚酯相对分子质量增长。"微醇解—脱挥—聚合"调质增黏废气处理装置如图3-14所示。格栅的间距对熔体停留时间影响较大，起着决定作用，而格栅层数对增黏的幅度影响不大。熔体的特性黏度与停留时间和格栅的间距增加不一直都是正相关，当停留超过一定时间时，熔体黏度反而会出因热降解等副反应的影响而降低。

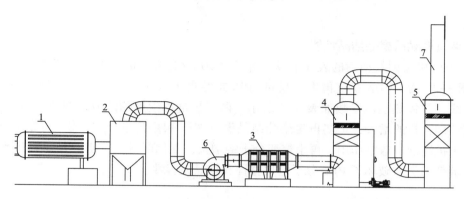

图3-14　"微醇解—脱挥—聚合"调质增黏废气处理装置结构示意图

调质调黏蒸汽喷射泵废气的处理装置，该装置包括与废气排出管道连通的冷凝器1，与冷凝器连通的冷却罐2，与冷却罐连通的一体化除臭装置3，与一体化除臭装置连通的臭氧还原塔4，与臭氧还原塔连通的活性炭吸附装置5；冷却罐与一体化除臭装置之间设置有风机6，活性炭吸附装置上设置有排气管7。

"微醇解—脱挥—聚合"流程如图3-15所示，废旧聚酯在螺杆挤出机内实现熔融醇解，

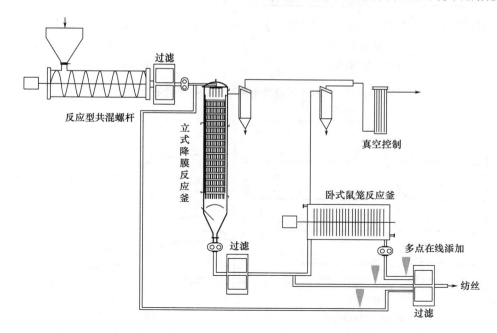

图3-15　"微醇解—脱挥—聚合"柔性组合的废旧聚酯调质调黏再利用系统

乙二醇由醇泵通过专用管道注入螺杆进料口中心，在螺杆机械搅拌和高温的双重作用下与熔体充分混合并快速醇解降黏。此后依次经过过滤器滤去杂质、自由沉降、圆盘成膜组合反应器实现缩聚增黏，从而制备高品质再利用聚酯熔体。

第三节 调质调黏后聚酯性能

一、调质调黏后聚酯结晶性能

采用 DSC 和 X 射线衍射的表征手段分析了 PMDA 和 TPPi 扩链再生聚酯的结晶性能。图 3-16 和图 3-17 为 PMDA 扩链再生聚酯和 TPPi 扩链再生聚酯的 DSC 第一次降温曲线和第二次升温曲线，具体热性能参数如表 3-2 所示。两种扩链再生聚酯的 DSC 曲线变化趋势相似，即随着扩链剂含量的增大，扩链再生聚酯结晶温度 T_c、熔融温度 T_m 呈现下降的趋势。分析原因是由于扩链剂的增粘作用，再生聚酯分子链增长，支化度增大，使得大分子链运动困难；同时，扩链剂的引入破坏了 PET 分子链规整性和结晶完善性。

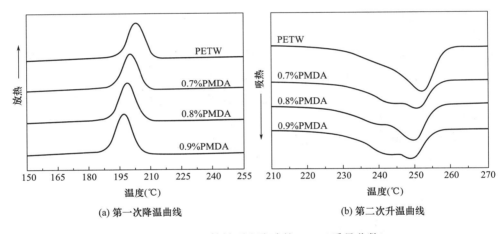

(a) 第一次降温曲线　　　　　　(b) 第二次升温曲线

图 3-16　PMDA 扩链再生聚酯的 DSC（质量分数）

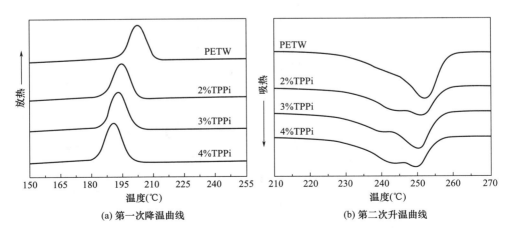

(a) 第一次降温曲线　　　　　　(b) 第二次升温曲线

图 3-17　TPPi 扩链再生聚酯的 DSC（质量分数）

表 3-2　扩链再生聚酯第一次降温结晶和第二次升温熔融参数

扩链剂	扩链剂含量（%，质量分数）	T_c（℃）	T_{m1}（℃）	T_{m2}（℃）
无	0	201.94	252.14	252.14
PMDA	0.7	200.44	242.45	248.49
	0.8	199.64	241.27	248.11
	0.9	198.37	240.16	247.87
TPPi	2	195.67	242.79	248.81
	3	194.49	242.48	248.63
	4	192.17	241.03	247.76

扩链再生聚酯和 PETW 的 WAXD 谱图如图 3-18 所示，扩链再生聚酯呈现的结晶结构跟未扩链的 PETW 相似，表明扩链剂 PMDA 和 TPPi 的引入并未对 PET 晶区结构产生明显影响。

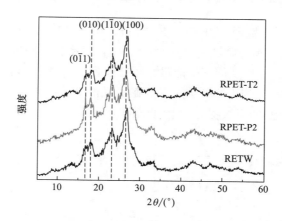

图 3-18　扩链再生聚酯和废旧聚酯（PETW）的 WAXD 谱图

二、调质调黏后聚酯流变性能

聚合物的流变性是成型加工时一个重要的考虑因素，流变性能的研究对于更好地选择加工温度、压力和加工时间等加工工艺参数都有实际指导意义。对调质调黏后聚酯进行流变性能表征，并与原生聚酯进行对比。图 3-19 所示为扩链再生聚酯与废旧聚酯（PETW）的表观黏度—剪切速率关系，剪切速率范围为 $0.1\sim100s^{-1}$。采用 Carreau 方程［式（3-1）］计算的 PETW、RPET-P2 和 RPET-T2 非牛顿指数 n 分别为 0.93，0.87 和 0.72。非牛顿指数 n 表征流体偏离牛顿流体的程度，n 越小表示剪切变稀现象越明显。在 PMDA/TPPi 扩链作用下，PET 大分子链增长，容易产生缠结，且扩链再生聚酯相对分子质量分布变宽。在这两方面因素综合作用下，扩链再生聚酯剪切变稀的现象明显。

$$\eta=\frac{\eta_0}{[1+(\lambda\dot{\gamma})^2]^{\frac{1-n}{2}}}\qquad(3-1)$$

式中：η_0 为零切黏度；$\dot{\gamma}$ 为剪切应变；λ 为松弛时间；n 为非牛顿指数。

对扩链增黏再生聚酯进行了动态流变性能的表征，首先对样品进行动态应变扫描，确定

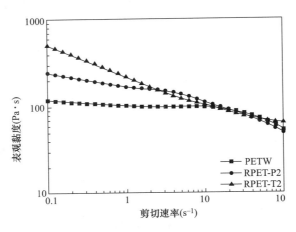

图 3-19　扩链再生聚酯和废旧聚酯（PETW）表观黏度—剪切速率关系图

线性黏弹区域。实验过程中发现，PETW、RPET-P2 和 RPET-T2 的线性区域分别为 0~80%，0~25% 和 0~20%。在线性黏弹区域内（应变为 10%）频率扫描测试结果如图 3-20 所示。储能模量 G' 代表的是材料弹性形变储存的能量，损耗模量 G'' 则表示材料形变过程中以热的形式损失的能量。扩链再生聚酯的储能和损耗模量在测试的 0.1~100rad/s 范围内均高于 PETW，表明扩链剂 PMDA 和 TPPi 的引入提高了 PETW 的黏弹性。

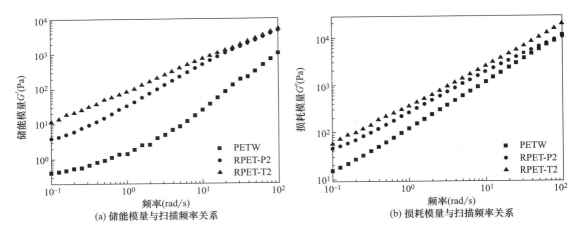

(a) 储能模量与扫描频率关系　　　　　　　　　(b) 损耗模量与扫描频率关系

图 3-20　扩链再生聚酯和废旧聚酯（PETW）

为了更好地根据调质调黏后的聚酯特性来优化纺丝和后处理工艺，对降膜-圆盘反应器出口的聚酯进行了毛细管流变和非等温结晶动力学的分析，并与原生纤维级 PET 切片（原生 PET）进行对比。对样品进行流变性能的表征，剪切速率为 500~10000s⁻¹。再生聚酯的测试温度为 270℃、275℃、280℃，原生切片的测试温度为 280℃、285℃、290℃。调质调黏后的聚酯和原生 PET 切片的表观黏度与剪切速率关系如图 3-21 所示。随着剪切速率的增大，熔体表观黏度均呈现下降趋势，这也符合假塑性流体特性。假塑性流体可以采用式（3-2）所示的幂律方程来描述，其中 K 为黏性系数，n 为熔体非牛顿指数。以 $\lg\eta_a$ 对 $\lg\gamma$ 作图，通过线性拟合得到的斜率即为非牛顿指数 n。非牛顿指数 n 可以表征流体偏离牛顿流体的程度，n 越小表示剪切变稀程度越明显。图 3-22 所示为调质调黏后的聚酯和原生 PET 切片的 $\lg\eta_a$-$\lg\gamma$ 关系曲线，两种聚酯均呈现良好的线性相关，计算的非牛顿指数 n 如表 3-3 所示。随着温度的升高，调质调黏后的聚酯和原生 PET 的非牛顿指数 n 均呈现增大趋势，表明熔体表观黏度对剪切速率依赖性降低，熔体越接近牛顿流体性质。调质调黏后的聚酯在 270～280℃ 温度范围内的非牛顿指数 n 与原生 PET 切片在 280～290℃ 范围的 n 接近。相较于原生 PET 切片，调质调黏后的聚酯的纺丝温度可以适当降低 5～10℃。

$$\eta_a = K\gamma^{n-1} \tag{3-2}$$

表 3-3　再生聚酯和原生 PET 的非牛顿指数 n

再生聚酯	温度（℃）	270	275	280
	n 值	0.73	0.77	0.81
原生 PET	温度（℃）	280	285	290
	n 值	0.74	0.78	0.80

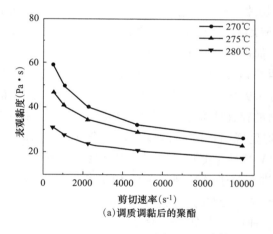
（a）调质调黏后的聚酯

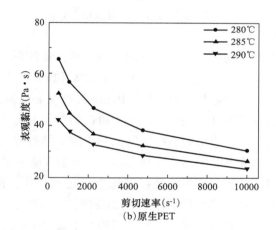
（b）原生PET

图 3-21　熔体的表观黏度与剪切速率关系曲线

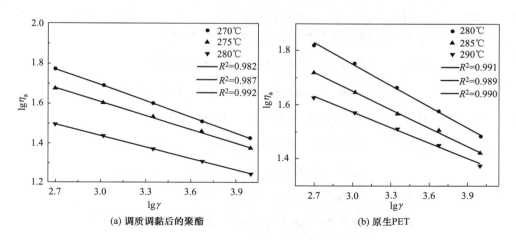
（a）调质调黏后的聚酯　　　　　（b）原生PET

图 3-22　$\lg\eta_a$ 与 $\lg\gamma$ 关系曲线及线性拟合结果

三、废旧聚酯制品的特性黏度

以废块、废丝混合泡料（PETF）特性黏度0.60dL/g，端羧基含量36mol/t；白色布泡料（PETW）特性黏度为0.63dL/g，端羧基含量为40mol/t；有色布泡料（PETR）特性黏度为0.62dL/g，端羧基含量为42mol/t为例，比较不同泡料与原生纤维级PET切片（PETV，特性黏度0.65dL/g，端羧基含量24mol/t）的特性黏度随降解时间的变化差异。

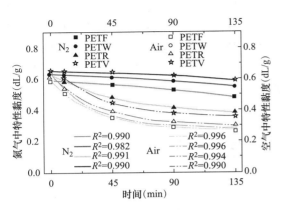

图3-23　废旧聚酯纤维制品和原生PET（PETV）在280℃常压氮气和空气气氛下特性黏度与热降解时间关系图及其拟合曲线

废旧聚酯纤维制品（PETF、PETW、PETR）和PETV在280℃常压氮气和空气条件下的特性黏度和热降解时间曲线如图3-23所示，拟合关系式分别如式（3-3）（氮气气氛）和式（3-4）（空气气氛）所示。随着热降解时间的延长，三种废旧聚酯和常规PET切片在氮气和空气气氛下特性黏度均呈现下降趋势。PETV特性黏度降低幅度均小于废旧聚酯纤维制品，表明油剂、添加剂、染料等杂质促进了PET热降解反应。

在氮气气氛下，PETF、PETW和PETV特性黏度变化不明显，而PETR特性黏度呈指数明显下降趋势。PETR在10min时特性黏度降为6.94%，明显大于PETF、PETW和PETV的特性黏度降1.69%、1.59%和0.77%，表明染料的存在明显加速了PET热降解反应。在空气气氛下，废旧聚酯纤维制品和PETV特性黏度均呈现明显降低趋势，热氧降解为主控因素；当热降解时间延长至90min时，废旧聚酯和PETV特性黏度趋于稳定。在氧气存在的情况下，PET链间和链端均会被氧化生成过氧化物，促进大分子链断裂，造成PET特性黏度迅速下降，反应机理分别如图3-24和图3-25所示。根据均裂键的不同，PET链间热氧降解可以分成两种断裂方式：一是，当均裂生成RO·和·OH时，大分子链发生连锁反应生成酸和醛，后者会进一步转化成酸和甲醛；二是，当均裂生成R·和·OOH时，R·自由基会分解成新自由基和乙烯基酯，且新自由基最终会反应成为羧酸，乙烯基酯最终会转化成羧酸和乙醛。PET链端热氧降解机理与链间降解类似，最终生成羧酸和乙醛。

$$
\left.
\begin{aligned}
IV_{\mathrm{PETF-N_2}} &= 0.67 - 7.74 \times 10^{-2} \times \exp(6.49 \times 10^{-3} \times t) \\
IV_{\mathrm{PETW-N_2}} &= 0.66 - 3.11 \times 10^{-2} \times \exp(9.32 \times 10^{-3} \times t) \\
IV_{\mathrm{PETR-N_2}} &= 0.36 + 0.26 \times \exp(-1.79 \times 10^{-2} \times t) \\
IV_{\mathrm{PETV-N_2}} &= 0.66 - 1.42 \times 10^{-2} \times \exp(1.21 \times 10^{-2} \times t)
\end{aligned}
\right\} \quad (3-3)
$$

$$
\left.
\begin{aligned}
IV_{\mathrm{PETF-air}} &= 0.27 + 0.33 \times \exp(-2.89 \times 10^{-2} \times t) \\
IV_{\mathrm{PETW-air}} &= 0.28 + 0.36 \times \exp(-3.11 \times 10^{-2} \times t) \\
IV_{\mathrm{PETR-air}} &= 0.29 + 0.33 \times \exp(-2.72 \times 10^{-2} \times t) \\
IV_{\mathrm{PETV-air}} &= 0.35 + 0.31 \times \exp(-2.47 \times 10^{-2} \times t)
\end{aligned}
\right\} \quad (3-4)
$$

四、废旧聚酯制品的端羧基含量特征

废旧聚酯纤维制品和 PETV 的端羧基含量与热降解时间关系曲线如图 3-26 所示，在氮气和空气下的拟合关系式分别如式（3-5）和式（3-6）所示。随着热降解时间的延长，三种废旧聚酯和 PETV 在氮气和空气气氛下均呈现上升趋势。PETV 端羧基含量增大幅度均小于废旧聚酯纤维制品，表明油剂、添加剂、染料等杂质促进了 PET 热降解反应。在氮气气氛下，PETR 端羧基含量呈指数明显增大趋势，在 10min 时端羧基含量增大 22.27%，明显高于 PETF、PETW 和 PETV 的端羧基含量的增大比例 14.54%、13.94% 和 13.43%，这也和废旧聚酯纤维制品的特性黏度测试结果相吻合，即染料的存在明显加速了 PET 热降解反应，造成特性黏度下降和端羧基含量增大程度明显。在空气气氛下，由于 PET 热氧降解的作用，三种废旧聚酯和 PETV 端羧基含量均呈现明显增大趋势。

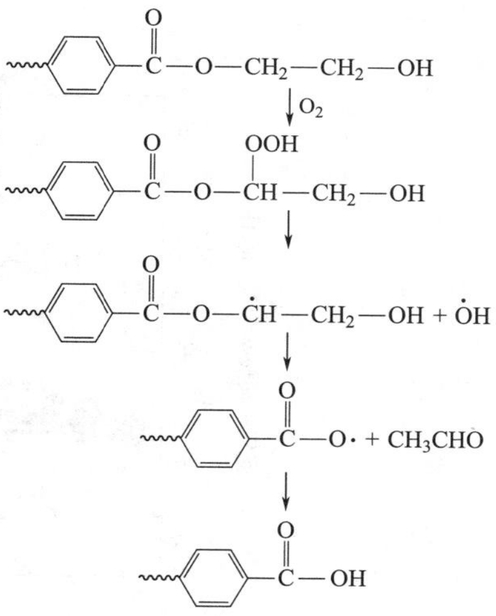

图 3-24 PET 链端热氧降解反应

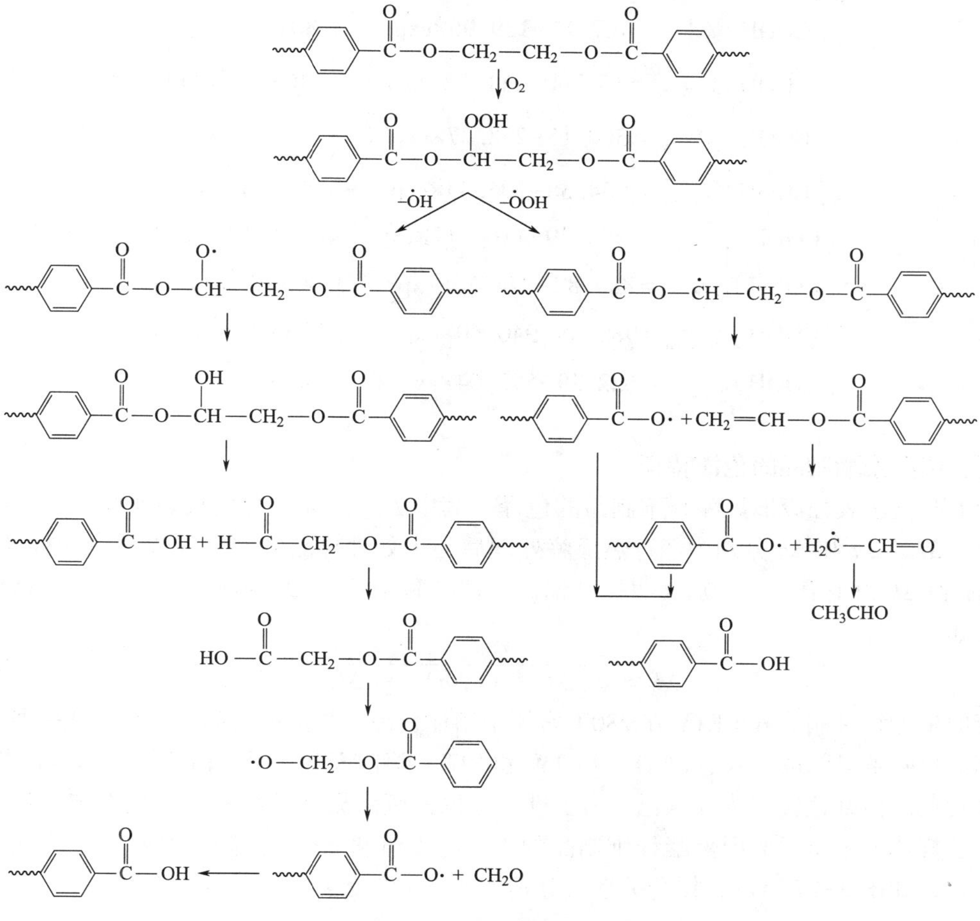

图 3-25 PET 链间热氧降解反应

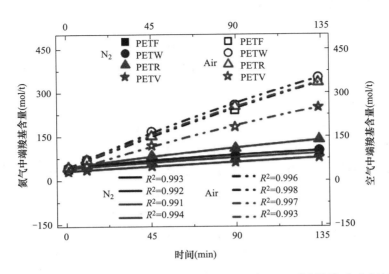

图 3-26 废旧聚酯纤维制品和原生 PET（PETV）在 280℃ 常压氮气和空气气氛
下端羧基含量与热降解时间关系图及其拟合曲线

$$\left.\begin{aligned}
\left[\mathrm{COOH}\right]_{\mathrm{PETF\text{-}N_2}} &= 167.11 - 129.96 \times \exp\left(-3.80 \times 10^{-3} \times t\right) \\
\left[\mathrm{COOH}\right]_{\mathrm{PETW\text{-}N_2}} &= 151.60 - 111.02 \times \exp\left(-5.46 \times 10^{-3} \times t\right) \\
\left[\mathrm{COOH}\right]_{\mathrm{PETR\text{-}N_2}} &= 300.15 - 258.37 \times \exp\left(-3.33 \times 10^{-3} \times t\right) \\
\left[\mathrm{COOH}\right]_{\mathrm{PETV\text{-}N_2}} &= 934.38 - 905.83 \times \exp\left(-3.81 \times 10^{-4} \times t\right)
\end{aligned}\right\} \quad (3\text{-}5)$$

$$\left.\begin{aligned}
\left[\mathrm{COOH}\right]_{\mathrm{PETF\text{-}air}} &= 1206.39 - 1166.17 \times \exp\left(-2.17 \times 10^{-3} \times t\right) \\
\left[\mathrm{COOH}\right]_{\mathrm{PETW\text{-}air}} &= 889.82 - 848.26 \times \exp\left(-3.40 \times 10^{-3} \times t\right) \\
\left[\mathrm{COOH}\right]_{\mathrm{PETR\text{-}air}} &= 980.88 - 940.40 \times \exp\left(-2.82 \times 10^{-3} \times t\right) \\
\left[\mathrm{COOH}\right]_{\mathrm{PETV\text{-}air}} &= 622.29 - 593.04 \times \exp\left(-3.44 \times 10^{-3} \times t\right)
\end{aligned}\right\} \quad (3\text{-}6)$$

五、废旧聚酯制品的色泽特征

用 Lab 值法表征废旧聚酯纤维制品的色泽，其中 L、a、b 值分别代表明亮度、红绿值和黄蓝值。ΔL、Δa 和 Δb 分别为经过热降解处理后与未处理样品的差值（以后者为标准），当 ΔL、Δa 和 Δb 为正值时，分别表明样品偏白、偏红和偏黄。ΔE 为颜色的综合评定指标，计算公式如下。

$$\Delta E = \sqrt{(\Delta L)^2 + (\Delta a)^2 + (\Delta b)^2} \quad (3\text{-}7)$$

废旧聚酯纤维制品和 PETV 在 280℃ 常压下熔体色泽与热降解时间色卡如表 3-4 所示。

随着热降解时间的延长，PETF、PETW 和 PETV 熔体表观色泽由白色转变为棕色，PETR 熔体表观色泽由红色转变为棕黑色。为了进一步探究废旧聚酯纤维制品在热熔加工过程中熔体的变色规律，本章对废旧聚酯纤维制品的 L、a、b 值和 ΔE 与热降解时间关系曲线进行了数据拟合，如图 3-27 所示，拟合关系式分别如式（3-8）~ 式（3-15）所示。

表 3-4 废旧聚酯纤维制品和原生 PET（PETV）在 280℃常压氮气和空气气氛下色泽与热降解时间色泽参照卡

聚酯样品		PETF	PETW	PETR	PETV
未处理					
氮气	10min				
	45min				
	90min				
	135min				
空气	10min				
	45min				
	90min				
	135min				

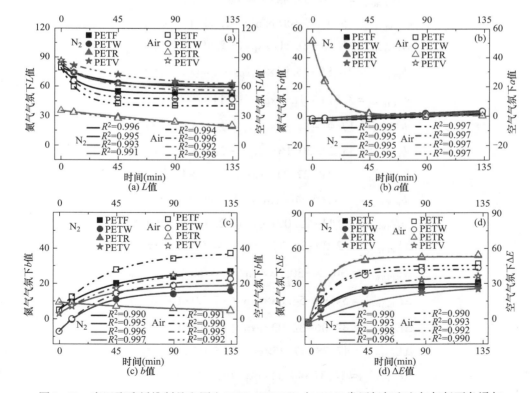

图 3-27 废旧聚酯纤维制品和原生 PET（PETV）在 280℃常压氮气和空气气氛下色泽与热降解时间关系图及其拟合曲线

$$\left.\begin{array}{l} L_{\text{PETF-N}_2}=53.15+25.79\times\exp\ (-6.10\times10^{-2}\times t) \\ L_{\text{PETW-N}_2}=62.01+21.63\times\exp\ (-6.01\times10^{-2}\times t) \\ L_{\text{PETR-N}_2}=-15.75+51.27\times\exp\ (-2.78\times10^{-3}\times t) \\ L_{\text{PETV-N}_2}=61.00+25.36\times\exp\ (-1.95\times10^{-2}\times t) \end{array}\right\} \tag{3-8}$$

$$\left.\begin{array}{l} L_{\text{PETF-air}}=40.59+38.31\times\exp\ (-6.81\times10^{-2}\times t) \\ L_{\text{PETW-air}}=47.55+36.08\times\exp\ (-7.05\times10^{-2}\times t) \\ L_{\text{PETR-air}}=10.04+25.48\times\exp\ (-7.90\times10^{-3}\times t) \\ L_{\text{PETV-air}}=56.17+29.36\times\exp\ (-3.89\times10^{-2}\times t) \end{array}\right\} \tag{3-9}$$

$$\left.\begin{array}{l} a_{\text{PETF-N}_2}=-0.98+3.69\times10^{-2}\times t \\ a_{\text{PETW-N}_2}=0.77+4.06\times10^{-2}\times t \\ a_{\text{PETR-N}_2}=3.01+53.37\times\exp\ (-7.65\times10^{-2}\times t) \\ a_{\text{PETV-N}_2}=7.66-9.04\times\exp\ (-8.77\times10^{-3}\times t) \end{array}\right\} \tag{3-10}$$

$$\left.\begin{array}{l} a_{\text{PETF-air}}=-1.13+3.58\times10^{-2}\times t \\ a_{\text{PETW-air}}=0.59+3.84\times10^{-2}\times t \\ a_{\text{PETR-air}}=2.70+53.68\times\exp\ (8.00\times10^{-2}\times t) \\ a_{\text{PETV-air}}=5.47-6.88\times\exp\ (-2.60\times10^{-2}\times t) \end{array}\right\} \tag{3-11}$$

$$\left.\begin{array}{l} b_{\text{PETF-N}_2}=23.36-20.21\times\exp\ (-2.19\times10^{-2}\times t) \\ b_{\text{PETW-N}_2}=14.85-20.91\times\exp\ (-3.44\times10^{-2}\times t) \\ b_{\text{PETR-N}_2}=3.87+5.18\times\exp\ (-1.11\times10^{-2}\times t) \\ b_{\text{PETV-N}_2}=17.91-14.81\times\exp\ (-2.97\times10^{-2}\times t) \end{array}\right\} \tag{3-12}$$

$$\left.\begin{array}{l} b_{\text{PETF-air}}=33.28-30.16\times\exp\ (-2.54\times10^{-2}\times t) \\ b_{\text{PETW-air}}=21.19-27.21\times\exp\ (-2.72\times10^{-2}\times t) \\ b_{\text{PETR-air}}=3.14+5.96\times\exp\ (-1.01\times10^{-2}\times t) \\ b_{\text{PETV-air}}=26.11-23.09\times\exp\ (-2.01\times10^{-2}\times t) \end{array}\right\} \tag{3-13}$$

$$\left.\begin{array}{l} \Delta E_{\text{PETF-N}_2}=32.29-31.95\times\exp\ (-4.57\times10^{-2}\times t) \\ \Delta E_{\text{PETW-N}_2}=30.24-30.08\times\exp\ (-4.60\times10^{-2}\times t) \\ \Delta E_{\text{PETR-N}_2}=54.99-54.88\times\exp\ (-7.20\times10^{-2}\times t) \\ \Delta E_{\text{PETV-N}_2}=32.06-32.02\times\exp\ (1.60\times10^{-2}\times t) \end{array}\right\} \tag{3-14}$$

$$\left.\begin{array}{l} \Delta E_{\text{PETF-air}}=47.78-47.25\times\exp\ (-5.02\times10^{-2}\times t) \\ \Delta E_{\text{PETW-air}}=44.37-44.11\times\exp\ (-5.46\times10^{-2}\times t) \\ \Delta E_{\text{PETR-air}}=55.56-55.46\times\exp\ (-7.50\times10^{-2}\times t) \\ \Delta E_{\text{PETV-air}}=38.61-37.31\times\exp\ (-3.00\times10^{-2}\times t) \end{array}\right\} \tag{3-15}$$

PETF、PETW 和 PETV 在 280℃常压下熔体色泽与热降解时间变化规律相似。在氮气气氛下，随热处理时间的延长，L 值均呈指数型明显降低，b 值呈指数型明显增加，a 值变化较小。当热处理时间大于 45min 时，继续延长热处理时间对 L 值和 b 值影响不大。在空气气氛下，熔体色泽变化规律与氮气气氛下类似，且在空气气氛下 L 值和 b 值的变化程度明显大于氮气气氛。

在氮气气氛下，PETR 的 L 值和 a 值均呈明显指数型下降，b 值变化较小。当热处理时间大于 45min 时，继续延长热处理时间对 a 值影响不大。在空气气氛下，PETR 熔体色泽变化规律与氮气气氛下类似，在氮气和空气气氛下的 L 值和 a 值的变化程度基本相同。

ΔE 是色差的综合评定指标，废旧聚酯纤维制品和 PETV 的 ΔE 与热降解时间的关系如图 3-27（d）所示。在氮气气氛下，随着热处理时间的增加，废旧聚酯纤维制品和 PETV 的 ΔE 均呈现指数型增大趋势，当热处理时间为 45min 时 ΔE 趋于稳定。废旧聚酯纤维制品的 ΔE 变化程度明显大于 PETV，其中 PETR 的 ΔE 值最大，当热降解时间为 45min 时，PETR 的 ΔE 值为 52.08。在空气气氛下，废旧聚酯纤维制品和 PETV 的变化规律与其在氮气气氛下类似。当热降解时间为 45min 时，相较于氮气气氛，PETF、PETW、PETR 和 PETV 在空气气氛下的 ΔE（比氮气气氛为标准）分别增大了 50.13%、51.25%、1.48%、49.04%，气氛对 PETR 的 ΔE 影响较小。

六、废旧聚酯的热降解特征

采用裂解—气相色谱—质谱联用的表征手段，分析废旧聚酯纤维制品在 750℃的热裂解行为，并与 PETV 进行对比。图 3-28 所示为废旧聚酯和原生 PET 的裂解—气相色谱图谱，以苯甲酸进行归一化处理，图中物质序号分别于表 3-5 相对应。三种废旧聚酯纤维制品的裂解产物种类及其含量均与 PETV 类似，表明油剂、添加剂、染料等杂质的存在并没有从根本上改变 PET 降解机理。

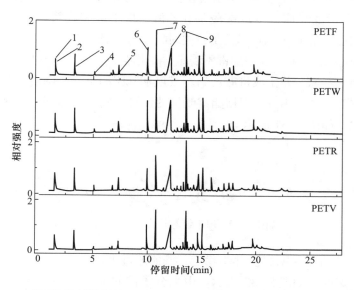

图 3-28 废旧聚酯纤维制品和原生 PET（PETV）750℃裂解—气相色谱图谱

表 3-5　废旧聚酯纤维制品和原生 PET（PETV）750℃主要裂解产物

序号	物质	化合物结构式	质量分数（%）			
			PETF	PETW	PETR	PETV
1	二氧化碳	CO_2	4.92	5.01	5.41	4.09
2	乙醛	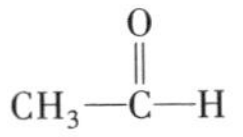 CH_3-CHO	2.16	2.84	1.56	1.73
3	苯	 苯环	6.04	5.05	6.91	5.01
4	甲苯	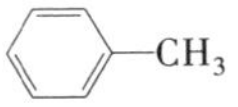 苯环-CH₃	0.71	0.50	0.90	0.25
5	苯乙烯	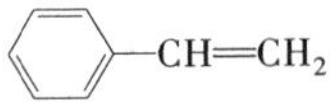 苯环-CH=CH₂	1.57	1.46	1.98	1.26
6	苯乙酮	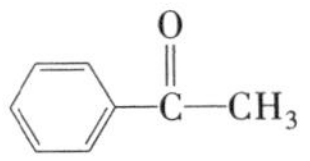 苯环-CO-CH₃	6.17	6.59	4.68	5.21
7	苯甲酸乙烯酯	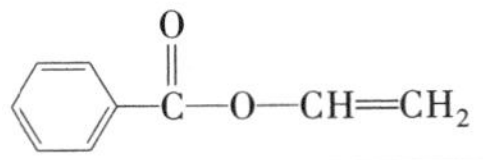 苯环-CO-O-CH=CH₂	9.01	9.77	6.72	7.16
8	苯甲酸	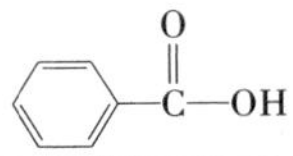 苯环-CO-OH	32.01	32.95	32.06	35.11
9	联苯	 联苯	7.99	8.49	9.84	7.19

　　根据 PET 大分子链断裂的位置，PET 热裂解机理可以分为链端和链间两种方式，前者主要发生如图 3-29 所示的反应，生成端羧基和乙醛。PET 链间降解则是先经过六元过渡态，酯键无规断裂生成乙烯基酯 A 和羧基酯 B；同时，A 与 B 之间还可以发生可逆重排反应，生成乙醛，如图 3-30 所示。A 与 B 中酯键不稳定，受热会进一步发生热降解反应，得到分子链缩短的乙烯基酯和羧基酯，并生成带有乙烯基或羧基基团的小分子降解产物 4-羧基苯甲酸乙烯酯（A_1）和对苯二甲酸（B_1）。根据酯键断裂的位置不同，乙烯基酯 A 和羧基酯 B 均有两种不同的断裂方式，如图 3-31 所示。

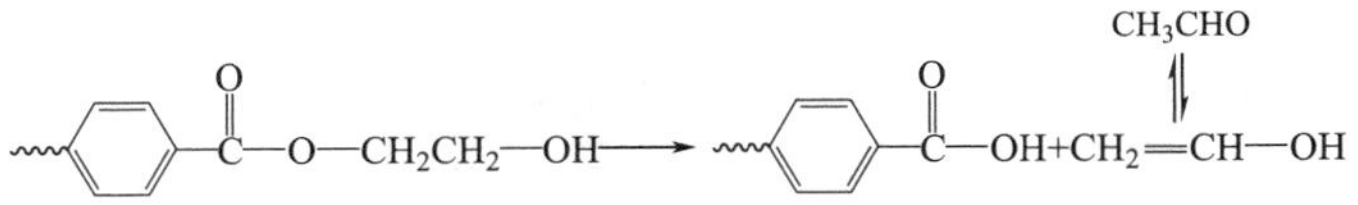

图 3-29　PET 链端热降解反应机理

　　4-羧基苯甲酸乙烯酯（A_1）受热不稳定，既能通过重排反应生成苯乙酮，又能发生脱羧反应生成苯甲酸乙烯酯，如图 3-32 所示。由大分子链间酯键断裂生成的小分子对苯二甲酸 B_1 受热也会进一步降解生成苯甲酸和苯。

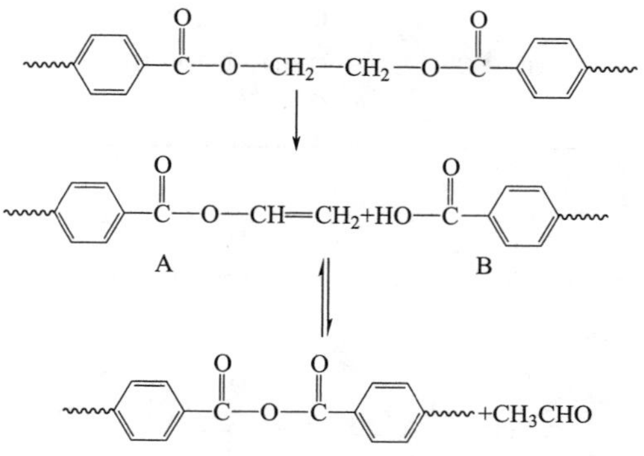

图 3-30　PET 链间热降解机理

A—乙烯基酯　B—羧基酯

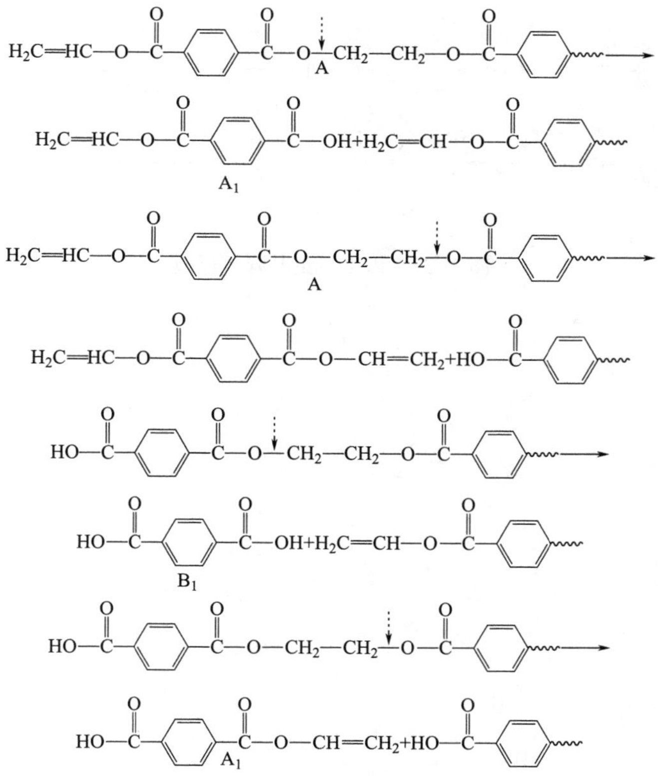

图 3-31　乙烯基酯（A）和羧基酯（B）的热降解反应机理

A₁—4-羧基苯甲酸乙烯酯　B₁—对苯二甲酸

　　高温下苯甲酸乙烯酯会进一步发生热降解反应，分别生成苯甲酸、苯乙烯及苯乙酮。在 PET 热降解过程中，还会发生如图 3-33 所示的自由基反应，苯羰基自由基脱去 CO 后得到苯自由基，从而形成甲苯、联苯等物质。

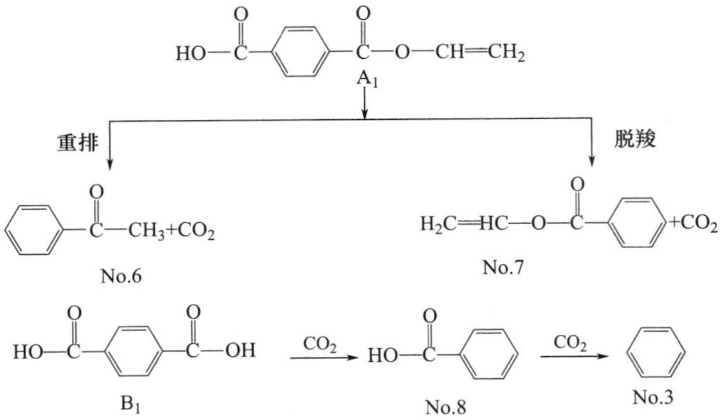

图 3-32　4-羧基苯甲酸乙烯酯（A_1）和对苯二甲酸（B_1）的热降解机理

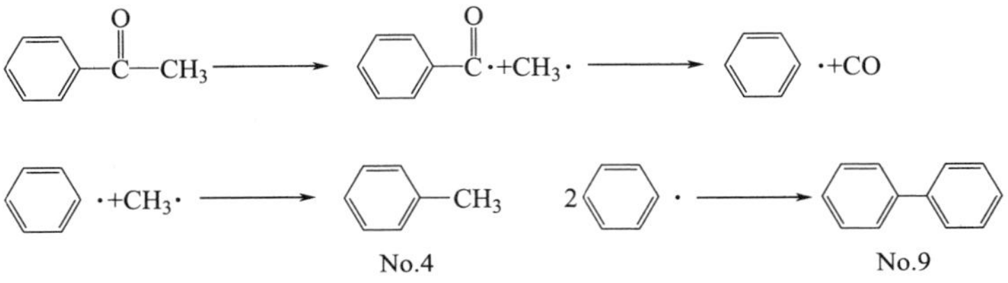

图 3-33　PET 自由基降解反应

第四章 化学法循环再利用技术

　　化学法循环再利用技术指的是利用化学试剂破坏塑料、薄膜或纤维的分子结构，使分子的内部结构发生解聚进而转变成单体或低聚物，去除杂质后，再利用生成的单体或低聚物经过再聚合工艺，制备出满足纺丝要求的聚合物技术。相比较于物理化学法循环再利用技术，化学法循环再利用技术可以彻底除去染化料、劣化分子链段结构等杂质，为再利用提供高品质原料，但技术体系也相对变得复杂，成本也相应增加。因此，对于高杂质含量的废旧纺织品的回收，采用化学法循环再利用技术理论上有绝对优势。本章主要以废旧聚酯（PET）化学法循环再利用技术为例进行阐述。图 4-1 是化学法循环再利用 PET 纤维制品的示意图，主要包括解聚、纯化和再聚合三个工艺过程。通过将废旧聚酯解聚到单体或聚合中间体，经分离提纯除去杂质后，可再缩聚为高品质的再利用聚酯，从而实现对废旧 PET 的封闭式循环。

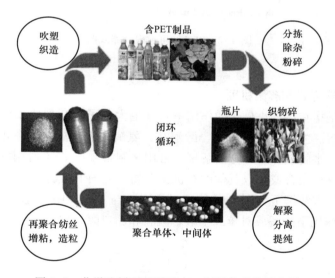

图 4-1　化学法循环再利用 PET 制品技术的示意图

第一节　PET 的化学解聚

一、PET 化学解聚基础

　　PET 的聚合反应机理属于逐步聚合，主要合成路线有酯交换法和直接酯化法两种，反应过程如图 4-2 所示，其中各步反应均为可逆反应，这为 PET 解聚提供了可能。

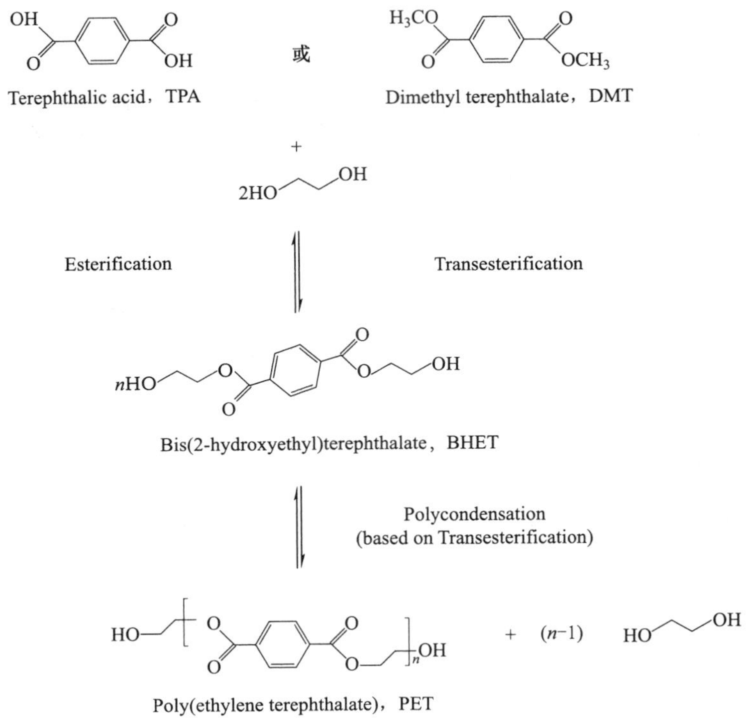

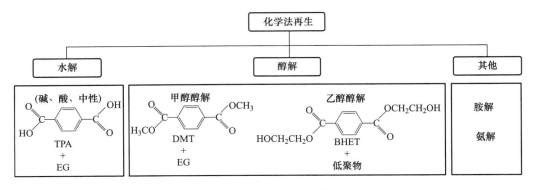

图 4-2　PET 的可逆聚合路线图

二、PET 的解聚方式和解聚机理

PET 聚酯解聚是指在溶剂小分子的作用下将聚酯大分子链断裂成小分子。根据化学试剂的不同，化学法降解法主要包括水解法、醇解法，氨解及胺解法，见图 4-3。PET 废料通过醇解、酸解、碱解、水解或氨解等方法解聚，可用来制备生产 PET 所用的原料和单体，而这些原料和单体可再进行聚合或制取其他的有机化合物。废旧 PET 水解产物为对苯二甲酸和乙二醇。在甲醇或乙二醇醇解下分别生成 DMT 或 BHET 与 EG。PET 在胺类物质（甲胺、乙胺、乙醇胺等）或氨气作用下降解成对苯二甲酸二酰胺和乙二醇（EG）。

图 4-3　PET 废旧聚酯化学法解聚方式

（一）PET 的水解

水解法是指在高温高压条件下，在不同 pH 水溶液中将 PET 解聚为对苯二甲酸（TPA）、乙二醇（EG）的方法。根据 pH 不同，水解可以分为酸性、碱性和中性水解。通过水解实现 PET 解聚是行之有效的方法，但是由于 TPA 的溶解性和蒸汽压较低，需要经过多次蒸馏进行提纯，增大了其生产成本。酸碱水解具有反应温度和压力低、产物纯度高的优点，但会消耗大量的酸碱，并且会产生大量不易处理的反应残液，这些缺点在一定程度上限制了水解法的大规模工业化应用。

根据反应的 pH 条件，PET 的水解可以分为中性水解、酸性水解和碱性水解。目前已有美国 Eastman 等公司实现了小规模商业化生产。PET 水解反应所用的催化环境通常就是高浓度的酸或碱，催化机理也较明确，和酸、碱催化酯化反应的机理是一致的。

1. PET 的中性水解

中性水解是指在无酸碱催化剂条件下，以水或水蒸气直接解聚 PET 的工艺，但随着反应进行，体系的 pH 还是会因酸性产物对苯二甲酸的生成而由中性变为 3.5~4.0 的偏酸性。

采用熔体进料方式，使废旧 PET 与 248℃、4.2MPa 的高压饱和水蒸气在立式圆形反应器中充分接触并实现水解，通过螺杆控制水与 PET 的质量比在 12:1，同时利用活性炭在体系内连续循环来实现对解聚产物的脱色，此连续水解工艺的反应排出周期为 24h，解聚产物经过滤除去、结晶、离心分离、干燥后可获得对苯二甲酸产品，同时精馏滤液以回收解聚过程中产生的乙二醇。

针对中性水解反应速率低，采用醋酸锌作为催化剂，在 250~280℃下于密闭容器中进行 PET 聚酯的水解，反应速率较非催化水解法提高 20%。但引入催化剂后对产物的纯度影响较大。

以反应性挤出的方式采用双螺杆挤出机对 PET 进行熔体水解，可以在较短时间能获得低分子量的解聚产物。

由以上研究可以看出，中性水解具有解聚产物即为聚合所需的单体、不产生酸碱废液的优点。但有一个显著的缺点是为了保证反应速度，中性水解需要的反应温度和反应压力都较高，所以对于工业化连续设备的设计、控制及安全要求会非常严格。同时，中性水解得到的对苯二甲酸纯度较低，需要进一步精制，这主要是因为水解过程中生成的对苯二甲酸乙二醇单酯这种中间产物在高温下具有较好的水溶性，所以并不容易全部转化为水溶性很低的对苯二甲酸。

2. PET 的酸性水解

酸性水解通常是在高浓度的无机酸（如硫酸，硝酸等）水溶液中进行的。

采用浓度大于 14mol/L 的硫酸水溶液，在 85~90℃、常压水解后用冷水稀释水解产物，并用 NaOH 溶液将体系的 pH 调为 11，将 TPA 转化为其可溶性的钠盐，之后可将不溶性杂质过滤去除。将滤液的 pH 调为 1~3 后使 TPA 析出，经过滤洗涤后，TPA 纯度可大于 99%。

采用浓度小于 10mol/L 的硫酸水溶液，在 150℃、自加压解聚 1~6h，反应后过滤，使未解聚的 PET、生成的 TPA 与酸溶液及反应生成的乙二醇分离，滤液继续作为解聚液被送回反应体系内循环，以减少酸的使用。用氨水溶解滤渣，过滤后将未解聚完全的 PET 送回反应体系内继续解聚，滤液经酸化、精制可获得纯度大于 99% 的 TPA。在 3~9mol/L 的硝酸催化条件下的 PET 水解情况，但此反应条件下解聚产生的乙二醇会被氧化为草酸。

3. PET 的碱性水解

碱性水解通常在浓度为 1~6mol/L 的 NaOH 或 KOH 水溶液中进行，解聚的主要产物是 TPA 对应的盐，经酸化精制获得纯度较好 TPA。

采用浓度约 5mol/L 的 NaOH 水溶液，在 100℃下的对 PET 进行解聚，其中 PET 的投料量约为溶液质量的 1%，解聚约 2h 即可完成，解聚所生的乙二醇通过蒸馏的方法实现回收。采用浓氨水在 200℃的密闭反应体系中对 PET 进行水解，反应时间有所缩短。

由于 NaOH、KOH 等强碱本身也可对 PET 中的羰基碳进行亲核进攻，所以在无水条件下同样可以解聚 PET。采用 PET 与 NaOH 固体在 100~200℃下进行直接共混解聚，解聚率可达到 97%。此工艺路线由于无水参与，故仅通过减压蒸馏解聚产物即回收产生的乙二醇。

此外，利用季鏻盐、铵盐类相转移催化剂或表面活性剂也可以使碱性水解过程由于增溶效应而加速。添加季鏻/铵盐相转移催化剂的 PET 碱性水解反应，发现三丁基十六烷基溴化鏻的催化效果最好，可使解聚在 70~80℃的较低温度下进行。

酸碱水解具有反应温度和压力低、产物纯度高的优点，但反应过程需要消耗大量浓酸和浓碱，废液处理困难，且由解聚产生的乙二醇难以回收，因此其在工业化放大时仍面临较多限制。

（二）PET 的醇解

醇解法主要是指废旧聚酯在芳香醇、脂肪醇、一元醇、二元醇等的作用下解聚为小分子的反应。根据醇的种类可分为甲醇醇解法和乙醇醇解法。

1. 甲醇醇解法

由于甲醇的沸点较低，工业化的甲醇解通常是在一定压力下的气相中进行的。PET 甲醇醇解由于产物 DMT 容易气化，所以其具有产物提纯方便且易于连续化操作的优点。美国 Eastman 公司开发了三段式 PET 连续甲醇解聚工艺，工艺主要流程分为三个阶段。第一阶段，将废旧 PET 连续加入温度为 180~270℃、压力为 0.08~0.15MPa 的反应釜进行预解聚，此过程可使 PET 与甲醇充分接触；第二阶段，将过热甲醇连续通入反应釜内，控制温度在 220~285℃，压力在 2.0~6.0MPa，此阶段反应时间一般为 30~60min，PET 可得到深度解聚；第三阶段，将解聚产物气化，经由精馏塔逐级分离，得到 DMT 和乙二醇。

美国 DuPont 公司开发了 PET 连续低压气相甲醇解聚工艺，并进行了小规模的商业运行。首先将 PET 废料粉碎为平均粒径在 1mm 左右的粉体进料，PET 粉体在反应器中与 300℃的甲醇蒸气进行充分接触，控制气流形成悬浮床，控制反应温度在解聚产物 DMT 的熔点与 PET 的熔点之间（220~250℃），控制系统压力在 0.35~0.69MPa。此过程中甲醇既作为反应物，同时又具有引导醇解产物向气相转移的作用。反应体系内的气相由甲醇、DMT、乙二醇和低聚物构成，通过反应器顶部温度及压力的控制，可将 DMT 和乙二醇从反应体系的气相中脱出，经过进一步精制后可获得 DMT 产品。

2. 乙二醇醇解法

乙二醇既可作为醇解反应物，又可作为后续缩聚再聚合的反应物，同时具有沸点高、价格低等优点，在醇解反应中占据重要地位。

PET 乙二醇解聚反应温度一般为 180~250℃，压力为 0.1~0.6MPa。目前日本 TORAY、日本 TEIJIN、美国 Eastman 和德国 Hoechst 等公司都已有小规模的乙二醇解聚商业运行。

由日本 TORAY 公司开发的 PET 乙二醇解聚工艺流程主要为：在氮气保护下，控制反应体系温度在 196~215℃，压力在 0.1~0.6MPa，催化剂选用醋酸锌、醋酸锰等。PET 颗粒在进入反应器前预先经过乙二醇蒸气进行润湿，此步骤可以大大提高反应速率，控制乙二醇/PET 质量比为 (1.3~2.0)：1 连续进料，解聚产物经由热水溶解后重结晶可获得 BHET。

日本 TEIJIN 公司针对乙二醇醇解产物中存在较多低聚物的问题，开发了 PET 乙二醇解聚—甲醇酯交换的再生工艺，并实现了较大规模的商业化生产。此工艺由乙二醇解聚和甲醇酯交换两步反应组成，反应先将 PET 进行乙二醇醇解，醇解产物再与甲醇进行酯交换。与甲醇酯交换的过程可以有效地将乙二醇醇解过程未能解聚完全的低聚物充分解聚并统一转化为 DMT，使单体产率明显提升，经酯交换后的粗 DMT 经再熔融、减压蒸馏后纯度可达到 99% 以上，并且质量稳定，获得的 DMT 再经由水解并提纯转变为替代原生料的高纯 TPA。此工艺条件较温和，反应控制较简单，产品纯度高，但明显的缺点是工艺流程过长，成本高。

相比水解和甲醇醇解而言，乙二醇醇解聚法的反应条件温和，反应安全性好，工艺、设备和控制系统的设计与实施难度低，同时可直接利用现有 PET 生产设备进行放大，且易于实现连续化，流程最短，投资最少。但乙二醇解聚法也有其局限性，如受反应平衡的限制，产物中会存在较多的低聚物，而且为了加速反应还需要加入较高含量的催化剂（一般是醋酸锌，占 PET 质量分数的 0.5%~1%），这给解聚产物的提纯带来了很大的压力。同时，由于乙二醇在温度较高时会发生较明显的自聚而产生副产物二甘醇，也会影响解聚产物的纯度。

聚酯乙二醇解聚产物为 BHET，但由于反应平衡的存在，解聚并不能进行完全，还会存在一定换量的低聚物，由于成分复杂，若将乙二醇、BHET、各类低聚物彻底分离后再进行聚合，则必然延长废旧聚酯纤维的再生周期，大大增加操作成本。直接将醇解母液闪蒸后缩聚，在线延伸直接完成聚酯的循环再利用。

上述 PET 水解和醇解解聚反应的机理本质上是一致的，都属于酰氧断裂的双分子反应（AAC_2），反应机理如图 4-4 所示。首先是聚合物链中羰基的极性在极性解聚小分子作用下得到强化，之后解聚剂中的羟基氧对羰基碳进行亲核进攻；羰基氧在受到进攻后会紧接着发生消去反应，导致大分子链断裂。整个反应中亲核进攻是控速步骤，因此强化亲核进攻是加速解聚反应的关键，这也为解聚反应条件的优化及解聚催化剂的设计提供了思路。

（三）PET 的其他解聚方法

化学解聚法回收 PET 的工艺除了水解、醇解之外，还存在胺解及氨解等降解方式。PET 在胺类物质（甲胺、乙胺、乙醇胺等）或氨气作用下降解成对苯二甲酸二酰胺和乙二醇（EG），反应温度通常为 20~100℃。Blackmon 等研究发现，PET 废弃物在氨的作用下，经过一系列降解反应后最终会生成对苯二胺。

与羟基氧相似，氨/胺基氮以同样的亲核机理进攻 PET 酯键使大分子断裂，即发生氨/胺解反应（Aminolysis/Amonolysis），获得含有苯甲酰胺官能团的解聚产物。虽然 PET 的氨/胺解反应产物不是 PET 合成的原料，但它们仍是常用的化工原料，可用于合成多种功能涂料、泡沫及胶黏剂。例如采用乙醇胺对 PET 进行深度胺解，反应中乙醇胺与 PET 的摩尔比为 6：1，催化剂为醋酸钠，在 170℃反应 8h 得到对苯二甲酰胺（BHETA），产率可达 91%。利用 2-氨基-2-甲基-1-丙醇和 1-氨基-2-丙醇对 PET 进行解聚，所获得的解聚产物主要为对二

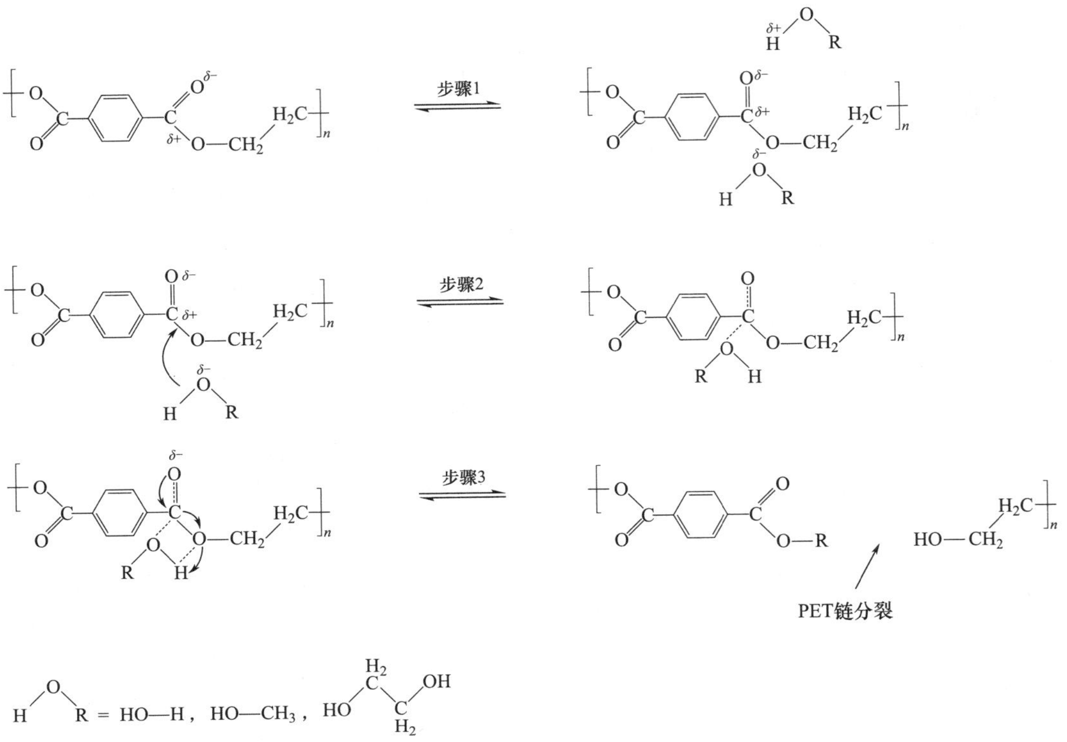

图 4-4　PET 的解聚机理

（1-羟基-2-甲基丙醇）苯甲酰胺和对二（2-甲基丙醇）苯甲酰胺，利用这些产物可快速合成多种双噁唑啉衍生物，并广泛用作化学偶联剂。同时由于酰胺官能团的亲水性较好，因此关于 PET 的氨/胺解反应的研究有很多是以 PET 纤维表面的亲水改性为目的。但由于氨解所需溶剂的配制工艺较复杂，需要在低压和高压等特殊条件进行，因此相关研究主要停留在实验室阶段。

此外，许多研究人员还对超临界解聚、微波辅助条件下的 PET 解聚进行了尝试，在解聚反应速率和目标产物转化率方面都获得了较好的效果。在超临界状态下，物质会具有特殊的溶解度、较低的黏度、易变可调的密度和较高的传质速率，这些介质物理性质的突变可使解聚反应速率因反应体系相态的均化及传质的加速而成倍提升。同时介质本身的介电常数在超临界态下也会急剧增大，故从反应机理角度分析，PET 大分子中的极性基团也更易受到解聚剂的亲核进攻，故相比与常态下的解聚，超临界态下的反应会具有更高的速率和单体转化率，通常也无需加入催化剂，有利于解聚产物的提纯。

由于微波可以引起分子振动，在产生大量热的同时，也会进一步活化极性键，使反应因活化能降低而更容易发生，因此微波辅助也是加速 PET 解聚的有效手段，在 220℃、2MPa、微波辐射条件下的中性水解，在水/PET 质量比为 10 的配料比下反应 90～120min 后，PET 可以解聚完全。在微波辅助下的氨解反应时发现，700W 的微波作用可使解聚时间由 8h 缩短至 5～7 min。但由于超临界和微波辅助的反应条件严苛，对设备材质和反应控制等多方面均有很高的要求，不易工业化放大。

三、PET醇解反应的催化剂和催化机理

对于PET的醇解来说，相关动力学研究表明，无催化剂时，较低温度下的醇解进行得非常缓慢。甲醇醇解可采用高温高压条件来加速反应，不过不少工艺仍会采用催化剂。但对于PET的乙二醇醇解来说，反应温度和压力并不能随意提升，因为过高的温度会引起严重的副反应（主要是乙二醇的自聚）。所以为了保证解聚产物的品质及体系内乙二醇的正常循环，PET的乙二醇解通常在温度为175~195℃的常压环境中进行，故催化剂的使用是必不可少的。下面重点对PET醇解反应的催化体系及催化机理进行介绍。

1. 金属盐类催化剂

金属盐类是最早见于研究报道的PET醇解催化剂，也是目前最常用的一类。从反应机理上看，醇解和缩聚本质上都是基于AAC2亲核取代反应机理的酯交换反应，只是因反应条件的控制而使反应的主要进行方向存在差异。多数金属盐类对于此类反应均有催化作用，但由于金属元素本身的结构特点不同，使催化机理也不尽相同，所体现出的催化活性与反应单体转化率也存在不同程度差别。

酯化与醇解过程中金属盐类催化剂研究结果表明，可将催化剂机理分为三类，相关机理如图4-5所示。一类是一价金属盐类，如钠、钾等，主要是通过和醇类形成金属醇盐，来增强亲核进攻［图4-5（a）］。另一类是二价的过渡金属盐类，如锌、锰等，这类金属离子可以作为路易斯酸，与羰基中电子富集的氧原子配位，从而进一步提升羰基碳的电正性，使其更易受到亲核进攻［图4-5（b）］。还有一类是钛和锑等金属化合物，可以通过配体交换的方式使得大分子的酯键断裂与重建［图4-5（c）］。

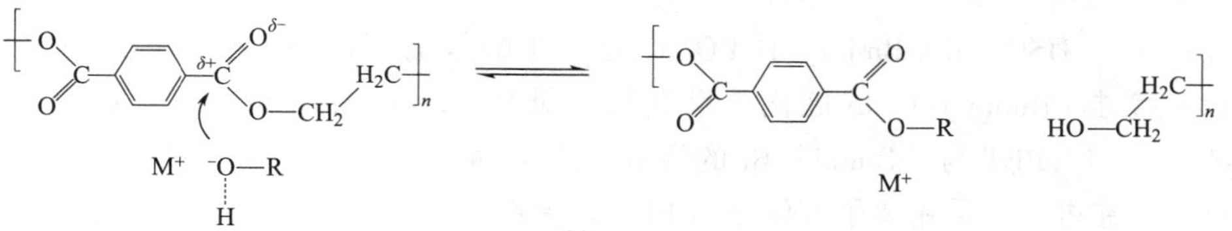

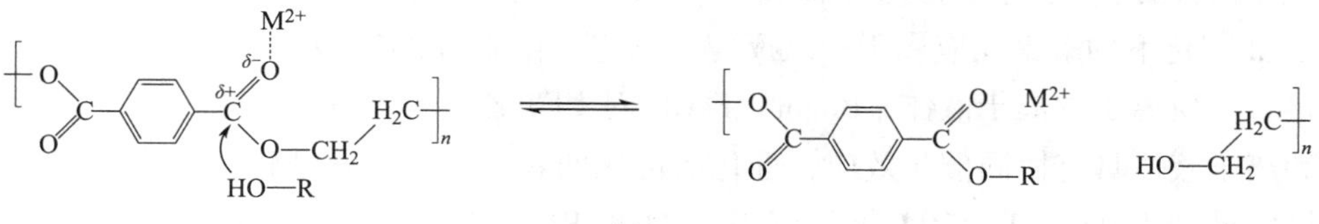

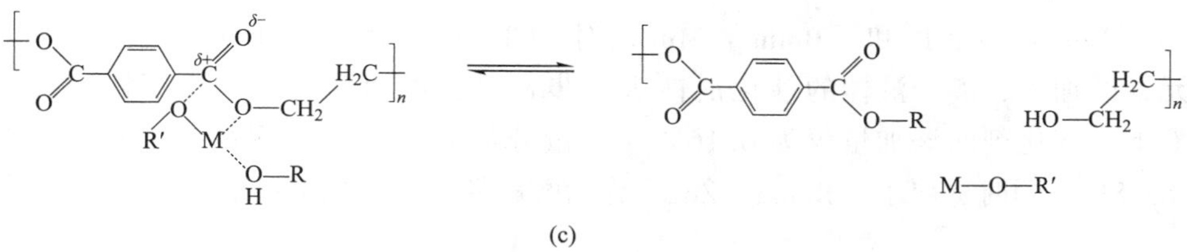

图4-5 PET解聚的催化机理

采用醋酸锌作为 PET 的乙二醇解聚催化剂，并由提纯后的解聚产物合成聚酯多元醇。在乙二醇解 PET 时，分别采用醋酸锌、醋酸锰、醋酸钴和醋酸铅作为催化剂，并比较了他们的催化效率和产物转化率。反应中测得催化剂的活性排序为：$Zn^{2+} > Mn^{2+} > Co^{2+} > Pb^{2+}$。同时发现 EG 和 PET 的摩尔比升高对于 BHET 的产率提升有较明显效果，在反应温度为 196℃、采用醋酸锌做催化剂、添加量为 PET 的 1%（质量分数）、EG 和 PET 的摩尔比约为 15∶1 时，反应 2~3h 后，解聚反应达到平衡，且 BHET 产率为 85.6%。此外，Pingale N. D 等还研究了氯化锌、氯化锂、氯化钕镨、氯化锰和氯化铁等金属氯化物作为催化剂的乙二醇解聚反应，测得催化剂的活性排序为：$Zn^{2+} > Nd^{3+} > Li^+ > Fe^{3+} > Mg^{2+}$。

碱金属盐类如碳酸钠、碳酸氢钠、硫酸钠、硫酸钾等作为 PET 醇解的催化剂，获得一定的效果，在温度为 190℃、EG 与 PET 摩尔质量比为 6∶1、催化剂添加量为 1%（质量分数）的反应条件下，反应 8h 后，BHET 的产率为 62.18%，相比于锌、铅等重金属盐的催化剂效果要差，但属于较为环保的催化剂。由于重结晶过程中条件和操作等方面容易引起实验误差，BHET 的产率在之后的相关研究报道中也存在着差异。对碱金属盐类醇解催化剂进行了对比研究，认为催化效率主要取决于金属阳离子，这也是对催化条件下解聚机理的验证。同时，在对碳酸钠的乙二醇解动力学研究中发现，反应温度为 165~196℃、EG 与 PET 摩尔比为 7.6∶1 时，BHET 的产率为 75%~79%。采用磷酸钛（Ⅳ）作为催化剂的 PET 乙二醇解聚，结果表明，在反应温度为 190~200℃、催化剂添加量为 PET 的 0.3%（质量分数）、反应 150min 后，BHET 的产率为 97.5%。金属盐类催化剂一般都是可溶于乙二醇和水的，综合上述的研究结果来看，作为均相的催化剂，金属盐类具有催化活性好，成本低的优点，但其良好的溶解性非常不利于解聚产物的提纯，且残留的醇解催化剂常会给再生聚合带来很多不利影响。

2. 离子液体类催化剂

离子液体［Bmim］Cl、［Bmim］Br、［3a－C_3P（C_4）$_3$］［Gly］、［3a－C_3P（C_4）$_3$］［Ala］、［Bmim］HSO_4 和［Bmim］H_2PO_4 作为 PET 醇解的催化剂，结合催化剂成本及稳定性，实验重点对［Bimim］Cl 的催化效果进行了研究。结果表明反应温度为 195℃，EG 与 PET 质量比 1∶4，PET 与［Bmim］Br 的质量比为 5∶4 的条件下，反应 6h，BHET 的转化率可达到 90%。在进一步采用离子液体作为 PET 解聚剂的研究中，Wang H. 等还发现离子液体的解聚催化活性在解聚完成后仍然保持，可以多次使用。并根据解聚实验数据计算得到［Bmim］Cl 催化下的解聚反应属于一级反应，反应活化能为 232.79kJ/mol。

通过含金属离子的离子液体［Bmim］$FeCl_4$ 对 PET 乙二醇解聚的催化效果，发现金属离子 Fe^{3+} 和离子液体具有协同催化效应，催化活性比两者单独的催化活性都要高，使 PET 起始解聚温度降低到 140℃，在 170℃下反应 4h 可实现 PET 的完全解聚，但是 BHET 的产率相对较低，只有 59.2%。

通过［Bmim］$ZnCl_3$ 和［Bmim］$MnCl_3$ 对 PET 乙二醇解聚的催化效果，发现因为 Zn 和 Mn 元素的加入，离子液体的催化活性进一步提升，说明两者间产生了协同催化效应，在 190℃下，催化剂的添加量仅为 0.16%（质量分数）时就可实现高效催化，BHET 产率可达到 83.8%。同时提出了［Bmim］$ZnCl_3$ 作为醇解催化剂解聚 PET 的催化机理，如图 4-6 所示。

值得指出的是，［Bmim］Cl 虽然催化效率较高，但因为其中含有 Cl 元素，且在解聚物

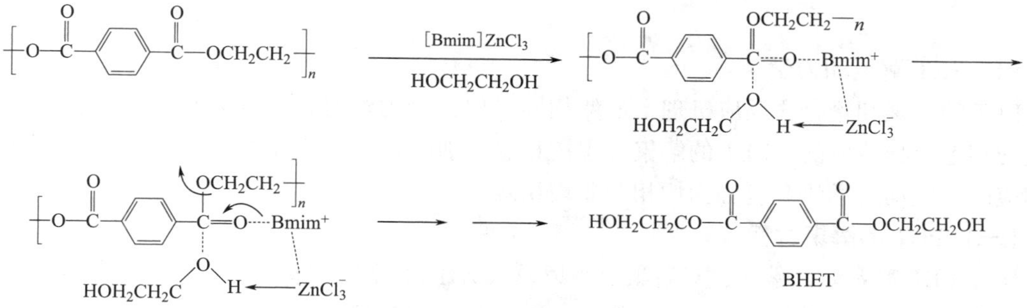

图 4-6 ［Bmim］ZnCl₃ 催化 PET 的乙二醇解聚反应机理

的提纯过程中很难除去，所以再聚合的时候会严重影响再生聚酯的品质。而且离子液体作为醇解催化剂的机理目前尚不明确，离子液体的存在会对熔融缩聚产生什么样的影响也未见报道。

3. 其他催化剂

为了方便催化剂从解聚产物中分离，近年来，研究者们还相继开发了许多非均相催化剂，这些催化剂通常是具有一定离子键的两性氧化物或经特殊复配与修饰的金属氧化物。

β 型和 γ 型沸石（SiO_2/AlO_2）对于 PET 乙二醇醇解的催化效果，BHET 的产率和其他催化剂相比虽然没有提高，但属于一种环保型的催化剂。将 ZnO 和 Mn_3O_4 等金属氧化物负载于高比表面积的纳米或微米二氧化硅微球上的醇解催化效果，醇解反应在 300℃、1.1MPa、EG 与 PET 摩尔比约为 11∶1、催化剂添加量为 1.0%（质量分数）、反应 40~80min 即可完成，且 BHET 的产率>90%。尖晶石型结构的 Zn、Mn 和 Co 的复合氧化物，在 260℃、0.5MPa 反应条件下，BHET 的产率可达到 92.2%。SO_4^{2-}/ZnO、SO_4^{2-}/TiO_2 和 $SO_4^{2-}/ZnO—TiO_2$ 固体超强酸对 PET 乙二醇解聚的催化效果发现 SO_4^{2-}/ZnO 经过 200~300℃ 的煅烧处理可获得最优的催化活性，在 180℃、EG 与 PET 摩尔比约为 15∶1、催化剂添加量为 0.15%（质量分数）、醇解反应 3h 可完成，BHET 的产率在 70%~80%。Al—Mg 复合氧化物对醇解的催化作用结果表明，在 196℃、EG 与 PET 摩尔比为 7∶1、催化剂添加量为 1.0%（质量分数），醇解反应完成后，BHET 的产率为 81.3%。采用超声辅助法合成了氧化石墨烯—Mn_3O_4 纳米复合物，并研究了其对 PET 醇解的催化效果，发现经与氧化石墨烯复合后，BHET 产率可明显提高，醇解反应在 300℃、1.1MPa、EG 与 PET 摩尔比约为 11∶1、催化剂添加量为 1.0%（质量分数），反应 60min 后，BHET 的可达到 96.4%。利用超顺磁 γ—Fe_2O_3 纳米颗粒作为醇解催化剂的催化效果，醇解反应在 300℃、1.1MPa、EG 与 PET 摩尔比约为 11∶1、催化剂添加量为 1.0%（质量分数），反应 60min 后，BHET 的产率为 90%。

由以上研究可以看出，金属氧化物等非均相催化剂具有很好的热稳定性，相对于金属盐类，在温度较高的 PET 熔融解聚中可表现出较为出色的催化活性，但对于常压的非均相 PET 解聚来说，由于其可溶性差，催化活性并不如金属盐类，但是更易于从解聚产物中分离，有助于提升再聚合制品的品质。此外，环脒类有机化合物对 PET 醇解反应的催化效果，在 190℃、EG 与 PET 摩尔比 16∶1 的醇解反应中，经由 1,5,7-三氮杂二环［4.4.0］癸-5-烯（TBD）的催化，BHET 的产率为 78%。经由 1,8-二氮杂双环［5.4.0］十一碳-7-烯（DBU）

催化的效果最佳，BHET 的产率>90%。

四、PET 解聚动力学

PET 的解聚和聚合在反应机理上虽然相同，但是动力学过程却存在很大差别，这主要是反应的相态差异造成的。PET 的解聚过程按相态差别可分为均相熔体解聚与非均相固态解聚，故相应的反应动力学研究也分为均相与非均相两类。

（一）PET 的解聚过程

研究 PET 解聚动力学前，对解聚过程以及大分子链断裂规律的了解对于动力学模型的正确选用和建立是十分必要的。PET 碱解过程时，发现在反应刚开始时，单体的产率很低，直到解聚反应后期，反应程度达到 70% 以上时，单体的产率才大幅度提升，说明碱解过程中PET 大分子链中酯键的断裂是无规随机断裂。在 200℃的自加压条件下，PET 甲醇解聚的过程中，对反应过程中未反应完全的残留 PET 进行了相对分子质量分布的分析，并对 PET 解聚过程中的断裂方式进行了推断。原料及不同反应条件下，中间产物的 GPC 曲线如图 4-7 所示，没有催化剂的甲醇解聚过程中，固相残留物的相对分子质量变化规律为逐渐降低，这说明在无催化剂条件下的醇解反应由于反应活性弱，且由于受到相态的限制，解聚很可能倾向于发生有规律的链端逐渐断裂。而采用三异氧丙基铝催化剂加速醇解过程后，固相物质相对分子质量分布出现多个峰值，同时采用甲苯来增溶 PET 的甲醇解聚过程中，也出现了类似的状况。这很可能是因为反应过程中，由于有更多的 PET 大分子可以和甲醇发生更有效的接触，使大分子发生无规断裂，从而导致解聚过程中残余物的相对分子质量呈现出较宽的分布。因此可以认为，只要 PET 大分子能与解聚剂发生有效充分的作用，解聚剂对于大分子链上不同酯键的进攻可能性是基本一致的，即大分子链的断裂是无规的。

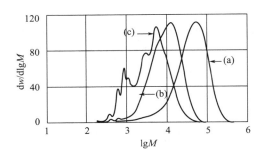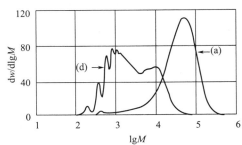

图 4-7　不同反应条件下，PET 甲醇解聚过程中残余物质的 GPC 曲线

（a）原料　（b）200℃下无催化剂　（c）200℃下含催化剂　（d）在甲醇/甲苯混合溶剂中解聚

（二）PET 均相解聚动力学

PET 在熔融态的解聚反应初期并非绝对的均相，也会受到小分子向高黏熔体的扩散限制，但是由于此状态下的反应温度高，反应速度较快，所以动力学研究往往将 PET 的熔体解聚作为均相反应来处理，动力学过程常由幂率模型来描述，且实验结果和模型匹配程度较好。均相反应的动力学相关因素主要为解聚剂与 PET 的投料比，反应温度和催化剂浓度。

PET 熔体水解的动力学，通过电位滴定法追踪了体系端羧基值随着时间的变化，将反应看作均相，则根据水解反应机理可得出端羧基浓度随时间变化的表达式：

$$\frac{\mathrm{d}\ [\mathrm{COOH}]}{\mathrm{d}t}=k\ [\mathrm{EDE}]\ [\mathrm{H_2O}]\ -k'\ [\mathrm{COOH}]\ [\mathrm{OH}] \tag{4-1}$$

式中：$[\mathrm{EDE}]$ 为反应平衡时的酯键浓度，k 和 k' 分别表示水解速率常数和逆反应速率常数，$[\mathrm{H_2O}]$ 为实验条件下的饱和水蒸气浓度，并且由于反应中 $\mathrm{H_2O}$ 充分过量，故可以视为常数，即其是和酯键浓度相关的一级反应。以式（4-1）作为反应起点，基于反应平衡可推导出相关动力学方程如式（4-2）所示。这个模型与实验情况吻合较好，所获得的水解速率常数明显高于固相水解，说明了熔体解聚收反应传质的限制较小，计算得到的活化能为 55.7kJ/mol。同时基于此模型确定了反应在 250℃、265℃ 和 280℃ 下的平衡常数分别为 1.43、0.664 和 0.384，也说明 PET 的水解反应是较为典型的吸热反应。

$$\ln\frac{|[\mathrm{COOH}]\ +A-B|}{|[\mathrm{COOH}]\ +A+B|}=-2B\ (k'-k)\ t+\ln\frac{|[\mathrm{COOH}]_0+A-B|}{|[\mathrm{COOH}]_0+A+B|}$$

式中：

$$A=\frac{k\ ([\mathrm{EDE}]_0+\ [\mathrm{H_2O}])}{2\ (k'-k)} \tag{4-2}$$

$$B=\left(\frac{k^2\ ([\mathrm{EDE}]_0+\ [\mathrm{H_2O}])^2}{4\ (k'-k)^2}+\frac{k\ [\mathrm{EDE}]_0\ [\mathrm{H_2O}]}{k'-k}\right)^{1/2}$$

在 PET 熔体的乙二醇醇解动力学研究中，对比了醋酸锌催化后的反应加速效果。研究同样是将反应视为均相，根据反应机理，反应物浓度在反应中所占的反应级数都为 1，同时研究在动力学方程中引入了催化剂浓度项，则 PET 熔体的乙二醇解的反应速率可表达为式（4-3）：

$$Rate=-\ (k_1\ [\mathrm{Cat.}]\ +k)\ [\mathrm{EDE}]\ [\mathrm{EG}] \tag{4-3}$$

研究发现，在温度范围为 235～275℃ 的反应条件下所获得的实验数据与模型吻合很好，基于此模型所获得的无催化剂的 PET 乙二醇解聚的反应活化能为 108kJ/mol，而醋酸锌催化下的反应活化能降为 85kJ/mol。

粒径小于 0.25mm 的 PET 颗粒的乙二醇解聚动力学，反应采用碳酸钠作为催化剂。由于反应的表面积大，实验结果表明，此非均相解聚的动力学过程仍可由幂率模型较好的描述，见式（4-4）。

$$\mathrm{PET}_n+\ (n-1)\ \mathrm{EG}\rightleftharpoons n\mathrm{BHET}$$

$$-\frac{\mathrm{d}\ [\mathrm{PET}]}{\mathrm{d}t}=k_1\ [\mathrm{PET}]^a\ [\mathrm{EG}]^b\ [\mathrm{Cat.}]^c-k_2\ [\mathrm{Cat.}]^c\ [\mathrm{BHET}]^d \tag{4-4}$$

式中：$[\mathrm{PET}]$、$[\mathrm{EG}]$、$[\mathrm{BHET}]$ 和 $[\mathrm{Cat.}]$ 分别表示 PET、EG、BHET 和催化剂的浓度；a、b、c 和 d 分别表示各浓度项对应的反应级数。由于体系中乙二醇充分过量，将 $[\mathrm{PET}]$ 以转化率 X 的方式表示，则动力学方程可简化为式（4-5）：

$$-\frac{\mathrm{d}X}{\mathrm{d}t}=\frac{k_1'}{X_\mathrm{e}}\ (X_\mathrm{e}-X),\qquad 其中\ k_1'=k_1\ [\mathrm{EG}]\ [\mathrm{Cat.}] \tag{4-5}$$

其中 X_e 表示解聚平衡时的转化率，研究发现，在温度为 165～196℃，催化剂浓度为 0.002～0.015mol/L 的反应条件下，所获得实验数据与模型吻合很好（图 4-8），计算获得的反应活化能为（185.0 ± 7.2）kJ/mol，同时研究也指出，当 PET 粒径大于 0.25mm，实际反应过程会明显偏离此动力学模型的预测。

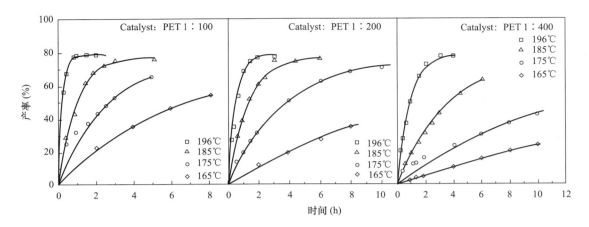

图 4-8 不同反应条件下，碳酸钠催化 PET 非均相醇解的 BHET 产率
随时间变化的情况及由幂率模型拟合的结果（粒径<0.25mm）

纤维形态的 PET 非均相乙二醇解过程的动力学，反应温度为 170~196℃，采用锌铝复配型氧化物作为催化剂。由于服用纤维的直径仅为几微米，故非均相造成的传质限制并不明显。

（三）PET 非均相解聚动力学

PET 在其熔融温度以下的解聚是一个非均相反应，小分子解聚剂和 PET 固体的作用只能由外向内逐步进行，相关实验中也都发现 PET 的表面积在一定范围内会显著影响反应速率，因此动力学研究须把传质因素考虑在内。将收缩核模型（shrinking-core model）修正后引入了 PET 非均相水解动力学的研究。实验采用 7~13mol/L 的 HNO_3 水溶液对粒径为 75~150μm 的 PET 固体颗粒进行常压解聚，反应温度为 70~100℃。实验中观察到水解反应主要在 PET 颗粒表面进行，同时反应生成的对苯二甲酸会在表面沉积而阻碍反应（图 4-9），所以认为反应速度主要由过程中有效的反应面积所控制。在假设反应速率与反应有效面积成正比的条件下，反应动力学方程可表示为式（4-6）。

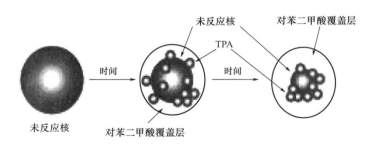

图 4-9 PET 颗粒非均相水解过程的示意图

$$Rate = -kS \, [\text{Cat.}] \tag{4-6}$$

式中：k 为表观反应速率常数；S 为 PET 的有效反应面积；[Cat.] 为催化剂 HNO_3 的浓度。假设 PET 颗粒为中心对称的球体，根据已知的 PET 密度 ρ 和初始颗粒半径 r_0，就可将式（4-6）以转化率 X 来表达式（4-7）。为方便拟合，可将式（4-7）两边对 t 积分获得式（4-8）。实验值与模型吻合很好（图 4-10），计算获得的反应活化能为 101.3kJ/mol。

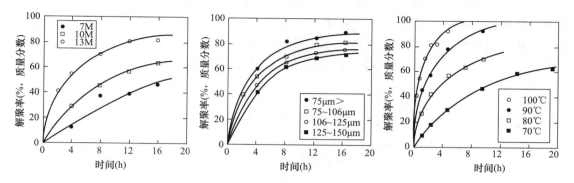

图 4-10 硝酸催化 PET 非均相水解，解聚率随时间变化的情况
及由改进收缩核模型拟合的结果（粒径 75~150μm）

$$-\frac{\mathrm{d}\ (1-X)}{\mathrm{d}t}=\frac{3}{r_0\rho}\ (1-X)^{5/3}\cdot k\cdot\ [\mathrm{Cat.}]\qquad(4-7)$$

$$(1-X)^{-2/3}-1=k't\qquad(4-8)$$

利用收缩核模型研究了 PET 在温度为 120~200℃ 的自加压碱性水解，其中 NaOH 的浓度为 1.125mol/L。假定反应速率与反应有效面积 S 成正比，且 S 随反应进行按方程 $S=S_0\cdot$ $(1-X)\ a$ 变化，则当 $a=0.5$ 时，实验结果与模型吻合很好，故确定反应动力学方程为式（4-9）。拟合获得此条件下的碱性水解活化能为 99kJ/mol。

$$(1-X)^{-0.5}-1=k't\qquad(4-9)$$

PET 乙二醇碱性解聚动力学时，反应有效面积对反应速率的影响。采用具有特定体积的立方体 PET 进行反应，并测定了 PET 比表面积 S 随反应时间的变化。在温度为 150~185℃、NaOH 与 PET 摩尔比 4:1 的反应条件下，S 随反应进行按 $S=S_0\cdot\ (1-X)\ \cdot0.23\cdot\exp\ (X/0.09)$ 变化，代入公式 $Rate=kSef[\mathrm{Cat.}]$ 推导可得反应动力学方程式（4-10）由此模型计算获得的反应活化能为 172.7kJ/mol。

$$-\frac{(1-X)}{0.09}-\ln\ (1-X)\ +\frac{1}{0.09}=k't\qquad(4-10)$$

反应温度为 170~190℃ 的 PET 非均相乙二醇解聚动力学，反应采用醋酸锌作为催化剂，添加量约为 PET 的 10%（%，摩尔分数），EG 与 PET 的摩尔比为 12:1。研究发现，180~190℃ 的温度区间下，表面积为 593mm² 的 PET 颗粒在 3~4h 可完全解聚，同时在解聚反应初期存在一个反应速率较慢的诱导期。这是解聚机制的变化所导致的，故将 PET 固体表面大分子可能受到 EG 进攻的酯键位点进行了分类（图 4-11）。

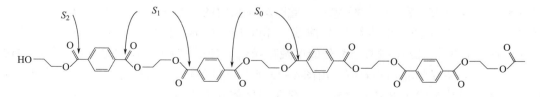

图 4-11 PET 大分子中酯键的分类

其中 S_1 是链端断裂位点，进攻此位点固相失重较快，设这类位点的含量 $yS_1(t)$ 与反应时间呈线性关系，并认为解聚开始时 $yS_1(0)=0$；S_0 是分子链内部断裂位点，进攻此位点固相失重较慢，同样设 $yS_2(t)$ 与反应时间呈线性关系，且 $yS_1(0)=1$；而 S_2 是无效进攻位点，故不作考虑。根据反应过程质量守恒，可建立描述反应过程的微分方程组公式组（4-11）

$$\frac{\mathrm{d}X(t)}{\mathrm{d}t} = \left[k_0 y_{S_0}(t) - k_1 y_{S_1}(t) \right]\left[1 - X(t) \right]$$

$$\frac{\mathrm{d}yS_0(t)}{\mathrm{d}t} = k_0 y_{S_0}(t) \qquad\qquad y_{S_0}(0) = 1$$

$$\frac{\mathrm{d}yS_1(t)}{\mathrm{d}t} = k_1 y_{S_0}(t) \qquad\qquad y_{S_1}(0) = 1 \qquad\qquad (4\text{-}11)$$

实验数据拟合结果如图 4-12 所示，可以看出该模型可较好地描述出非均相乙二醇解聚反应开始时解聚速率较慢的诱导期。同时研究还发现，不同温度区间下获得的反应活化能不同，170~180℃ 为 99.6kJ/mol，而 180~190℃ 为 41.7kJ/mol，因此推断反应温度可能会导致解聚机制发生改变。

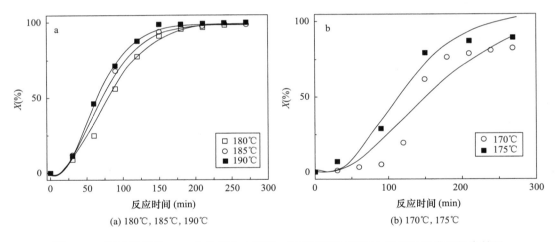

(a) 180℃，185℃，190℃   (b) 170℃，175℃

图 4-12　醋酸锌催化 PET 非均相乙二醇解，解聚率随时间变化的情况及模型拟合结果

为了探究此反应过程中的物质演变情况，利用 DSC 对过程中提取到的组分 A、B 和 C 进行了表征，通过组分的熔点来明确反应过程中不同相态内的物质组成。

由图 4-13（a）可以看出，相比初始状态，反应在 60min 时，体系内的固相物质出现了相对分子质量较低的 PET（对应曲线中 238.5℃ 处的肩峰），不过大部分还是未参与解聚的 PET（对应曲线中 255.7℃ 处的熔融峰），此时刻体系内的液相中含有单体（BHET，组分 C，熔点 110.6℃），二聚体（对应组分 B 曲线中 168.1℃ 处的熔融峰）和更高聚合度的低聚物（对应组分 B 曲线中 222.1~231.5℃ 处的熔融宽峰），这说明 PET 颗粒的醇解是由外向内逐渐进行的，存在较明显的非均相效应。由图 4-13（b）可以看出，当反应体系刚达到均一的液相时，体系内的成分除了 BHET 之外，还存在二聚体和低聚物（对应组分 B 曲线中 218.9~233.2℃ 处的熔融宽峰）。对比图 4-14（b）和图 4-14（c）可以看出，反应达到均相后，体系内聚合度较高的可溶性低聚物仍在继续解聚。由图4-14（c）、图4-14（d）和图4-14（a）可以看出当反应时间大于240min后，体系内的物质成分及含量已基本不随反应时间的延长发生变化，可推测解聚出现了平衡。

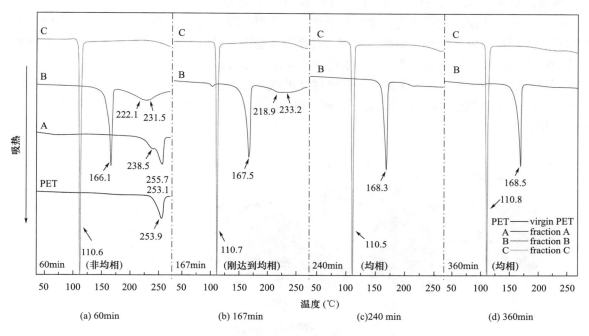

图4-13　不同反应时刻，PET非均相乙二醇解聚体系内组分A、B、C的DSC曲线

（185℃，Cat.：PET=1：100）

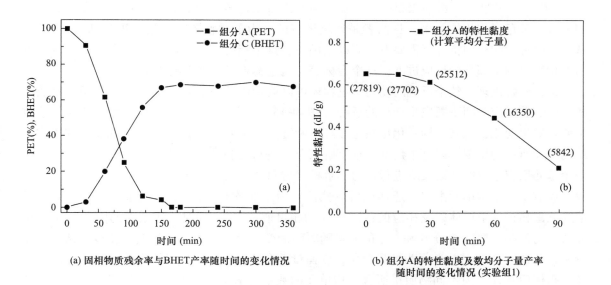

（a）固相物质残余率与BHET产率随时间的变化情况

（b）组分A的特性黏度及数均分子量产率随时间的变化情况（实验组1）

图4-14　不同反应时刻PET非均相乙二醇解聚体系固相物质残余率与BHET产率以及组分A的特性黏度及数均分子量产率随时间的变化情况

以特性黏度法对不同反应时刻体系中组分 A 的数均分子量进行测定，相应的变化情况如图 4-14（b）。可以看出固相物质的相对分子质量在反应的初始阶段（0~30min）变化不大，这再次确定了解聚初期主要发生在 PET 固相的表面，且解聚产物在搅拌的作用下可及时向液相转移。但随着反应的进行，固相物质的数均分子量开始出现明显下降，同时解聚中期（30~90min），BHET 的产生速度也明显增加，且液相出现了较多低聚物，这与传统的收缩核假设并不相符。根据"相似相溶"原理，可推测这些现象是由于解聚产物浓度的增加对固相物质的增溶效应的加强所导致，即原本物质需要在固体表面解聚到单体或二聚体后才能从固相迁移到液相的情况，变为了解聚到低聚物就可以开始向液相转移，这使得均相解聚也同时存在于这个分均相的解聚过程中。综上分析，PET 的非均相乙二醇的整个过程可按示意图 4-15 进行描述。

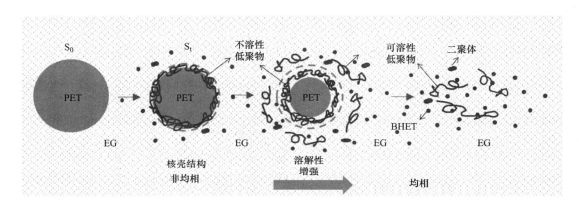

图 4-15　PET 非均相乙二醇解聚过程示意图

PET 的非均相乙二醇解聚是一个伴随反应相态改变的复杂过程，此过程中既存在非均相的解聚，又存在均相的解聚，且两者是连续进行的。为了对整个解聚过程进行动力学描述，选取反应进度的观测指标就需要考虑到以下两点：这个指标能够同时有效的衡量非均相解聚与均相解聚两个部分的反应进度；这个指标容易通过实验与计算正确的获取。

结合醇解机理，整个反应的动力学过程还可以被看作是一个 PET 结构单元在不同物质或相态中随着反应时间不断发生迁移的过程（图 4-15），即反应过程中，PET 结构单元的总数量并未发生变化，且其结构变化也只是在经历断链后一端多结合了一个 EG，而变化的实质是结构单元所在的位置。以这个角度对整个解聚反应进行分析，则问题就近似转变为对一个由两个基元反应组成的连续反应进行动力学解析，这两个基元反应分别为：

反应 Ⅰ：结构单元由固相迁移至可溶性低聚物（非均相反应）；反应 Ⅱ：结构单元由可溶性低聚物迁移至单体以及相应的逆过程（均相可逆反应）。同时，体系内的固相物质（组分 A）与液相物质（组分 B 和 C）的质量随时间的变化情况都可以通过实验获取。结合上述分析，若选取 PET 结构单元为计量单位，则衡量整个解聚过程（也即结构单元转移过程）进度的指标应是体系内不同物质里所含结构单元的数量。图 4-16 为 PET 非均相乙二醇解聚动力学过程。

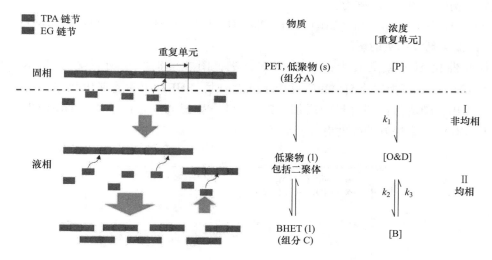

图 4-16 PET 非均相乙二醇解聚动力学过程示意图

五、PET 醇解的影响因素

(一) 催化剂种类的影响

为探究不同催化剂的醇解催化活性，可研究 BHET 产率随反应时间的变化情况，由产率的增长速度可以表征催化剂的醇解催化活性。图 4-17 是不同催化剂催化 PET 乙二醇解聚的 BHET 产率随反应时间的变化情况。不加催化剂时，BHET 的产率增长很慢；加入催化剂后，BHET 的产率增长加快。由图可知，催化剂的反应活性为：

$$Zn（CH_3COO）_2>Ti（OCH_2CH_2O）_3Na_2>Ti（OC_4H_9）_4>Na_2CO_3>Sb_2（OCH_2CH_2O）_3。$$

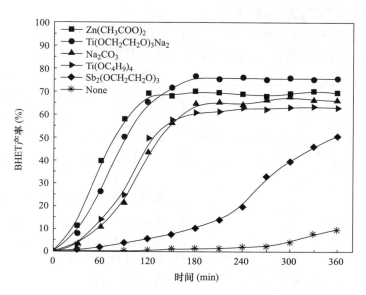

图 4-17 不同催化剂催化 PET 乙二醇解聚的 BHET 产率随反应时间的变化情况

达到平衡时，BHET 产率为：

$Ti(OCH_2CH_2O)_3Na_2 > Zn(CH_3COO)_2 > Na_2CO_3 > Ti(OC_4H_9)_4 > Sb_2(OCH_2CH_2O)_3$。

（二）催化剂添加量的影响

为探究催化剂添加量对于醇解反应的影响，图 4-18 为分别以 $Zn(CH_3COO)_2$ 和 $Ti(OCH_2CH_2O)_3Na_2$ 为催化剂、醇解反应 120min 时，BHET 产率随催化剂添加量的变化情况。可以看出，随着催化剂含量的增加，BHET 的产率提高。相比于 $Ti(OCH_2CH_2O)_3Na_2$，$Zn(CH_3COO)_2$ 产率提升的幅度更大。

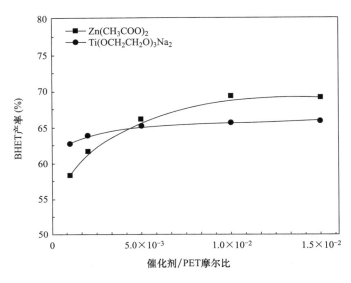

图 4-18　不同催化剂催化 PET 乙二醇解聚的 BHET 产率随催化剂添加量变化情况

（三）不同种类含杂聚酯原料的影响

不同种类含杂聚酯的醇解效率主要取决于其比表面积的差异。比表面积影响到聚酯与乙二醇的接触面有关，比表面积越大，EG 越容易渗透并与聚酯发生反应，反应速率高；相反，比表面积小的聚酯材料，EG 对聚酯难以渗透，只能与固液界面处的聚酯反应，醇解反应速度降低。因此，相同醇解条件下，废丝的醇解速度大于废块的醇解速度。

（四）EG/PET 投料比的影响

图 4-19 为 BHET 产率随 EG/PET 投料比的变化情况。可以看出，随着 EG/PET 投料比的增大，BHET 产率提高，在 80%～85% 逐渐趋于稳定。但 EG 含量过高，在后续再聚合过程中易于生成二甘醇等副产物，如图 4-20 所示。

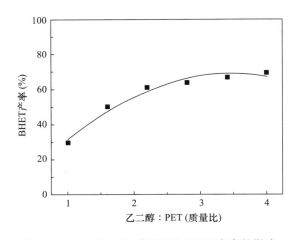

图 4-19　EG 与 PET 质量比对 BHET 产率的影响

（五）醇解温度和醇解时间的影响

如图 4-21 所示，随着温度的升高，

$$2HO—CH_2—CH_2OH \longrightarrow HO—CH_2CH_2—O—CH_2CH_2—OH + H_2O$$

图 4-20 乙二醇自缩聚反应方程式

BHET 产率逐渐增大，这是由于 PET 醇解反应为吸热过程，升高温度有利于醇解反应向正方向进行。然而，反应温度过高容易加速乙二醇的醚化、氧化以及 BHET 脱羧等副反应，且反应温度高于乙二醇的沸点后，乙二醇开始气化，在常压下的有效利用率降低。因此醇解反应温度一般在 180～190℃。

图 4-22 为醇解反应时间与 BHET 产率的关系曲线。由图可知，随着醇解时间的延长，BHET 的产率明显增加；而当醇解时间达到 180min 后，醇解反应基本达到平衡。

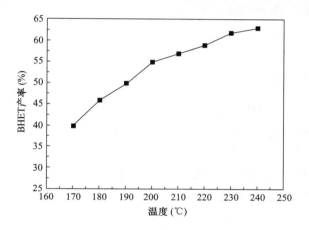

图 4-21 醇解温度对 BHET 产率的影响

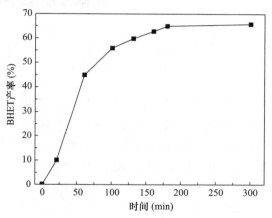

图 4-22 醇解时间对 BHET 产率的影响

第二节 PET 解聚单体的纯化和再聚合

PET 的再聚合反应机理与原生 PET 聚酯聚合相同，属于逐步聚合。主要的合成路线有酯交换法和直接酯化法两种，因此再聚合工艺可分为 PET 甲醇醇解后再聚合和 PET 乙醇醇解后再聚合。

一、解聚单体的纯化

PET 醇解后，溶液黏度大幅降低，但溶液中含有非聚酯组分、染料和助剂、未降解的 PET 及其低聚物等杂质。这些杂质会影响后续聚合，因而需要在单体再聚合前除去。

在乙二醇中不溶解的杂质和高聚物可通过过滤除去。染料分子可利用吸附剂吸附除去。图 4-23 是不同吸附剂处理 72h 后的脱色效果图。相比于 Fe_3O_4、Fe_3O_4@壳聚糖（壳聚糖包裹的 Fe_3O_4 粒子）、γ-Al_2O_3 等吸附剂、活性炭表现出了较好的脱色效果，72h 最大脱色率达到 91.75%。

醇解产物中 BHET 的分离提纯可采用冷热水浴纯化工艺。具体流程为：将含杂聚酯物料与 EG 按照一定的含杂聚酯物料配比混匀，待 PET 物料溶解完全后，将反应体系迅速转移至

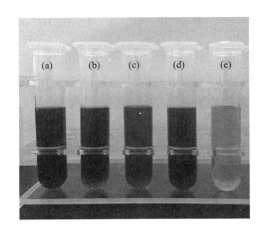

图 4-23　脱色效果图

（a）聚酯面料醇解废液原液　　（b）Fe_3O_4 为吸附剂，处理 72h　　（c）Fe_3O_4@壳聚糖为吸附剂，处理 72h

（d）γ-Al_2O_3 为吸附剂，处理 72h　　（e）活性炭为吸附剂，处理 72h

冰浴环境使其快速降温。将过量的热蒸馏水加入到反应体系中，充分搅拌，使生成的 BHET 单体溶于其中。随后将反应混合液快速热过滤，除去不溶的残渣，滤液中包括 EG、BHET 单体以及少量水溶性的低聚物，而醇解溶液中的低聚物则以固体残渣方式被滤出。反复过滤多次，滤液在 5℃环境下冷却储存，使醇解产物 BHET 结晶析出，真空抽滤即可获得 BHET 晶体。

相比其他废旧聚酯回收，废旧聚酯纺织品化学法回收再生过程中，绝大多数问题的产生都与物料"脏"有关，即物料中含有较多"杂质"。处理物料"脏"的问题就是想方设法在能够增加过滤器的地方要增加"过滤器"，最大程度将杂质带出系统，而不是让这些"脏"东西在系统内"积累"，造成装置恶性循环，导致不能持续运行。杂质带来的影响主要是泡沫夹带、过滤器堵塞、对聚合系统带来的影响、对真空系统的影响等。

1. 泡沫夹带

杂质的存在改变了醇解 EG 及醇解产物的表面张力，导致醇解釜内出现泡沫夹带情况十分严重。泡沫夹带一方面会将一部分杂质带出系统，从而减少系统中杂质的存在，希望这些杂质能够带出的越多越好。但另一方面这些裹挟着杂质的泡沫进入气相管道后，极易造成管道堵塞。如何解决管道堵塞问题是设备能够持续运转的关键。

2. 过滤器堵塞

醇解物过滤器是避免杂质物向后续工序传递的第一道屏障，按照常规低聚物过滤器设计，即使使用 300μm 精度，周期依然较短。

在证明醇解物较长停留时间不会对聚合反应造成影响的条件下，增加低聚物过滤器面积以及增加可在线切换的备用滤芯数量，比如改为三组甚至更多组滤筒结构形式，通过多准备备用滤芯，增加切换、清洗频率，达到清除杂质的需求，以便更多地将杂质带出系统，改善后续缩聚反应。

3. 对聚合系统带来的影响

由于杂质的复杂性和不确定性，使醇解物的再聚合过程会受到影响，如催化剂活性、改变聚合反应平衡常数。有实验表明，醇解物经过预缩聚后的黏度在一定范围内，随着预缩聚条件的改变，黏度也会有较明显改变，即在黏度较低的阶段，聚合反应速率对杂质的存在没有表现得特别敏感，但到了反应后期，杂质对反应速率的影响开始显著，黏度的提升变得困难，即便在真空很好的条件下，也很难将熔体黏度达到 0.6dL/g 以上。

4. 对真空系统的影响

对采用 EG 喷射真空泵设备来说，循环 EG 的水含量升高将导致真空无法维持而被迫维护，特别是在环境温度高的情况下，水含量升高将极大地影响真空的可控性。另外，循环 EG 中存在的一些不容易被喷淋下来的杂质，带到真空管道甚至真空泵，造成真空管道堵塞，最终导致真空系统不能正常工作。在真空气相管道上可以考虑增加类似于真空机械泵前的大型过滤器，增加将杂质物带出系统的手段。

纺织品生产过程使用的各类染化料、添加剂及使用过程产生的沾污是"杂质"的"原产地"，废旧织物如果在后期生产工序进行去污，一方面效果并不理想，另一方容易造成工艺不稳、设备堵塞等较多问题。那么，应当在化学回收工序之前解决这些"脏"东西问题。

织物杂质去除大致可以分为去污、去处理剂、脱色三大类，其中对聚酯废纺织品脱色的研究文献较多，但工艺复杂、设备成本较高，且大多去除效果并不理想，产品中含有较多的着色剂，因此不符合实际生产需求。

如果仅以去污、去处理剂为目标，对废旧纺织品进行预处理，工艺简单易操作，且设备投入较少。废旧纺织品表面的脏污可以用皂煮的方式去除，可以通过织物皂煮前后失重来考察去污效果；而对于织物所使用的整理剂，一般用量都很小，而且目前无法通过常规分析方法辨别种类，通常是以织物某项指标的改变来进行大概的表征，如通过对比织物处理前后的亲水性变化来比较处理效果等。

帝人公司开发的世界首创的化学循环再生技术可以从旧聚酯产品中提取聚酯原料，其原理是将涤纶制品分解至分子级别，完全去除用材料再生法难以分离的染料颜料以及细微的杂质等，从中回收原料，再利用聚酯纤维的品质可以达到用原生聚酯纤维的品质，可以将旧 T 恤衫和外套不断循环再利用成新的 T 恤衫和外套。

二、PET 甲醇醇解后再聚合

PET 甲醇醇解后再聚合是指 PET 聚酯在甲醇为溶剂的条件下由大分子变成小分子 DMT 产物，DMT 再经酯交换缩聚反应制备得到 PET（图 4-24）。

PET 甲醇醇解由于产物 DMT 容易气化，所以其具有产物提纯方便且易于连续化操作的优点。但由于甲醇的沸点较低，工业化的甲醇醇解通常是在高温高压条件下进行。同时随着 PET 聚合工艺的更新换代，目前绝大多数生产线都已经升级为直接酯化路线，现行聚合反应器的设计使 DMT 并不容易并入生产线。所以目前行业对于 PET 甲醇解聚的关注度也在逐渐降低，PET 甲醇醇解后再聚合尚未有工业化的报道。

三、PET 乙二醇醇解后再聚合

PET 乙二醇醇解后再聚合是指 PET 聚酯在乙二醇为溶剂的条件下由大分子变成小分子 BHET 产物，BHET 与 EG 进行酯交换得到 DMT，再经缩聚反应制备得到 PET（图 4-25）。相比较于 PET 聚酯的甲醇醇解再聚合路线，PET 乙二醇醇解后再聚合反应条件比较温和。

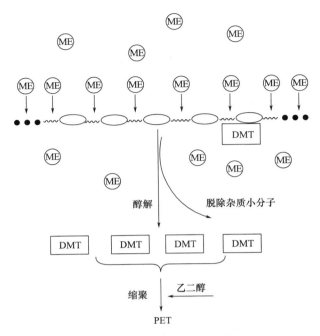

图 4-24　PET 聚酯甲醇醇解后再聚合示意图

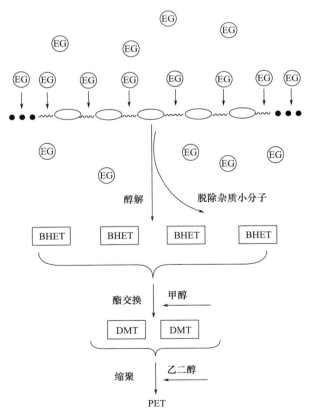

图 4-25　PET 聚酯乙二醇醇解后再聚合示意图

图 4-26 为帝人公司的 PET 聚酯乙二醇醇解再聚合技术路线。PET 瓶先经粉碎和清洗，然后溶解在 EG 中，在 EG 的沸点和压力为 0.1MPa 的条件下，PET 解聚为 BHET；经过滤除去脏物和添加剂后，BHET 与甲醇在甲醇的沸点和压力为 0.1MPa 的条件下，通过酯交换反应，生成 DMT 和 EG；DMT 和 EG 经蒸馏分离后，再用重结晶法提纯 DMT，用蒸馏法回收 EG。其中，DMT 可被转化成用于生产瓶级 PET 树脂的纯 PTA。据介绍，上述循环回收装置可供给该公司合成所需 PTA 原料的 10%。由于得到的 PTA 纯度可达到 99.99%，而且甲醇可循环使用。

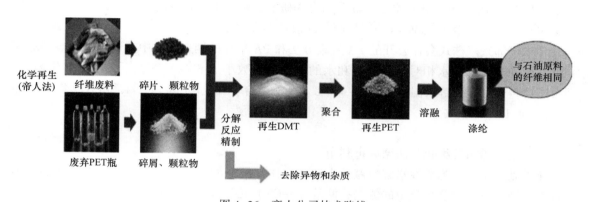

图 4-26 帝人公司技术路线

第三节 其他纤维化学法循环再利用

除 PET 等聚酯纤维外，化学法循环再利用技术也可应用于聚酰胺纤维、聚丙烯腈纤维、聚氨酯纤维和纤维素纤维等纤维品种。

一、聚酰胺纤维化学法循环再利用

聚酰胺主要有聚酰胺 6（PA6）和聚酰胺 66（PA66）。作为热塑性缩聚型高分子材料，聚酰胺的再利用方法和聚酯有诸多相似之处，其再利用方法也可分为物理法和化学法。但不同于聚酯，聚酰胺的特征官能团反应活性更高，因此采用物理法回收时发生热降解的情况更为严重，对废料的纯净度要求明显高于聚酯，并不常用于对含杂较高的废旧聚酰胺纺织品进行回收。而同样因为反应活性高，聚酰胺的解聚速度明显高于聚酯，因此聚酰胺的再利用往往采用化学法。

BASF 公司在聚酰胺解聚方面进行了多年的研究，开发了多个由 PA6 废料制备己内酰胺的方法。1997 年，BASF 公司采用自己开发的闭环工艺，建立了首个聚酰胺纤维闭环循环再利用体系，该循环加工系统可分为六个步骤：

（1）收集废弃地毯，并确定该地毯是由 100% 的 BASF—PA6 纤维制成的；

（2）将制品粉碎，使得纤维和支撑材料分离，再将支撑材料及其他非纤维组分移去；

（3）将粉碎所得颗粒状纤维解聚，并进行化学蒸馏，使聚酰胺还原成纯的己内酰胺单体；

（4）己内酰胺重新聚合；

（5）聚酰胺聚合物熔融纺成再生 PA6 纤维；

（6）用再生 PA6 纤维制成地毯。

DuPont 公司开发了酸解 PA66 和 PA6 的再利用技术，也可生产出相应的高质量聚酰胺单体，并实现了一定规模的聚酰胺闭环回收技术的产业化推广。同时 DuPont 公司工程塑料发展部还研究出了一种回收玻纤增强 PA6 和 PA66 的闭环回收工艺，可将回收的材料用于汽车工业中，目前 DuPont 正在和日本 Denso 公司合作研究，利用 Denso 专门的清洗技术回收消费后的聚酰胺，并用于生产 100% 再利用料制备的散热器和水箱。

日本宇部兴产株式会社公开的 PA 解聚方法和 PA 单体的制造方法中报道，在烃溶剂的存在下或者同时在水（水相对于烃溶剂和水的总质量分数小于 30%）存在下，不加催化剂 PA 即可进行解聚反应，解聚温度为 300~420℃。此法适合 PA6、PA66、PA11 和 PA12 等。单体收率为 74.1%~96.9%。

二、聚丙烯腈纤维化学法循环再利用

化学处理主要分为酸性水解、碱性水解和高压水解三种。在无机酸、碱、加热或加压等条件下，腈纶废丝聚合物链中的侧基—氰基（—CN）可以发生在水解，使之转变为极性较强的羧基（—COOH）和酰胺基（—CONH$_2$—）等亲水基团，形成丙烯酰胺和丙烯酸的无规共聚物。碱性水解的实质是聚丙烯腈和碱的反应，在碱性条件下，聚丙烯腈中一定数量的氰基被皂化水解形成酰胺基，随着酰胺基的浓度的逐渐增大，酰胺基进一步水解成羧基，而氰基浓度越来越小，最后形成聚丙烯酰胺或聚丙烯酸盐类聚合物，在一定条件下还可生成多元嵌段聚合物。

国外在碱性水解方面的研究较多，也有部分报道采用酸性和加压水解再生应用的实例，基本上都是将腈纶转化为聚丙烯酸盐类用作稳定剂或胶黏剂，具体见表 4-1。

表 4-1　国外腈纶废丝化学再利用的情况

国家	水解工艺	主要产物	主要应用
日本	碱性水解	聚丙烯酸盐	水质稳定剂
美国	碱性水解	聚丙烯酸胺	絮凝剂，水质稳定剂
美国	酸性水解	聚丙烯酸胺	水质稳定剂
美国	加压水解	聚丙烯酸胺 聚丙烯酸盐	涂料，胶黏剂

三、聚氨酯纤维化学法循环再利用

聚氨酯纤维解聚主要有水解法、醇解法、胺解法、醇胺法、磷酸酯法等。聚氨酯的水解与 PET 的水解不同，它不是聚合的逆反应，水解产物中除了二胺和多元醇，还有 CO_2 放出，反应机理如图 4-27 所示。在水解反应过程中，提高温度和压力或有溶剂存在的情况下可以使反应加快。水解产物经过分离和提纯，多元醇可以作为原材料重新用来合成，二胺可以转化

为异氰酸酯。连续或非连续水解法在有关文章和专利中均有报道。但是由于水解是在高温高压下进行的，对水解条件和设备要求很高，而且水解产物的提纯技术难度也很大，所以这种方法并没有得到广泛的应用。

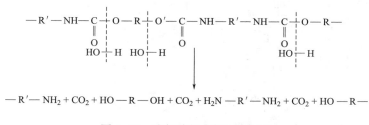

图 4-27 聚氨酯的水解反应过程

氨纶主要成分由聚氨酯大分子构成，化学回收法是通过化学手段破坏聚氨酯大分子链的氨基甲酸酯或者脲基这些硬段基团，使聚氨酯大分子进行降解，从而回收利用降解产物或者进一步利用降解产物制备再生产品的过程。其再利用工艺如图 4-28 所示。

醇解法的基本原理与水解法相近，但与水解法不同的是醇解产物可以直接使用。醇解法一般采用低分子醇和催化剂，在一定温度下，将聚氨酯降解成低分子量液体，这是将聚氨酯废料变成原料回收利用的一种基本方法。一些研究表明，选择合适的降解剂和降解条件可以获得高质量的多元醇，能够解决聚氨酯回收问题。这种方法可以用来回收硬泡沫热绝缘材料、微孔弹性体鞋底和结构泡沫、柔性弹性体等，并且回收硬的鞋底废料和聚氨酯泡沫已得到了工业化应用。

胺解法是利用低分子胺类对聚氨酯进行分解，由于氨基的反应性能强，聚氨酯可以在较低的温度下降解。在 150~180℃，用二亚乙基三胺、三亚乙基四胺、四亚乙基五胺等脂肪胺对聚氨酯进行降解，并对降解产物的胺值、黏度、含量以及相对分子质量分布进行了测试。在降解过程中主要的反应有氨基甲酸酯基、脲基、缩二脲基与脲基甲酸酯基断裂生成多元醇、多元胺以及芳香族化合物。同时聚氨酯的胺解与胺的类型、反应温度以及聚氨酯降解剂比率有关。当胺的相对分子质量越低，降解速度越快，降解产物中的胺含量越高，黏度越低。降解温度越高，降解速度越快，降解产物的黏度越低，但胺含量并不高。胺解法与醇解法相比，胺解速度快，反应温度低，降解产物中胺值高。并且降解产物中的胺含量随降解剂比率的增大而减小。

醇胺法在 80~190℃下，利用链烷醇胺如单乙醇胺、二乙醇胺和二甲基乙醇胺等能够使聚氨酯降解成低聚体，甲醇钠等催化剂可以促进聚氨酯的降解反应速度。采用二链烷醇胺与碱金属催化剂（如 KOH）在 120℃将聚氨酯降解，发生的主要反应有氨基甲酸酯基断裂和脲基断裂。加入的碱金属催化剂也会与聚氨酯或聚脲发生反应，如有水存在时，还会发生水解反应，此外反应中生成的芳香胺还会进一步促进聚氨酯的降解。

磷酸酯法是利用磷酸酯解聚聚氨酯，直接得到含磷胺基化合物，过程中主要存在烷基化反应、酯交换反应以及自由基反应。解聚产物可以用作非反应性的添加剂来改善阻燃性能，也可以经含有羟基的化合物、胺或金属盐处理后用来合成阻燃聚氨酯或聚氯乙烯。

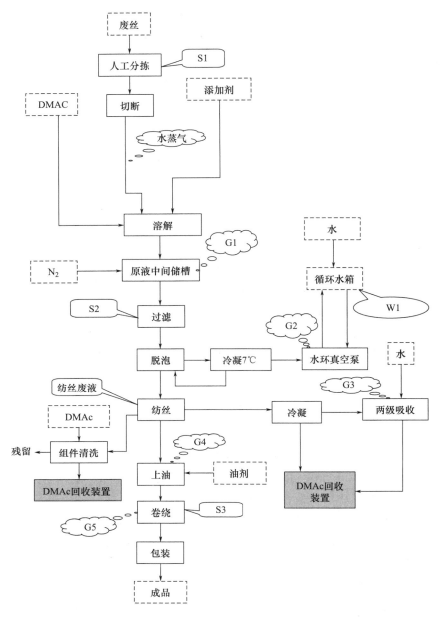

图 4-28　氨纶再利用生产工艺示意图

四、纤维素纤维化学法循环再利用

　　单一纤维素成分的纤维的回收主要可以通过经典的黏胶法、铜氨法来进行，但由于污染较大，目前国外相关企业很少，多数已经转产至发展中国家。采用绿色溶剂法如 NMMO、离子液体等进行再生的研究报道较多，但由于溶剂成本过高、溶剂回收方法研究滞后等因素，产业化规模仍非常有限。

五、涤/棉混纺制品化学法循环再利用

对于混纺产品来说，涤/棉混纺在众多混纺品种中产量占比最大。化学法再生则是通过对其中一种纤维降解为低聚物或单体，而另一种纤维不发生化学变化达到分离回收的目的。通过化学处理法将其中的混合物成分分离出来，并力图使分离出的单一纤维可回收利用，而被破坏的成分又不会造成环境污染。要对涤/棉混纺产品成功进行分离，需要根据涤纶和棉的组成与性能上的差异，利用化学试剂将其中一个组分降解或者溶解达到分离的目的。

目前报道的涤棉分离方法主要有稀盐酸法、碱性水解法、乙二醇法和酶解法。在稀盐酸法中，酸性溶液中的氢离子和棉纤维中的纤维素或者半纤维素分子链上的氧原子相结合，使得纤维素或半纤维素分子失去稳定性进而与水发生反应，纤维素或半纤维素长链在氢离子和氧原子结合处断裂发生解聚，并逐步被分解生成单糖，从而达到涤棉分离的目的。碱性水解法主要是对涤纶进行水解，生成对苯二甲酸和乙二醇，与棉纤维分离，能够再利用。乙二醇法是利用涤纶与乙二醇在一定的条件下反应生成 BHET，将涤纶与棉纤维分离开来达到分离的目的。酶解法是采用纤维素酶对棉进行水解，分离得到涤纶。日本专利公布了化学回收废旧涤棉纺织品的方法，如图 4-29 所示。

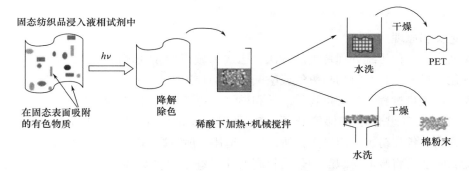

图 4-29 日本专利公开的废旧涤棉纺织品的化学回收方法

第五章　热能法循环利用技术

废弃纺织品种类繁多，除了棉、涤等纯纺外，相当一部分面料是两种或两种以上的纤维构成，如涤/棉、涤/锦、涤/氨等，分拣和分离非常困难，且在纺织染整加工中又经多种化学品处理，组分十分复杂，采用物理法、物理化学法和化学法等方法，分离提纯成本高，无法产业化应用。热能回收法是普遍使用的固体废弃物的处理方法之一，也可用于混杂难分离废旧纺织品的循环利用，尤其是可用于混有废旧纺织品的垃圾处理。此外，热解炼油作为当前废旧塑料和橡胶回收利用的主要方法，对于废旧纺织品的循环利用也具有一定的借鉴意义。

第一节　热能回收法

一、定义和原理

垃圾焚烧是一种传统处理垃圾的方法，已成为城市垃圾处理的主要方式之一。焚烧是一个复杂的化学过程，是有机物与氧气或空气进行的快速放热和发光的氧化反应，并以火焰的形式出现。在燃烧过程中，有机物、氧气和燃烧产物三者之间进行着动量、热量和质量传递，形成的火焰是有多组分浓度梯度和不等温两相流动的复杂结构。由于焚烧温度在 850~1100℃，远高于各类纺织品的燃点，所以焚烧适用于所有废旧纺织品的处理。

热能回收法是将废旧纺织品中热值较高的化学纤维通过焚烧转化为热量，再通过其他途径转化为电能、机械能等再利用的方法。合成纤维的热值一般在 30MJ/kg 以上，聚乙烯和聚丙烯纤维的发热量更是高达 46MJ/kg，超出燃料油 44MJ/kg 的热值。另外，焚烧后废弃物的体积大幅减少，可以减缓因存放废弃物带来的土地压力，是一种辅助的纤维回收利用方法。

热能回收法虽然能产生大量的能量，但是焚烧过程中会伴随大量二氧化碳的产生，处理不当可能还会产生氮氧化物、氯化氢等有害气体，甚至会出现二噁英等剧毒物质，造成空气污染。因此该方法需重视对燃烧产生的有毒有害气体进行监控与处理，减少对环境造成的污染。

二、工艺流程和设备

（一）工艺流程

图 5-1 是热能回收法的工艺流程图。废旧纺织品经破碎、压实等预处理后进入锅炉焚烧。焚烧后，炉渣从出渣口排入渣池，集中外运综合利用，主要用来制作市政道路用砖，利用率 100%；焚烧炉产生的烟气，经烟道通向高温过热器、省煤器，进入烟气净化装置，通过半干式脱酸装置、活性炭喷射装置，处理二噁英、二氧化硫、氯化氢等有害物质，再进入布袋除尘器去除烟气中的烟尘，最后经烟囱排入大气；除尘器集聚的飞灰输送至灰库，添加水

泥、螯合剂进行固化，飞灰经螯合固化后必须做毒性浸出实验，达到《生活垃圾填埋场污染物控制标准》的要求后，再送入飞灰专用填埋场集中填埋。焚烧产生的热量可用于发电。

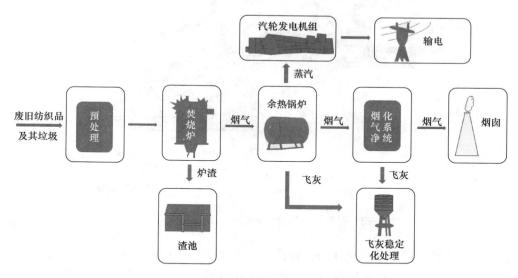

图 5-1　热能回收法的工艺流程

（二）主要设备

主要的设备有焚烧炉、烟气处理系统和飞灰稳定化设备。

1. 焚烧炉

焚烧炉主要可分为机械炉排焚烧炉、流化床焚烧炉和回转式焚烧炉。下面对这几种炉型作简单的介绍。

（1）机械炉排焚烧炉。机械炉排焚烧炉是国际上比较成熟的技术，运行可靠度较高，燃烬度好，适用于大处理量、高热值的垃圾焚烧，是大部分发达国家采用的炉型，在国际上约占有 80% 的市场份额。机械炉排焚烧炉根据炉排型式主要分为顺推或逆推式往复炉排炉及滚动炉排炉两大类。往复炉排炉可使垃圾有效地翻转、搅拌，具有较理想的燃烧条件，可实现垃圾完全燃烧。滚动炉排炉由于排气孔容易堵塞，维修工作量相对较大，因此使用率较往复炉排炉低。

图 5-2 是日本三菱重工机械炉排焚烧炉的结构示意图。机械炉排焚烧炉的优点为：运行可靠性好，故障率低；单台处理能力较大；烟气排放量较低，相应减少了烟气净化系统的投资规模；无须垃圾预处理；受热面磨损小；无须混煤燃烧，灰渣产量低。缺点为：需要炉排面积较大，且炉排材质要求高，目前以进口炉排为主，投资高；垃圾水分变动和垃圾热值变化易造成运行控制不稳定，需要对高水分垃圾和不同热值垃圾采取 3~5 天储存，进行脱水、均匀混合；与流化床焚烧炉比较，由于其炉床负荷较低，炉子体积大，占地面积大；垃圾热值低于 4.184×10^6 kJ/kg（1000kcal/kg）时，需要投辅助燃料助燃，此时运行费用较高。

（2）流化床焚烧炉。流化床燃烧技术是 20 世纪 60 年代发展起来的一种新型清洁燃烧技术。该技术的基本特征在于在炉膛下部布置有耐高温的布风板，板上装有载热的惰性颗粒，通过床下布风，使惰性颗粒呈沸腾状，形成流化床段，在流化床段上方设有足够高的燃烬段

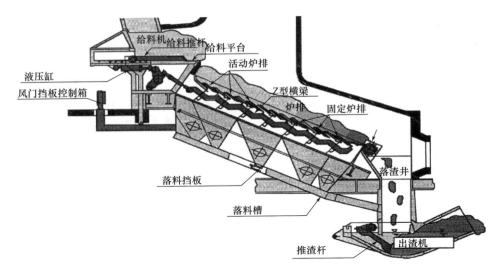

图 5-2　机械炉排焚烧炉的结构示意图（三菱重工）

（即悬浮段）。一般物料投入流化床后，颗粒与气体之间传热和传质速率很高，物料在床层内几乎呈完全混合状态，投向床层的垃圾能迅速分散均匀。由于载热体存有大量的热量，投料时炉温不会产生急剧变化，使床温的温度易保持稳定，避免了局部过热，因此，床层温度易于控制。同时它具有燃烧效率高、负荷调节范围宽、炉内燃烧强度大、适合燃烧低热值垃圾的优点。流化床主要包括鼓泡流化床、转动流化床和循环流化床等几种，其中国内较多采用循环流化床形式。

流化床焚烧炉的特点：流化床燃烧充分，炉内燃烧控制较好，但烟气中灰尘量大，操作复杂，运行费用较高；对燃料粒度均匀性要求较高，需大功率的破碎装置；对设备磨损严重，设备维护量大。

（3）回转式焚烧炉。回转式焚烧炉体为略微倾斜和内衬材料为耐火砖的圆柱形滚筒。它是通过炉体整体转动，使固体废物均匀混合并沿倾斜角度向前端翻腾移动。为达到固体废物完全焚烧，一般设有两个燃烧室。固体废物在炉体中停留时间较长，可完成垃圾干燥、挥发分析出、垃圾着火直至燃尽的过程，并在第二个燃烧室内实现完全焚烧。

回转式焚烧炉的特点：对焚烧物变化适应性强，特别对于含较高水分的特种垃圾均能实现燃烧，但需要设后燃室，且窑身较长，占地面积大，热效率较低，造价高，处理能力低。

综上所述，比较几种炉型特点，机械炉排焚烧炉受热面磨损小、无须混煤燃烧，灰渣产量低，一般适用于大中型的垃圾焚烧厂；流化床焚烧炉由于投资较少，一般处理规模较小，适用于中小型、垃圾质量较不稳定的焚烧厂；回转窑焚烧炉一般用于小规模特种垃圾如医疗垃圾、工业垃圾等，不适合大规模生活垃圾处理。

2. 烟气处理系统

烟气处理系统安装在余热锅炉后部。主要由旋转喷雾反应塔、袋式除尘器、活性炭储存及喷射装置及工艺水系统等组成。

烟气处理系统的工艺流程为：余热锅炉出口的烟气温度为 $180 \sim 190\,℃$，通过烟道进入旋转喷雾反应塔的上部，烟气在进入旋转喷雾反应塔后，与由高速旋转喷雾器喷入的 $Ca(OH)_2$

浆液进行充分的混合，烟气中的 SO_x、HCl 等酸性气体与 Ca（OH）$_2$ 进行中和反应后被去除，同时，烟气温度被进一步降低到约 160℃，经过处理的烟气在旋转喷雾反应塔的下部通过连接烟道进入袋式除尘器。从反应塔出来后，烟气冷却至约 160℃ 然后进入袋式除尘器。在袋式除尘器和反应塔之间的烟道上设有碳酸氢钠喷射装置和活性炭喷射装置，喷射出来的消石灰粉末与烟气中的酸性气体发生中和反应，确保任何时刻酸性气体排放达标。在烟道中的活性炭喷射装置则喷射出大量的粉末活性炭，可高效吸附烟气中的重金属类和二噁英类物质。由于袋式除尘器的滤袋纤维表面附有一层从烟气中捕捉下来的未反应的 Ca（OH）$_2$ 粉末、碳酸氢钠粉末以及活性炭粉末，还可进一步去除烟气中的酸性气体、二噁英与重金属。经袋式除尘器排出的烟气则为洁净烟气，通过引风机经烟囱排入大气。

3. 飞灰稳定化设备

飞灰稳定化设备主要包括螯合剂混合搅拌罐、螯合剂喷射装置、飞灰螺旋输送机、水泥螺旋输送机、混合料理刮板机、计量配料装置、螯合混炼装置和压制成型机。工艺流程为：来自烟气净化系统的飞灰，经密闭收集系统送入飞灰储仓，通过螺旋输送机送至计量罐，利用螯合剂稀释液输送泵及供水系统向混炼装置供给螯合剂及水，使重金属和有害物质析出得到有效控制，飞灰经螯合、固化后由危险废弃物转化为一般废弃物，满足一般填埋场的环保要求。

三、特点和适用范围

热能回收法可直接将废旧纺织品作为原料加工，尤其是含杂组分比较复杂的废旧纺织品，不需要进行分离和分拣处理，通过焚烧直接转化为热能。方法简单易行，适用于热能较高的化纤，如聚烯烃等，或是含杂组分比较复杂、分离分拣成本高的废旧纺织品。现在我国约有 200 座生活垃圾焚烧发电厂，而一个焚烧厂每年可处理 10 万~18 万吨固体废弃物，因此我国每年的固体废弃物处理总量在 2000 万~3600 万吨。热能回收法的缺点就是产生的废气会污染环境，需要重视对废气的处理。

第二节 热裂解法

由于聚烯烃热解炼制燃料油具有良好的经济效益和社会效益，主要应用于塑料和橡胶的回收利用，但对纤维的循环再利用也是一种重要的补充，如丙纶、聚乙烯纤维等。热解炼油方法主要包括热裂解、催化裂解、催化改质法三种方式。本章将对这几种热解炼油方法依次分节介绍。

一、定义和原理

热裂解法是指在无氧或缺氧条件下，利用热能使高聚物的化学键断裂，由大分子量的有机物转化成小分子量的燃气、液体油及焦炭等的过程。

热裂解技术可分为内热式和外热式两种。内热式热裂解技术是指利用少量的助燃空气，使部分生活垃圾燃烧氧化，释放出热量来加热未反应的垃圾，使其分解，产生可燃性气体。

外热式热解技术是指利用坚壁结构，使生活垃圾在无氧的条件下发生热裂解，产生热值较高的可燃性气体，可燃性气体可以回收燃烧再利用，为垃圾热解提供热源。

热裂解方式可总结为以下四类：

（1）链端断裂或解聚。聚合物分子链不断从链端断裂生成相应单体。链端裂解是聚合物裂解的主要形式。

（2）随机裂解。聚合物长链随机断裂为不等长的小段。

（3）链脱除。去除反应代替物或侧链，一方面使裂解产物不断发生变化，另一方面使聚合物长链发生炭化。

（4）交联。热固性的聚合物加热时，常形成网状结构物。

二、工艺流程和装备

图 5-3 是热裂解工艺流程示意图。废旧纺织品或塑料等聚烯烃材料进入裂解反应器发生热裂解反应，生成低分子量烷烃，后经分馏塔分馏得到不同相对分子质量的液体油。气体所携带的热量可用于加热裂解反应器。

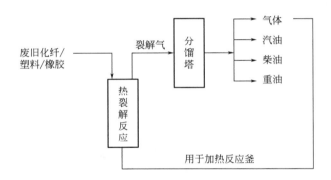

图 5-3　热裂解工艺流程示意图

根据裂解的目标产物，裂解主要工艺可分为汽化工艺、油化工艺和炭化工艺。以上不同裂解工艺又可归结为间歇裂解、半连续裂解及连续裂解。不同的裂解工艺条件，聚烯烃裂解过程所使用的裂解反应器不同，主要类型有搅拌式反应器、流化床反应器、管式炉反应器等。表 5-1 比较了不同类型反应器的适用范围和优缺点。搅拌式反应器和流化床反应器适用于热裂解法，而管式炉反应器适用于热裂解—催化改质法和催化裂解—催化改质法，将在第四节介绍。

图 5-4 是搅拌反应器热分解工艺流程。主体装置包括加料系统、反应系统、分馏系统、油品冷凝系统、排渣系统和尾气吸收系统六个部分。废旧化纤或塑料经破碎后送到加料系统，经提升机把碎片送至挤出机进口，通过挤出机的加热系统把碎片加热熔融至液态，进入反应釜内继续加热直至分解温度，高聚物开始裂解，反应产生的大量油气连续进入分馏塔，与回流液充分接触进行传质传热，通过控制塔顶温度，重质油品和石蜡成分返回反应釜继续裂解，轻质、中质油品从塔顶流出进入油品冷凝回收系统，经气液分离后，不凝气体进入后续气体吸收装置再利用，冷凝下来的油品精制后作为燃料油出售，油品品质类似于轻质柴油；反应釜产物焦炭在釜底逐步沉积后，通过排渣系统排出反应釜进行深度处理。

表 5-1　几种热裂解设备的适用范围和特点

热解反应器	原料要求	适用热解方式	发展阶段	优点	缺点	设备投资/运行成本
搅拌式反应器	单一组分	热裂解法	工业应用	工艺设备简单，操作方便	反应器主体受热不均匀，易结焦，影响连续性工作	较小
流化床反应器	单一或多组分	热裂解法、催化裂解法	实验研究	传热好，加热效率高	裂解油气中含尘率高，设备管理复杂，投资大	大
管式炉反应器	单一或多组分	热裂解—催化改质法、催化裂解—催化改质	实验研究	可适应多种混合原料，热解效率高	工艺设备复杂、投资较大	较大

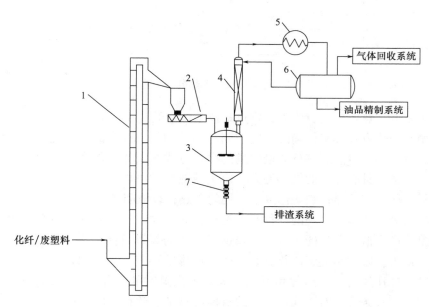

图 5-4　搅拌反应器热分解工艺流程

1—提升机　2—挤出机　3—反应釜　4—分馏塔　5—冷凝器　6—汽液分离罐　7—排渣阀

　　图 5-5 是流化床反应器热分解的工艺流程图。流化载体采用直径 0.3~0.5mm 的石英砂，加料端采用挤出机进料，废旧化纤或塑料被加热到 250℃ 成熔融态进入反应器。在反应开始前，用 N_2 排空系统内的空气，待反应稳定后，将系统产出的不凝气导回作为流化介质，不凝气在进入流化床前被预热器加热到 340℃。从反应器出来的裂解气先后经过冷凝系统和分离系统进行冷凝和除尘，裂解气中携带的焦炭和砂粒通过旋风除尘器除去，而大量的石蜡和油品通过冷凝器收集，最后气体中少量的杂质被布袋除尘器和静除尘器除去。

　　热裂解反应器的加热方式在 20 世纪 90 年代多为直烧热风式。现在热裂解的加热方式多为导热油循环加热、远红外和热辐射。

　　直烧热风方式是由空气作为载热介质对裂解设备进行加热，再将热量传至被裂解物料进行热裂解。由于单位体积的空气热熔低，要达到裂解物料所需要的温度，热风交换速度需加快，空气使用量加大，使烟气处理量增加。该方式温度控制难度大，并且热风只能一次性使

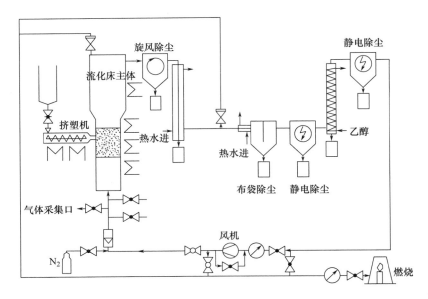

图5-5　流化床反应器热分解工艺流程

用，余热利用率低，热效率低。该方式特点是技术含量低，投资少。

导热油循环加热方式具有精确的温度控制与调节功能、强大的储热能力、良好的热分散性和安全性等特点，为目前裂解行业最先进的供热方式。液体导热介质的热熔值是相同体积直烧热风的数百倍，具有强大的供热能力。由于载热介质可设定到任何一个温度，可使设备与被裂解物料在所设定的最佳裂解温度下，均匀受热，裂解彻底。

热裂解法是聚合物裂解处理的一种有效途径，它仅通过提供热能，克服高聚物中化学键断裂所需能量，产生低分子量的化合物。根据聚合物的裂解目标产物，可调节裂解过程的工艺参数。一般认为，影响热裂解产物分布及收率的影响因素有原料组成、反应器类型、反应过程裂解温度、操作压力、裂解停留时间、氢气或供氢剂的参与等。因此，热裂解过程中，选择适宜的裂解参数条件，对于获得特定的目标产物是非常重要的。表5-2列举了热裂解的影响因素和影响结果。

表5-2　热裂解的影响因素和影响结果

影响因素	影响结果
原料的化学组成	裂解产物受原料的化学组成和分解机制的影响
裂解温度和加热速度	更高的反应温度和加热速度有利于产生小分子产物
裂解时间	更长的停留时间会使产物发生二次转变，产生更多的焦炭焦油
反应器类型	决定了传热效率、混合速度、气态和液态产物的停留时间
操作压力	低压会减少焦炭和重油的产量
反应中氧气或氢气的存在	稀释产物，影响反应平衡、反应机制和动力学
催化剂	影响反应机制和动力学，增加特定产物的含量
含杂组分	含杂组分会蒸发或分解，影响反应机制和动力学
液体或气体阶段	液相热分解会阻碍产物离开反应器

高聚物的裂解温度和裂解产物与其化学结构相关。对目前常见的几类热塑性塑料，包括聚乙烯（PE）、聚丙烯（PP）、聚氯乙烯（PVC）、聚苯乙烯（PS）等，对其在不同温度下的裂解过程进行了研究。随温度的升高，最先分解的是 PVC，其产物是 PVC 中 C—Cl 键断裂生成 HCl 以及轻质燃料油。其次 PS 在 300℃ 下开始分解，产物主要有苯乙烯单体，产率约为 65%，另外还有苯乙烯的二聚体、三聚体、甲苯和乙苯等。再次是 PP，其在 360℃ 左右开始分解，产物主要是轻质燃料油（汽油和柴油）；最后分解的是 PE，裂解温度在 400℃ 左右，其分解产物中重质油（即重油和蜡质）含量较高，所占比例约为 50%，而轻质燃料油约为 45%，且轻质成分的油品质量不高。各类高分子材料热裂解方式和产物见表 5-3。

表 5-3 各类高分子材料的热分解方式和产物

高分子材料种类	热分解方式	低温产物	高温产物
PE	随机链断裂	蜡、石蜡油、烯烃	气体、轻质油
PP	随机链断裂	凡士林、烯烃	气体、轻质油
PVC	脱除 HCl，链的脱氢和环化	HCl（<300℃）、苯	甲苯
PS	解压缩和链断裂的结合，形成低聚物	苯乙烯及其低聚物	苯乙烯及其低聚物
PMMA	解聚	MMA	少量 MMA，大量分解产物
PET	氢转移，重排去羧基	苯甲酸，乙烯基对苯二甲酸盐	—
PA-6	解聚	己内酰胺	—
PTFE	解聚	四氟乙烯	四氟乙烯

生物质（特别是植物材料）主要成分为碳水化合物（纤维素、半纤维素、木质素等），对其进行裂解液化制取生物油的研究很多。裂解生物油的品质主要取决于裂解原料、反应器类型、裂解速度。由于是再生新能源，生物质裂解形成生物油较化石燃料在环保方面有很大的优越性（无 SO_x 排放，低 NO_x 排放）。但生物油与燃料油相比仍有许多缺点：高含水量和含氧量，高黏度，较低热值，易被腐蚀等。生物油在储存过程中不稳定，不宜与其他由碳氢化合物组成的油混合使用。加氢裂解或催化裂解都可用来提高生物油的品质。此外，聚烯烃因其较高的碳、氢含量，与生物质共同裂解，也可用来提高生物油的品质。

裂解反应时，加热速度也会影响裂解的反应过程和产物。表 5-4 给出了不同加热速度条件下，聚乙烯的产物分布情况。由表可知，慢速升温时，可以产生较多的液体产物，而在快速升至高温条件下，则会产生较多的气体产物。

表 5-4 加热速度对聚乙烯热裂解产物的影响

加热速度	慢升至 500℃	快升至 500℃	慢升至 700℃	快升至 700℃
气体产物（%）	10	10	15	50
液体产物（%）	88	90	85	50
固体产物（%）	2	0	0	0

三、特点和适用范围

热解转化可将塑料垃圾转化为具有利用价值的工业原料或燃料油，具有很好的经济效益；

同时，热裂解在无氧或缺氧的条件下进行，有效地减少了二噁英的生成，二次污染很小，可实现资源的可持续性发展利用，是治理高分子材料固体废弃物的有效途径。表 5-5 对比了不同循环再利用方法的适用范围和优缺点。

表 5-5   不同再生方法的适用范围和优缺点

再利用方法	二次污染控制	原料要求	处理填埋	运行成本	资源化率
物理法	较强	高	小	低	高
化学法	较强	高	小	较高	高
焚烧	弱	低	大	高	低
热裂解	较强	较高	较小	高	高

传统的热裂解法具有如下缺点：

（1）热裂解温度越高，热裂解产生的可燃气体越多，出油率越低。

（2）热裂解温度越高，油品中芳香烃类所占比例越大，导致油品品质降低。

（3）在高温热裂解过程中，形成的高度缩合稠环芳香烃以固态形式附着在炭黑当中，使炭黑品质降低。

（4）在高温热裂解过程中，形成的高度缩合稠环芳香烃以固态形式附着在裂解釜的内壁，形成结焦，结焦带来的导热阻力，降低裂解釜导热能力，要想保持热裂解需要的热量，就要提高加热温度，从而加剧了裂解釜的热损，使设备寿命缩短，安全性能差。

（5）高温热裂解易产生多环芳烃（俗称"二噁英"），它是强致癌物。

第三节   催化裂解法

一、工艺流程

催化裂解法又称一段法，是将一定量的催化剂与废旧化纤（或塑料和橡胶）混合均匀后进行加热裂解。图 5-6 是催化热裂解工艺流程示意图。与热裂解法相比，不同之处就是在热裂解反应器中加入了催化剂。催化剂是聚烯烃催化裂解炼油的关键技术，不同的催化剂对工艺要求不同，这往往是限制聚烯烃催化裂解法炼油技术发展的重要因素。催化剂最大的特点

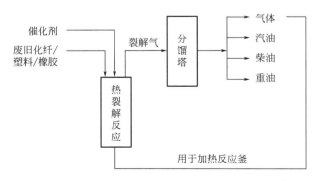

图 5-6   催化热裂解工艺流程示意图

是降低反应温度，提高反应速率，缩短反应时间，同时有选择性地使产物异构化、芳构化，提高液体产物的收率，并得到较高品质的汽油。但反应过程中催化剂与原料混合在一起，回收废旧化纤中泥沙及裂解产生的炭渣覆盖在催化剂表面，使之容易失去活性且不容易回收，从而增加运行成本。

二、催化机理与催化剂

目前国内外在聚烯烃催化裂解研究中采用的催化剂一般以酸性催化剂为主，如金属和金属盐（如 $AlCl_3$）、金属氧化物（如 Al_2O_3）、分子筛等。而少量的碱式催化剂，如 BaO、MgO 等，则主要用于苯乙烯类废塑料的裂解。

催化裂解催化剂主要通过酸性来影响在反应中聚合物分子的催化裂解活性。在裂解反应过程中，聚合物分子只有与催化剂上的酸性位点接触才能发生以裂解反应为主的一系列反应，因此催化剂表面酸的强度和分布对反应的原料转化率、产品分布及产品质量等具有非常重要的影响。在一般的催化裂解反应中，随着催化剂中酸性位点的增强，油品的转化率以及产率都有提高。然而汽油作为催化裂解的中间产物，在酸性达到一定程度时，其产率会随着酸性的增加而下降。因此酸性位点的调控对于催化裂解反应的产物非常关键。以分子筛催化剂为例，可以通过多种手段来进行催化剂的酸性调控，如负载过渡金属以及酸碱处理等。

聚烯烃是相对分子质量特别大的聚合物，通常较大孔径结构有利于大分子进入孔道，接触到活性位点，但也可能使催化剂失活速率加快。因此催化剂的外比表面积和孔径都会直接影响聚烯烃的裂解反应性能。以分子筛催化剂为例，催化剂的孔径大小，将决定高分子能否进入催化剂晶体内部同活性中心反应。比如 ZSM-5 分子筛，其孔道尺寸较小，不能让高分子进入，且孔道结构较复杂，缺乏形状选择性，并不适合为催化裂解催化剂。Y 型分子筛具有相对较大的孔径，可以让大分子通过，充分利用了其较大的比表面积。通过过渡金属的改性，同样可以对分子筛的孔道造成一定的影响，使得催化性能和稳定性相对较好，结焦情况改善且催化活性持久。分子筛晶粒大小也会影响催化剂的活性。以 Y 型分子筛为例，其阻力来源于分子筛内部。研究表明，晶粒大小没有显著改变油品性能，但小晶粒比大晶粒的反应速率大，得到的汽油产率较高。

除分子筛外，下面简单介绍其他几种常见聚烯烃的催化裂解催化剂。

1. 氧化硅—氧化铝催化剂

氧化硅—氧化铝催化剂可分为完全合成物、天然物、两者混用的半合成催化剂三种。天然催化剂包括蒙脱石和高岭土系等，酸性白土及它的酸处理物（活性白土）都属于这一类。

硅铝催化剂使用分为两种情况：一是将催化剂置于裂解釜内与废旧聚烯烃一起进行催化剂裂解，用量为废旧聚烯烃的 3%～4%，裂解温度控制在 400～460℃；另一种方法是将催化剂置于热裂解反应器出口的裂解反应管中，对热裂解的气体进行催化裂解。

2. 三氯化铝催化剂

三氯化铝以 4%～8% 的量加入废旧聚烯烃中，一起进入挤出机，通过挤出机后送入裂解反应釜，控制温度为 400～460℃，在催化剂作用下，聚烯烃熔融、裂解、汽化，经分流塔、冷却器分离成可燃气、汽油、柴油等。如要提取的可燃物是以石蜡为主时，改变裂解釜的工艺条件，使釜温控制在 350℃ 以下，使裂解气大大减少，留于釜底的混合液增加，放出混合液，进行蒸馏、脱色，就能得到不同熔点的石蜡。

3. 氧化铝催化剂

氧化铝催化剂一般是通过热分解氧化铝的水合物来制备的，水合物的原料有铝盐、碱金属铝盐、醇铝、金属铝等。将废旧聚烯烃除尘后加入溶蒸釜中，使之熔融、裂解、冷凝后进入催化裂解釜中，加入相当于废旧聚烯烃 4%~8%（质量分数）的氧化铝催化剂，温度控制在 400~500℃，进一步裂解，冷凝后气液分离，分别进入储槽，得到产品为汽油、煤油和柴油。

4. 以活性炭为载体的催化剂

活性炭孔隙多，比表面积大，耐高温和酸碱性能好。可经过干馏得活性炭，控制温度在 600℃下通入 CO_2，干燥 1h，850℃下活化 2h，然后用浓度为 5% 的硝酸铁溶液浸渍，经干燥、焙烧制得活性炭催化剂。活性炭催化剂的裂解产物与其他选择型催化剂不同，其产物中直链烷烃较多，异构烷烃较少。

对于 PE 和 PP 在固体酸催化剂上的催化裂解反应，目前普遍认为遵循经典的碳正离子反应机理。首先聚合物热裂解产生的长链聚烯烃从催化剂表面酸性位点上获取质子生成碳正离子，进而发生 β 裂解生成较小分子的烃类，或者碳正离子作为其他二次反应的中间体发生异构化、环化、芳构化等反应。

PE 和 PP 等在一定的温度下，分子内化学键断裂是随机的，产生不同相对分子质量分布的液体油。但控制适宜的裂解温度、压力甚至加热速率能控制裂解产物相对分子质量的分布，从而获得有一定经济价值的产物，如蜡、汽油、柴油等。在催化剂存在的条件下，聚合物裂解产物中某些特定数目链长的产物大大增加，进而可选择性地获得理想的产物组成。

三、催化裂解的特点及催化剂的应用开发

1. 催化裂解的特点

催化裂解与高温裂解反应相比较有如下特点：

（1）裂解反应迅速、彻底，油品质量好。

（2）气态生成物少，油品收率高。

（3）炭黑的品质得到提高。

（4）裂解设备寿命长。

（5）裂解设备安全性能得到改善。

（6）基本上不生产多环芳烃，不危害身体健康。

虽然催化裂解法具有反应速度快、反应周期短、反应温度低和液态产物选择性强等优点，但催化裂解所需的装置设备费用高，并且回收聚烯烃原料中的杂质较多难于去除，导致催化剂难以回收再利用。所以工业生产中多采用对回收聚烯烃原料进行清洗除杂质后，将其通过催化剂涂层进行催化裂解的工艺方式。

2. 催化剂的应用开发

到目前为止还没有一种专门用于回收聚烯烃裂解的高效催化剂。裂解催化剂普遍存在催化效率不高、使用寿命短、易失活等问题。各种催化剂在实际使用方面尚有许多待改进之处。因此，高效催化裂解催化剂的开发应注重以下几个方面：

（1）适宜的酸性，增强碳正离子的裂解活性。

（2）适宜的孔道结构，为大分子提供吸附和扩散的空间。

（3）较强的抗结焦、抗重金属中毒能力。

（4）较强的再生能力，机械强度高，稳定性好，使用寿命长。

第四节　催化改质法

一、定义和工艺流程

催化改质法可分为热裂解—催化改质和催化裂解—催化改质两种。热裂解—催化改质法又称二段法，是将聚烯烃回收料先进行热裂解后产物在催化剂的作用下进行催化改质，经过催化改质后所得产物的碳分布得到明显的改善，裂解产物主要集中在汽油与柴油馏分内。由于该法的两步反应可以在同一个反应器中的两个裂解区进行，工艺流程较为简单，所以工业上此法的应用最广。图5-7为其工艺流程图。聚烯烃回收料热裂解产物中重质组分较多，热裂解—催化改质可以增加燃料油中的轻质组分，减少重质组分，提高了燃料油的品质。相比于热裂解催化剂，改质催化剂用量少，且可回收重复使用，大大降低了成本，是目前较流行的工艺方法。

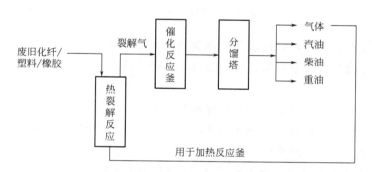

图 5-7　热裂解—催化改质工艺流程示意图

催化改质法是首先将聚烯烃回收料与催化剂在热裂解反应釜中混合进行反应，而后使产生的裂解气体，进入催化管道中进行催化改质反应的方法。该方法的工艺流程是由热裂解—催化改质法的改进发展而来，此方法弥补了热裂解裂解温度高，液体产物收率与选择性低等缺点，大大提高了催化裂解效率，并且采用此方法裂解可以得到高品质的燃料油。但该方法的缺点是催化剂使用量大，由于大量催化剂的存在也给裂解工艺带来了许多问题，导致工艺成本过高。

二、工艺设备和催化剂

1. 工艺设备

图5-8是一套三段管式反应器的示意图，可用于热裂解—催化改质工艺。进料端采用螺杆进料器，实现连续密封进料。第一段温度控制在 300~350℃，完成废旧聚烯烃的干燥和除氯；第二段温度控制在 400~500℃，成为废旧聚烯烃裂解的主体反应段，反应器内设置活塞式刮渣器，解决管壁结焦问题；第三段温度控制在 450~550℃，完成残渣的深度裂解。产出

的裂解气通过旋风除尘器除尘后，进入催化改质塔进行催化改质，最终冷凝得到混合油品，燃气可用作在线燃料。通过自动化控制，调节进料速度、反应温度、停留时间、刮渣频率等，实现自动控制。

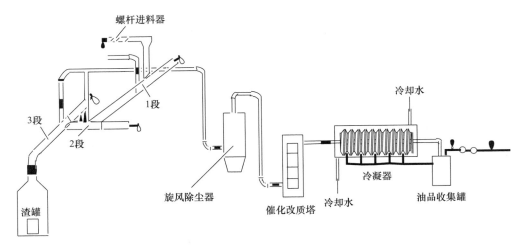

图 5-8　三段管式反应器示意图

此反应器的优点有三点：一是适合多种混合的废旧聚烯烃，并能有效避免二次裂解；二是裂解规模能通过改变管径来调节；三是能适应不同杂质。

2. 催化剂

裂解产物通过在改质催化剂上的烷烃异构化、环化、烯烃芳构化等重整改质反应，可明显改善和提高废旧聚烯烃裂解所得汽油和柴油的产品质量。改质催化剂一般为具有适宜表面酸性和孔结构的金属离子负载型分子筛。

表 5-6 是改质催化剂（纳米级 HZSM-5 和介孔 Al-MCM-41）对 LDPE 的热裂解产物的影响。随着热裂解温度在 425~475℃ 区间内逐步升高，液体油收率均降低，而气体收率增加。各馏分中正构烷烃含量明显降低，而异构烷烃和芳烃含量增加。与 Al-MCM-41 相比，由于纳米级 HZSM-5 较小的孔径及更强的表面酸性，改质产物中气体产率和气体中的烯烃含量均明显提高，汽柴油馏分中异构烷烃含量较低而芳烃含量较高。例如，当热裂解温度由 425℃ 升至 475℃ 时，汽油中芳烃含量由 8% 升至 11%；而经 Al-MCM-41 改质的汽油中则含有大量的异构烷烃（450℃ 时最高可达 21%）。

表 5-6　改质催化剂对 LDPE 热裂解产物的影响

催化剂	425℃			450℃			475℃		
	$C_1 \sim C_4$	$C_5 \sim C_{12}$	$>C_{12}$	$C_1 \sim C_4$	$C_5 \sim C_{12}$	$>C_{12}$	$C_1 \sim C_4$	$C_5 \sim C_{12}$	$>C_{12}$
无催化剂	17	54	19	18	56	18	23	51	18
HZSM-5	48	35	3.2	51	34	3	53	33	3.9
Al-MCM-41	27	52	10	32	52	8.6	32	48	8.9

三、热裂解的特点和适用范围

表5-7列举了四种热裂解方法的主要参数和优缺点。热裂解法的反应温度较高，反应时间长且能耗高，生成烃类的碳数范围宽，汽油馏分辛烷值低，产物中含有较多的烯烃和大量石蜡，故易于堵塞管路，工艺不易控制，且回收聚烯烃的性状对热裂解回收的效率有较大影响。催化裂解法由于催化剂的存在和作用，使废旧聚烯烃的裂解反应温度降低，反应时间较短，裂解产物分布也易于控制，油品质量有一定的提高。但是由于催化剂与回收聚烯烃原料中的杂质和裂解产物的残碳混合在一起，使催化剂易于失活，且催化剂的回收利用困难，使过程成本增加。热裂解—催化改质法是先将回收聚烯烃原料热裂解，热裂解产物再通过改质催化剂的作用发生异构化、环化、芳构化及裂化等改质反应，以改善和提高废旧聚烯烃热裂解产物（裂解汽油、柴油）质量的组合技术，其产品质量较热裂解法明显改善，且改质催化剂还可再生循环使用，但投资较大，工艺较为复杂。催化裂解—催化改质法则是先将废旧聚烯烃进行催化裂解，然后再通过改质催化剂的作用进一步提高产品质量的组合技术，此法虽投资较大、工艺较复杂，但它克服了热裂解法的诸多缺点，原料适应性好，反应效率大幅提高，且液体产物收率高、产品质量好，因此是最有发展前景的热解炼油技术。

表 5-7　四种热裂解方法的对比

热裂解方法	热解温度（℃）	热解时间	催化剂用量	产品质量	工业应用程度	发展前景
热裂解法	400~500	长	无	较差	少	较好
催化裂解法	360~450	短	较大	较好	少	较好
热裂解—催化改质法	400~500	较长	较少	好	较少	好
催化裂解—催化改质法	300~450	短	大	好	少	好

与塑料和橡胶一样，废弃聚烯烃纤维（包括PVC、PP和PE）的循环再利用也可用于热解炼制液体燃料油，但由于现有的技术工艺水平和炼油设备性能相对较低，造成炼制燃料油的成本很高，从而致使该技术还不能实现大规模产业化。因此，在热裂解工艺、炼油设备、高效催化剂的开发等方面，需加大资金投入和研发力度，以降低炼制燃料油的成本，实现产业化应用。

和聚烯烃一样，PET和PA也可采用热裂解得到小分子单体，但相对于成熟的醇解工艺，成本更高，单体产率低，目前不适合产业化。

热能回收法作为固体废弃物处理的一种重要手段，是对化学纤维循环再利用技术的一种重要补充，适用于混杂难分离废旧纺织品的循环利用，尤其是混有废旧纺织品的生活垃圾处理。

第六章　循环再利用纤维成型工艺

废旧瓶片、纤维及纺织品经过前处理、物理法、化学法调质调黏后再经纺丝成型得到循环再利用纤维。循环再利用纤维成型包括了以循环再利用聚酯、聚烯烃、聚酰胺等为代表的熔融纺丝成型、纤维素纤维等为代表的湿法纺丝成型。随着循环再利用技术、工艺、装备的逐步完善与进步，循环再利用纤维成型过程、品质与原生聚酯纤维差距缩小，产品应用广泛，已经成为纺织行业循环再利用经济的主流。本章重点以循环再利用聚酯为原料，首先介绍了熔融纺丝成型基本原理，在此基础上对循环再利用聚酯短纤、长丝、非织造布等工艺进行讲解。

第一节　循环再利用聚酯熔融纺丝原理

循环再利用聚酯熔融纺丝过程主要由四个步骤构成，如图 6-1 所示。

（1）聚酯熔体在喷丝毛细孔中流动。

（2）挤出熔体中的内应力松弛和流体体系的流畅转化，理解为从喷丝板孔中的剪切流动向纺丝线上的拉伸流动的转化。

（3）丝条的单轴拉伸流动。

（4）纤维的固化。

在这些过程中成纤高聚物要发生几何形态、物理状态和化学结构的变化。几何形态的变化是指高聚物流体经喷丝板孔中挤出和在纺丝线上转变为具有一定断面形状的、长径比无限大的连续丝条（即成型）。熔融纺丝为一元体系，只涉及高聚物熔体丝条与冷却介质间的传热，丝条体系组分是没有发生变化的。从这种意义上来说，再利用纤维熔融纺丝加工是简单的纺丝过程，在理论研究中，容易用数学模型进行分析，生产工艺也相对比较简单。

早在 20 世纪 60 年代初，研究人员 Denn、Ziabicki、Petrie、White 和 Han 提出了近似的熔融纺丝动力学模型，称为"细特长丝理论"，利用计算机解此理论方程，只要很短时间就能够得到稳态数值解、瞬时解，甚至于解析解。随着计算机及纺丝理论的深入发展，"细特长丝理论"能够在合理的计算时间内求出任何条件下的数值解，即对材料的任何一种结构模型，只要给定纺丝冷却条件、惯性力、空气阻力、表面张力、重力等条件，就可以用此理论求出熔融纺丝过程和连续拉伸过程中的稳态解和瞬时解。Ziabicki 对纺丝过程中力的关系式进行了详细分析，并测定了丝条细化过程，求出了某些材料的拉伸黏度。Andrews 计算了丝条变细过程中的温度变化，研究了细化与冷却的相互关系。加濑等推导了沿纺程的熔纺纺丝动力学理论计算式。用该计算式结合高分子特性（如拉伸黏度和温度的关系、比热和温度的关系等）以及纺丝条件就可算出细化曲线、纺丝张力和冷却曲线。此外，为了使力场、速度场、温度场的理论计算尽可能与实际条件相符，许多研究者还研究了冷却时的热传导系数、丝条对空气的阻力、聚合物的拉伸黏度，所有这些研究都为纺丝动力学研究打下了良好的基础。浜名等还对 PET 和 PA6 在不同实验条件下单丝的三场分布作了理论计算和测定。

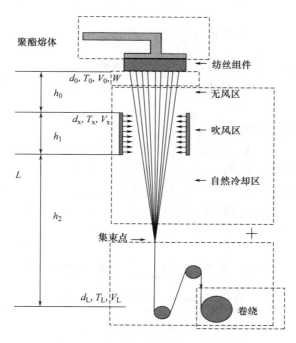

图 6-1 循环再利用聚酯熔融纺丝示意图

　　随着化纤工业技术的迅速发展，在 20 世纪 80 年代前后对高速纺丝动力学的研究又成为热点，有关高速纺丝的研究报道也陆续出现。主要研究方向是研究纺速的提高对惯性力、纺丝参数、取向等的影响，用计算机来求单丝的三场分布以及对纺丝成型的研究，并建立了一系列更有效、更精确的直径、速度、温度等在线测量方法。

　　90 年代以来，随着纺丝方法的多元化，纺丝动力学研究已不仅是在 PET 高速纺方面的研究，而向着多元化的方向发展，如热管纺丝的研究，吸管纺丝的研究，中空纤维的研究，复合纤维的研究，PA6、PA66、PP 的高速纺研究等。这些研究虽然都有自己的侧重点，但都基于同样的纺丝动力学基本原理，所以，完全可能将它们集中、统一起来，构成一个完整的纺丝模拟系统。

一、模型的假设

　　为了对熔融纺丝模型进行简化，在研究过程中，不考虑结晶和取向的产生，整个纺丝过程遵循熔融纺丝的基本规律，并对纺丝过程作如下假设：

　　（1）纤维截面随纺程是变化的。

　　（2）纺程是垂直的。

　　（3）忽略孔口的膨化效应。

　　（4）忽略相邻纤维间流体动力学和热的交互作用影响。

（5）忽略纤维轴向热传导。

（6）纺丝过程材料的流场为纯黏性流动。

（7）高聚物熔体材料的黏度是随温度呈阿伦尼乌斯（Arrhenius）型关系的牛顿流体黏度。

（8）单根纤维横截面上温度分布均匀一致，即纤维径向不存在热传递 $\left(\dfrac{\partial T}{\partial y} = \dfrac{\partial T}{\partial Z} = 0\right)$。

（9）将辐射传热系数包括在表面对流传热系数 h 内。

（10）按经验公式来决定运行速度 V 和横向流动的空气流速 V_y 对传热系数 h 的关系。

二、熔融纺丝的基本模型的建立

熔融纺丝的过程详尽的工程解析包括熔体纺丝动力学的计算，所纺熔体特定流变本构方程的选定，物料平衡和能量平衡的应用，以及分子取向的发展和分子取向中结晶的计算。对循环再利用聚酯纤维成型工艺而言，在物性参数方程修正的基础上，可以通过质量守恒方程、本构方程、力平衡方程、能量方程、取向方程与结晶方程等实现过程仿真，模型方程如表6-1所示。

表6-1 循环再利用聚酯纤维成型基本模型方程

质量守恒	$\dfrac{\rho V \pi D^2}{4} = Const = W,\ V(0) = V_0,\ D(0) = D_0,\ \rho = 1 \Big/ \left(\dfrac{(1-\theta)}{\rho_a} + \dfrac{\theta}{\rho_c}\right)$
力平衡方程	$\dfrac{dF_r}{dx} = W\dfrac{dV}{dx} - \dfrac{\pi D^2 \rho g}{4V} + \dfrac{K_d}{2}(Re)^{-0.61}\rho_a V^2 \pi D$
本构方程	$\dfrac{dV}{dx} = \left[-\dfrac{G}{V\eta} + \dfrac{\pi Dh}{WC_p}(T-T_a)\dfrac{1}{\rho}\dfrac{d\rho}{dT} + \dfrac{Wg}{VF} - \dfrac{\rho_a C_d V^2 \pi D}{2F}\right] \times \left[\dfrac{W}{F} + \dfrac{1}{V} - \dfrac{WG}{F\rho V^2}\right]^{-1}$
能量方程	$\dfrac{dT}{dx} = \dfrac{\pi Dh(T_a - T)}{WC_p} + \dfrac{\Delta H_f}{C_p}\dfrac{d\theta}{dx}$
取向方程	$\dfrac{d\Delta n}{dx} = \dfrac{A_{op}}{V}\dfrac{dV}{dx} - \dfrac{\Delta n}{V\tau_m}$
结晶方程	$K(T,f) = K_{max}\exp\left[-4\ln2\left(\dfrac{T-T_{max}}{D}\right)^2 + Af^2\right],\ \dfrac{d\theta}{dx} = \dfrac{K\theta_\infty}{V}\left(1 - \dfrac{\theta}{\theta_\infty}\right)$

（一）力平衡和动量平衡

在融纺过程中，高聚物熔体从喷丝孔挤出后，立即受到导丝盘卷绕力的轴向拉伸作用，而纤维的丝条在运行过程中，将克服各种阻力而被拉长细化变形。在稳态纺丝时，从喷丝板面（$x=0$）到距离喷丝板为 X 处的一段纺丝线上，各种作用力存在着这样的动平衡：

$$F(x) = F_r(X) = F_r(0) + F_s + F_i + F_f - F_g \tag{6-1}$$

式中：$F_r(X)$ 为 $x=X$ 处丝条所受到的流变阻力；$F_r(0)$ 为高聚物熔体细流在喷丝孔出口处作轴向拉伸流动时所克服的流变阻力；F_s 为在纺程中所克服的表面张力；F_i 为使丝条在轴向上作加速运动需要克服的惯性力；F_f 为空气对丝条所产生的摩擦阻力；F_g 为重力场对丝条的作用力。

利用力平衡方程式，可以得到纺丝线上任何一点的纺线应力，其中纺程上与喷丝板相距 L 位置的张力 F_L 为可测量值：

$$F_{rheo}(z) = F_L - \int_z^L \rho_a C_d V^2 \pi D dz - W[V(L) - V(z)] + \int_z^L \rho g \pi (D/2)^2 dz \qquad (6-2)$$

式中：ρ_a 为空气密度；C_d 为阻力系数；V 为纺程上给定点的速度；D 为纺程上给定点的直径；W 为单喷丝空的质量流量；$V(L)$ 为卷绕点处速度；ρ 为丝条的密度；g 为重力加速度。

（二）本构方程

熔体聚合物是黏弹性的流体，在力的作用下呈现弹性和黏性，一般采用纯黏度本构方程描述熔融纺丝行为，将单轴表现拉伸黏度 η 定义为：

$$\eta(T, \dot{\xi}) = \{\sigma\}_{zz} \Big/ \left(\frac{dV}{dz}\right) \qquad (6-3)$$

式中：η 为温度 T 和应变速率 ε 的函数。如果假设 η 与应变速率无关，则上式为描述牛顿流体的本构方程。

（三）能量平衡

1. 成型过程中热传递机理

在纺丝过程中，要求熔体有均匀的冷却环境，从而提高纤维的品质指标，但在实际的生产过程中，运动着的丝条（熔体细流）和冷却吹风的空气之间形成了热传递，主要是打破丝条表面的界面层进行强制对流而传热，还有一小部分的热辐射，而丝条内部则是以传导方式进行的，这就造成了传热的不均匀性。而丝条的温度分布很大程度上取决于丝条的流变性质，同时又对大分子的结晶和取向的结构形成有很大的影响，因此在冷却时形成的不对称性冷却造成了不对称性结构。这样丝条在纺丝线上除了有一个轴向温度场外，还有一个径向温度场，丝条的传热过程可用图 6-2 形象地表示。成型过程中热传递的机理主要有两个方面：一是丝条内的热传递，主要是由于热传导作用的贡献；二是丝条表面的热传递，主要是通过对流作用传递给周围介质的，还有一小部分的热辐射。纺丝中的热传递通常用运动着的体积单元的非稳态传递来描述，热传递的一般方程为：

$$\rho C_p \frac{\partial T}{\partial t} = \nabla (k \nabla T) \qquad (6-4)$$

式中：T 为温度，t 为时间，k 为热传导系数，C_p 为比热，假定 k 和 C_p 为常数，沿丝条轴线方向不发生热扩散，$\frac{\partial T}{\partial x} = 0$，温度分布呈轴向对称，$\frac{\partial T}{\partial \varphi} = 0$，并采用圆柱面坐标系 (x, r, φ)。

2. 考虑径向温度场时的温度方程

由于高聚物熔体为导热性差的物体，因此从丝条中心到表皮丝条的温度实际上是存在温度差的，内部的高温点向表面低温点传导。温度分布只决定于温度扩散，而不依赖于传热系数 h。这对于传热系数较低的极粗丝条喷压入较高传热系数的液体冷却浴而言，似乎是接近实际纺丝情况。在这种场合，轴向温度分布起重要作用，如受到应力和形变场的作用，则会导致具有径向差异的丝的结构（分子取向的径向分布、皮芯结构等）。虽然熔融纺丝线上的运动学和动力学研究过程中均将温度用平均温度来阐述，但是实际存在的径向温度梯度却影响着纤维内部的结构形成，而目前却没有有效的实验方法来测量单丝纤维的径向温度梯度，

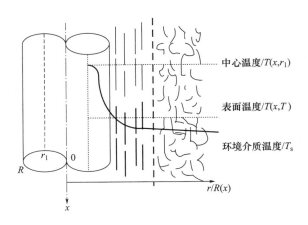

图 6-2　纺丝线上传热过程示意图

只能从理论上探讨作为依据。由于热量从纤维内部温度较高点向表面较低点进行热传导，根据傅立叶经验定律可得到下面的关系式：

$$\frac{\partial T}{\partial r}\bigg|_{r=R} = -\frac{\left[T(R) - T_s\right]h}{k} \tag{6-5}$$

式中：$T(R)$ 为丝条表面处温度。为了分析纤维截面的温度分布情况，采用有限元剖分方法将纤维截面先分成 m 个等厚的同心层，如图 6-3 所示；再把每一层沿直径（或当量直径）方向旋转相同角度分成若干扇区，如图 6-4 所示，从而得到研究对象。根据热量平衡定律，第 j 层（$1<j<m$）k 块（$1<k<q$）沿纺程方向温度下降 $\Delta T_{i,j,k}$ 所减少的热量应等于它向相邻微元传导的热量，可得到需要的方程。

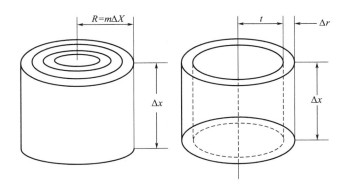

图 6-3　有限元划分模型一

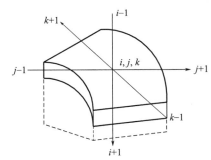

图 6-4　有限元划分模型二

3. 传热系数 h 的确定

由于温度方程中均涉及传热系数这一参数，加之纺丝成型过程中传热系数 h 与吹风条件下的鲁塞尔数 $N_u = (2Rh/k^*)$ 和雷诺数 $N_{Re} = (DV/V^*)$ 有关，k^*，V^* 为空气的导热系数和运动黏度，一般情况下，$k^* = 2.76 \times 10^{-2}$ W/（m·K），$V^* = 1.6 \times 10^{-5}$ m²/s。传热系数的一般表达式为：

$$h = 0.4253 \times A(x)^{-0.333} \times \left[V^2 + (8V_y)^2 \right]^{0.167} \tag{6-6}$$

式中：V_y 为冷却吹风气流吹风速度垂直丝条运行速度 V 方向上的分量。

（四）取向和双折射的发展

分子取向是聚合物形变的结果。无定形聚合物所纺纤维的双折射与施加的拉伸应力成正比，带有时间依赖性参数的取向方程式的确切而一般性的方程解还没有，但可以提出如下的一个近似解法：

$$\Delta n = \Delta n_{st} \left[1 - \exp(-\lambda/\tau) \right] \tag{6-7}$$

对取向过程，根据橡胶弹性理论，高斯链取向方程为：

$$\Delta n_{st} = \Delta n_0 \left[1 - \exp\left(\frac{-K\sigma}{T+273} \right) \right] \tag{6-8}$$

$$\tau = \frac{\eta}{E} \tag{6-9}$$

$$t = \int_0^x \frac{dX}{V} \tag{6-10}$$

即可得到纺丝过程中的 Δn（X），此外，分子取向还可用双折射 Δn 来表征。根据 Maxwell 模型推导纺程上双折射与纤维形变的关系如下：

$$\frac{d\Delta n}{dX} = \frac{A_{op}}{V} \frac{dV}{dX} - \frac{\Delta n}{V\tau_m} \tag{6-11}$$

式中：τ_m 为松弛时间谱；A_{op} 为应力—光学系数。

（五）复丝效应

上述动力学和传热表达式对熔体纺丝过程中复丝上的每根纤维均适用。但应该认识到，对应于丝束中的每根纤维，空气流速、空气温度以及边界条件可能都有所变化。尤其当冷却空气通过丝束时，丝速边缘冷却空气吹进处的纤维将加热吹进的冷风。丝束中的位置不同，风速也可能不同。运动丝条的轴向速度会赋予进入的空气流一个轴向的速度分量，从而使横吹方向的速度分量减少。由于冷却空气温度和速度两者的变化，丝束上冷却空气吹出端与吹入端的骤冷条件可能有很大的差异，倘若如此，将会导致丝束上不同位置的热力学和传热明显不同。一些学者研究了横吹冷却时，冷却空气在 140 根尼龙 6 复丝上的温度和速度分布，他们发现，当冷风通过丝条时，靠近喷丝板处，风速降至 60%，而风温升至 200℃。离喷丝板距离增大，风速的减少量及风温的增加量则随之降低。这样的动力学和传热差异必将导致丝束上不同位置的纤维具有的结构和性质会产生相当大的差异。对于复丝的模拟，可以将包含的纤维束的空间划分为独立的单丝腔，对其进行质量和能量的平衡。当复丝的影响增大成为重要的工业问题时，则需要考虑如何减少这些影响，否则丝束内的纤维结构和性能将不均匀，因此应该重点研究一系列边界条件下纤维结构的发展。

第二节　循环再利用聚酯熔体制备

一、循环再利用聚酯熔融挤出

干燥后的再生聚酯原料在下料管道中靠自重进入螺杆挤出机加料口。螺杆挤出机主要负责物料的输送、加热熔融、混炼、熔体计量、均化、输送。它由套筒（含加热套）、螺杆、测量头、减速机、驱动电动机及其控制系统组成。

（一）螺杆挤出机的工作原理

如上所述，螺杆挤出机的主要任务是将再利用聚酯颗粒输送、加热熔融、熔体计量、均化与输送。它由三个分区组成：一区为加料区，主要负责输送颗粒原料，固态原料在输送过程逐渐被均匀加热并软化；二区为加热压缩区，主要是颗粒原料由固态转化为液态的区域，聚酯颗粒在套筒内一方面受套筒传热熔融，另一方面受到摩擦力与剪切力的作用所产生的热量熔融成液体，固态物料开始熔融后，在其周围有少量的熔体包覆，随着熔融过程的进行，出现熔池，固态物料体积减小，液态物料容积增大，最后固态物料完全熔融，变为均相的液态，因而此区为固液混合区；三区为计量区，主要负责按工艺要求对熔体进行均化、计量和输送。

近年，为了提高熔体的质量和产量，并在大容量下提高熔体的混合均匀性，开发了新型的螺杆，其前端增设了混炼头，它可以改变螺杆出口的流体流线，使熔体进一步均化。

（二）螺杆挤出机的构造

螺杆挤出机主要由螺杆、套筒、加热套、测量头、电动机驱动系统、控制系统等部分组成，如图 6-5 所示。

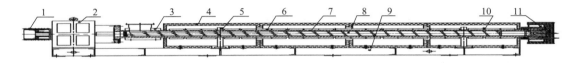

图 6-5　螺杆挤出机的结构示意图
1—皮带轮　2—齿轮箱　3—冷却水套　4—保温罩　5—中心支架　6—加热套
7—套筒　8—螺杆　9—机架　10—温度传感器　11—挤出头

下面详细介绍具体结构特征。

1. 套筒

套筒材质为 380Cr MALA，采用离心浇铸，具有很高的硬度与耐磨性，传热均匀，使用寿命长。套筒有 5~6 个加热区，由铸铝包覆加热棒制成，近年也出现了高频加热的套筒。加热温度采用各区独立、整组连接式串级控制，各加热区都有铂电阻进行测温和控温，控温精度可达 ±1℃。通常根据螺杆直径确定加热功率，前两区功率大，后四区功率小。

套筒前端为冷却区，防止聚酯颗粒突然受热软化粘连，此区温度一般控制在 35℃ 以下，水压控制在 $2~3kg/m^2$，一般采用自来水做冷却介质。考虑到再生聚酯的熔点低、形状不一、黏度不均匀等的差异，套筒进口宜适当加大，并可开沟槽，加大物料与套筒的摩擦力，保证下料通畅，防止此处物料堆积、过早软化产生架桥堵料。

2. 螺杆

目前常用的螺杆有销钉型与分离型，下面分别介绍这两种螺杆。

（1）销钉型螺杆。所谓销钉型螺杆，就是在螺杆的某一位置或某几个位置上设置一定数量的销钉。销钉形状有圆形、矩形、菱形或铆钉形。这些销钉在螺杆上的位置不同，其作用原理也不完全相同。

当销钉设置在熔融区时，其所在位置尚有部分未熔融固态物料，此时销钉的主要作用是将固体床破碎成有规律的细小颗粒，使固态物料与熔体充分混合，以增加固相与液相的接触面积，加强传热作用。同时，当物料通过销钉之间的狭小缝隙时，熔体还受到一定的剪切作用，增强物料剪切所产生的热量。销钉的作用加快了物料的熔融。

当销钉设置在均化区时，物料几乎全部变为熔体，但熔融过程不均匀，销钉就可以将不均匀的熔体反复分割细化和合并汇合，使物料得到充分的混合，减小了熔体在温度和熔融程度上的差异。

（2）分离型螺杆。分离型螺杆就是将熔融的液体与未熔化的固体分离开，常用的方法是在普通的螺杆上增加一条副螺纹。副螺纹具有三个作用：

①使固、液相分开，避免固体床破碎固体进入计量区，保证挤出物料熔融的质量。

②当液相及时分离后，固体床上升速度稳定，熔膜不会大量增加，保持了固体床与套筒壁的接触，加速固体的熔融。

③副螺纹与套筒壁的间隙较小，对熔体起到屏障元件的混炼作用。

（3）螺杆的分段。螺杆整体划分为三段：加料段、压缩段、计量混合段，新型螺杆还增加了混炼段。

①加料段：为等螺距，螺纹最深。加料段长度一般为 $8D$（D 为螺杆直径），根据物料不同，一般应比压缩段长 $2 \sim 3D$。加料段过短，易造成堵料，机头压力波动大，影响生产。

②压缩段：此段的螺纹深度是变化的，加料段槽深渐变到计量段槽深。螺杆加料段第一个螺槽容积与计量区最后一个螺槽容积之比，称为几何压缩比。螺杆的几何压缩比小，则物料中的气体不易排出，造成供料不均匀，机头压力波动；几何压缩比大，未熔融的切片可能堵塞螺杆，也会造成机头压力波动。聚酯常用的压缩比为 2.5～3.5，压缩段长度一般选 $5 \sim 6D$。

③计量混合段：此段螺纹深度不变，但其长度对机头压力影响很大。当计量段长度增加，熔体在计量段的停留时间增加，熔体熔融更均匀，压力波动很小；而且随着计量段加长，熔体在套筒内的逆流和漏流量减少，产量增加。但计量段的总长度是有限的，一般在 $11 \sim 16D$ 之间。

混炼段的长度一般固定为 $3D$。

螺杆的长径比一般为（24～25）∶1，但大容量螺杆长径比通常选（28～30）∶1。

3. 套筒与螺杆间隙的控制

熔体在挤出机套筒中的流动是螺旋状的复杂运动，一般有正流、逆流、横流和漏流四种状况，漏流发生在套筒与螺杆间隙，其他三种发生在螺槽中。套筒与螺杆的间隙直接影响生产效率，间隙过大，形成漏流会混杂固态物料，在螺杆内部造成环结阻料，严重时会引起飞车，影响正常生产；间隙过小，物料通过困难，将影响挤出机的产量。表 6-2 给出螺杆与套筒间隙控制精度检验表。

表 6-2　螺杆与套筒间隙控制精度检验表

螺杆直径（mm）	90	120	150	200
径向跳动≤（mm）	0.08	0.10	0.10	0.10
不同心度≤（mm）	0.012	0.012	0.016	0.016

端面跳动 ≤（mm）		0.01	0.01	0.01	0.015
直径差 ≤（mm）	上偏差	0	0	0	0
	下偏差	0.06	0.06	0.06	0.06
螺杆与套筒间隙（mm）		0.35~0.50	0.39~0.66	0.39~0.66	0.45~0.75

4. 挤出机驱动与控制

螺杆挤出机为大型转动机械，在工作中会产生强大的轴向力，因此必须选用合适的推力轴承。挤出机的驱动采用交流电动机，变频调速。泵前压力与机头压力形成反馈控制，来调整螺杆转速。

5. 再利用聚酯用挤出机与原生切片用挤出机的差异

（1）由于再利用聚酯物料的径向尺寸是原生切片的 2~3 倍，而堆积密度约为切片的1/2，特性黏度高，熔点低，因此挤出机的加料段应该加长，以保证有足够的低温区，防止物料提前软化粘连；也可以加大加料段的螺杆槽深或在螺杆上开槽，加大螺杆的瞬间进料量，避免因供料不足造成飞车。

（2）由于再利用聚酯物料成分复杂，形状不一，因此物料间的熔融状态有很大差异，适当地加大压缩比并加长压缩段，可使不同的物料缓慢均匀地熔融并逐渐压缩，在进入计量段前形成均一熔体。

（3）为使熔体在离开螺杆前充分熔融混合，减少压力波动，采用加长计量段的办法，有利于提高熔体质量，稳定纺丝。

（4）由于再利用聚酯的物料特性差异大，在固液相转化过程中难以进行彻底，为防止小颗粒夹杂在回流熔体中造成环结阻料，可采取缩小螺杆与套筒间隙的办法防止漏流。

以上四种改造，使得螺杆的长径比达到（28~30）：1，再利用聚酯的受热熔融、挤压、混炼的过程更长，因而熔融更充分，混合更均匀，机头压力波动就更小；同时间隙缩小到0.25mm 以内，也有效抑制了熔体的回流，使螺杆工作更稳定，为后续稳定纺丝及提高产品质量奠定了基础。但即使这样改造，相同直径的螺杆用于纺制再利用聚酯时，也达不到原生切片纺的产量，一般会低 15%~20%，所以选型时，相同产能，再利用聚酯用的螺杆要适当选大一点。

（三）再利用聚酯用螺杆挤出机的工艺特点

由于再利用聚酯非均一性的特点，干燥后的再利用聚酯物料仍难以达到原生切片的结晶度，而且再利用聚酯相比于原生切片，熔点和软化点都较低，因此其熔融条件需要更温和，即熔融区温度要更低一些，停留时间应稍长一点。

（四）循环再利用聚酯用挤出机的技术参数（ϕ170mm，长径比 28：1）

（1）最大生产能力：900kg/h。

（2）螺杆长径比：28：1。

（3）螺杆设计转速：20~60r/min。

（4）电动机功率：160kW/380V，交流四极电动机。

（5）机筒加热功率：91kW（分七个区），加热圈电压220V。

（6）减速箱：ZLYJ395-16。

（7）进料口冷却形式：水夹套冷却。

二、熔体过滤

（一）过滤器的形式

来自于螺杆挤出机的熔体仍可能含有少量的杂质凝胶，如果大颗粒直接进入计量泵会造成卡泵停车；小颗粒进入纺丝组件，也会造成组件堵塞，影响产品质量和组件使用寿命。因此纺丝前必须对熔体先进行过滤除杂。切片纺由于熔体质量较均一，一般采用一级过滤即可。一级过滤器由两个可自动切换的滤室组成，内装多组滤芯，滤芯为金属网或烧结毡，过滤精度在40μ以下。熔体经过滤再进入纺丝组件，可保证组件较长的使用周期，也可确保稳定的纺丝和优良的产品质量。

再利用聚酯与原生切片相比，杂质多，黏度高且不均匀，过滤困难，采用一级过滤，压力提升很快，几个小时就必须切换，不能保证连续稳定生产。为提高熔体质量，确保连续而稳定的纺丝状况，再利用聚酯熔体必须采用两级过滤的办法。

两级过滤器由粗过滤与精过滤两部分组成，两者之间加装了增压泵，以保证供浆能力。一级粗过滤器由双过滤室组成，过滤精度一般为150~200目，过滤面积很大，主要是除去熔体中较大杂质与凝胶颗粒；二级精过滤器也由双过滤室组成，过滤精度一般为120~150目，主要是除去熔体中细小杂质与凝胶颗粒。两级过滤器滤芯均采用多层金属网，每级过滤器有双缸切换与双缸预热不切换两种设计方式，用户可根据生产需要自由选择。

两级过滤器的应用，解决了再生聚酯连续纺丝的难题，组件使用周期可延长一倍以上，熔体品质提高，纺丝稳定性得到保障，不仅使短纤产品质量显著提高，更使稳定优质地纺制长丝产品成为可能。

（二）两级过滤器的控制

两级过滤器特有的双闭环控制，使纺丝箱入口压力更加稳定。即以第一级过滤器出口压力来控制螺杆转速，以纺丝箱入口压力来控制增压泵转速。由于纺丝箱入口压力达到3.0MPa以上才能保证纺丝计量泵准确计量，而增压泵的入口压力只要达到1.5MPa就能满足熔体输送要求，两者之间的闭环控制，不仅能够稳定纺丝箱入口压力，也避免了螺杆挤出机压力波动对纺丝的影响。每级过滤器压差设定为6.0MPa，达到此压差，过滤器自动切换。

（三）两级过滤器的具体结构与技术参数

以PF4T-3.5-2.5C型为例，过滤器结构详见图6-6。

1. 两级过滤器的功能与结构原理

两级熔体过滤器，第一级粗过滤和第二级精过滤联体，每一级均可独立连续切换。

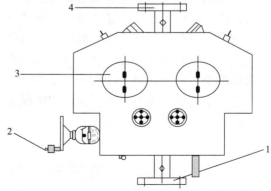

图6-6　PF4T-3.5-2.5C型二级过滤器结构图

1—熔体入口　2—切换手轮　3—滤室　4—熔体出口

精、粗过滤之间设置熔体增压泵；采用前后套缸过滤室结构；过滤室内熔体下进上出，过滤芯熔体外进内出；采用热媒夹套加热，热均匀性好；每一级过滤均采用两个三通切换阀控制，切换阀为联动结构，切换时阻力小，能有效降低劳动强度，切换方便；三通阀关闭时金属线密封，开启时填料密封；粗精过滤熔体最高出口处上设排气放料阀，各设置两个排气放料阀。

2. 技术参数

产品型号：PF4T-3.5-2.5C

过滤介质：PET 再利用聚酯熔体

设计流量：250~350kg/h

设计压力：25MPa

工作压力：20MPa

设计温度：310℃

热媒夹套设计压力：0.25MPa

单级过滤许用压差：6MPa

粗过滤过滤面积：3.5×2（m^2）

精过滤面积：2.5×2（m^2）

熔体增压泵技术参数：

  规格：250CC

  进口数：1   出口数：1

  设计压力：40MPa   最大压差：35MPa

  工作温度：≤350℃   清洗温度：≤450℃

  工作转速：5~30r/min

电动机减速器：熔体增压泵由一台 7.5kW 电动机带动。电动机采用三相四级异步变频电动机，减速器采用 4# 摆线针轮减速器，速比 1：59。

传动轴：采用万向节传动轴，传动轴上设置安全槽保护。

泵的辅助加热：增压泵上设置一个辅助加热圈，加热功率 2kW/220V，并设独立的温控。

三、熔体的输送与分配

过滤后的熔体经过输送管道送到各纺丝箱入口进行纺丝。再利用聚酯熔体质量不如原生切片熔体质量均一，在熔体输送过程中更易发生降解，因此正确地设计熔体温度和停留时间，显得更重要，再利用聚酯熔体一般要短距离低温输送，以保证其较短的停留时间并避免热降解；但熔体温度也不宜过低，会导致流动困难，在管壁产生剪切升温降解。通常从干燥到纺丝，熔体的黏度降不得高于 0.02dL/g，否则纺丝困难。

熔体分配管道采用夹套管，由汽相热媒加热。熔体管内的光洁度也要根据适纺产品提出具体要求。

第三节　喷丝板的设计

喷丝板的作用是将黏流态的高聚物熔体或溶液，通过微孔转变成具有规则横截面形状的细流，经吹风冷却或凝固浴的固化而成丝条。按照纺丝方法、纤维类别和纤维横断面的不同，喷丝板有不同的规格和型号。

一、普通喷丝板设计

根据纺丝方法的不同，普通喷丝板可分为熔纺喷丝板和湿纺喷丝板。其外形以下面四种最为常见，如图 6-7 所示。

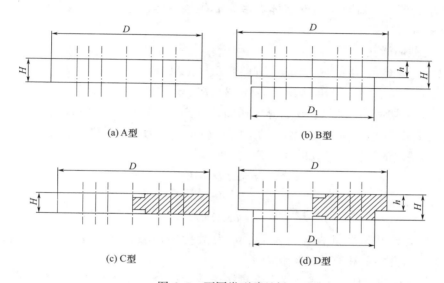

(a) A型　　　　　　　　　　　(b) B型

(c) C型　　　　　　　　　　　(d) D型

图 6-7　不同类型喷丝板

熔纺喷丝板的外形有圆形、扇形和矩形。生产中使用最为广泛的是圆形喷丝板。圆形喷丝板又可分为平板形和凸缘形两种。国产圆形喷丝板的代号用"PR 外径—孔数—孔径"表示，其中 P 表示喷丝孔，R 表示熔纺。

喷丝板的外径根据孔数排列方式和工作条件来确定。纺长丝的喷丝板的外径有 50mm、52mm、64mm、70mm、80mm 和 85mm 等，应用较广的是 64mm 和 85mm；纺帘子线的喷丝板外径一般为 160mm；纺短丝的喷丝板的外径为 160mm 或 160mm 以上。板的厚度主要取决于纺丝压力和开孔的削弱系数。

喷丝孔由微孔和导孔组成。导孔的作用是引导熔体连续平滑地进入微孔，在导孔和微孔的连接处应使熔体的收敛比较缓和，避免在入口处产生死角和出现旋涡状的熔体，保证熔体的连续稳定。微孔的孔径取决于切变速率，切变速率越大，熔体内蕴藏的弹性能越高，较高的弹性能将导致出口处出现涨大现象，甚至导致熔体破裂，所以不应使切变速率过高。

喷丝板上的喷丝孔数根据所纺纤维类别和丝束纤度而定，广泛采用 20mm、24mm、30mm、36mm、68mm、72mm、144 孔；纺帘子线用 100～400 孔；纺短纤维用 500～2592 孔，目前孔数最多可以达到 3948～5430 孔，矩形喷丝板可达到 30000 孔。

孔的排列应考虑以下几点：各喷丝孔熔体的流量应均匀一致；每根细流受到的冷却条件应均一；喷丝板应有足够的刚度，保证工作时不产生弯曲变形。在满足上述条件前提下，纺短纤维时应尽量采用小孔径、高密度、多排孔的排列法。

喷丝板的材料应耐热、耐腐蚀，且具有一定的强度和易于冷却挤出等性能。

二、中空纤维喷丝板设计

在中空短纤维的品种开发过程中，常会遇到喷丝板设计方面的一些问题。对中空纤维喷丝板微孔的设计，通常运用剪切速率等相关参数进行计算。

1. 孔型设计的计算方法

按照高聚物流变学观点，纺丝熔体大多属非牛顿流体，它在不同形状的孔道中流动时，可按下列公式进行计算。

（1）任意截面微孔。

$$r = (n+3) BQ/(2A^2) \tag{6-12}$$

$$Q = [2A^{n-2}/(n+3) B^{n+1}\eta](\Delta P/L) \tag{6-13}$$

式中：r 为剪切速率（s^{-1}）；B 为异形孔周长（cm）；A 为异形孔截面积（cm^2）；n 为流动指数；η 为表现黏度（Pa·s）；ΔP 为压力降（Pa）；L 为微孔长度（cm）。

（2）米勒提出的计算异形孔的简化公式。

$$\tau = \Delta P D_n/4L \tag{6-14}$$

$$D = 4q/s \tag{6-15}$$

$$r = \theta\lambda/2qD_n \tag{6-16}$$

式中：D_n 为异形孔当量直径（mm）；q 为微孔的横截面积（mm^2）；s 为微孔的周长（mm）；λ 为与微孔截面积有关的形状因子。

（3）中空微孔的设计。上述公式大多是按流变学理论经复杂的数学运算推导而得，对生产实践而言，求解较复杂，且许多数据难以取得，故中空 PTT 纤维设计时，人们主要用试差法，凭经验公式数据设计出孔的几何形状与尺寸，再在生产实践中检验与修正。

2. 孔形的选择

选择孔形要注意使喷丝孔的各组成微细小孔中的熔体流量平衡，否则，会使挤出熔体细流呈"膝状"弯曲，影响纺丝的稳定性及纤维的中空度，而各微细小孔的毛细孔截面积和边长、孔道长度、孔内壁的光洁度等，都是影响微细小孔熔体流量的因素，这些因素不但要在设计中加以重视，而且在喷丝板加工过程中也要引起重视。

3. 微孔几何尺寸的设计

（1）微孔中熔体的平均流速 V_0。V_0 大小不但影响纺丝的产量、单丝线密度、组件内压，而且还影响表观喷丝头拉伸倍数 i_n、微孔中熔体的剪切速率 r 及孔口胀大程度等，V_0 过大过小都会影响纺丝的稳定性，一般中空型微孔 V_0 选择在 4~14m/min 为宜。

（2）表观喷丝头拉伸比 i_n。i_n 的大小影响纺丝、卷绕的稳定性及初生纤维的后拉伸性能，一般原丝的 i_n 取 200~800 较适宜。

（3）微孔的面积 A_0。A_0 的大小既决定于喷丝板的可加工性，又受流变学可纺性和纺丝稳定性的制约，若 A_0 较小或微孔的窄缝宽度小于 0.06mm，国内对该微孔喷丝板加工有一定的困难，喷丝板孔面积大小直接影响 A_0 大小，进而影响微孔中熔体的剪切速率 r 及孔口胀大的程度。如 A_0 太小，使 r 值大于纺丝条件下 PET 熔体发生熔体破裂时的临界剪切速率 r_{MF} 值，那么该喷丝板就不可能正常纺丝。

4.喷丝板材料及加工选择

异形喷丝板微孔采用电火花机床加工而成，考虑加工方法，及喷丝板材料要具备耐热、耐腐蚀、承压能力强等要求，选用 SUS630 为喷丝板材料。

常见的异形喷丝板结构如图 6-8 所示。

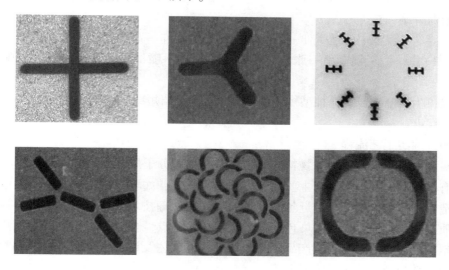

图 6-8　异形喷丝板结构

第四节　循环再利用聚酯短纤纺丝技术

一、短纤纺丝工艺流程简介

前纺：

原料→干燥→螺杆挤出熔融→过滤→计量→纺丝→冷却成型→上油→牵引→卷取→盛丝

工艺流程详见图 6-9。

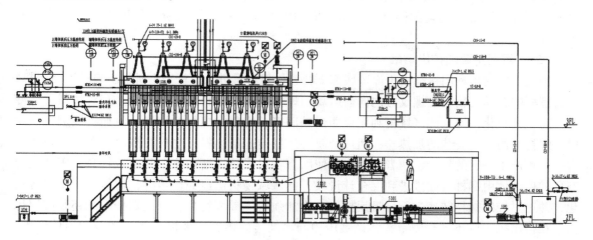

图 6-9　短纤前纺工艺流程图

后纺工艺根据生产品种不同略有差异。

集束→导丝→浸油→头道牵伸→水浴牵伸→二道牵伸→蒸汽加热→紧张热定型→冷却喷淋→三道牵伸→叠丝→三辊牵引→张力调整→蒸汽预热→卷曲→铺丝→上油→松弛热定型→捕集器→曳引张力机→切断→打包

三维卷曲纤维工艺流程：

集束→导丝→浸油→头道牵伸→油浴牵伸→二道牵伸→蒸汽加热→三道牵伸→喷油（或双面上油）→叠丝→三辊牵引→张力调整→蒸汽预热→喷油→卷曲→切断→松弛热定型→打包

本节以再生聚酯生产普通棉型短纤维为例，详细介绍短纤维生产工艺。

二、短纤前纺工艺流程

由于再利用聚酯来源复杂，物料的均一性差、相对分子质量分布宽等特性，其产品与切片纺产品有本质上的区别，前期主要用于纺非服用纤维，如填充材料、棉型纤维中的低端产品、非织造布中的低端产品等。近年随着再利用聚酯处理技术、熔体过滤技术的提高，再利用纤维品质得到一定提升，但在染色性、纤维强度、疵点、含油等指标上还是无法与原生聚酯产品比拟。因此，考虑其具体产品，纺丝与后处理工艺及设备都要做不同的调整。在此将比对常规切片纺短纤工艺进行说明。

（一）再生聚酯原料干燥

早期再利用聚酯的干燥主要使用真空转鼓进行，近年小规模生产厂仍以真空转鼓干燥为主，而大规模的生产厂或者选用好的再利用聚酯原料的生产厂已经采用连续干燥机，中小规模的生产厂则采用回转—充填式干燥机。

回转—充填式干燥机主要解决再利用聚酯尺寸与形状差异较大以及采用沸腾床结晶不容易达到均匀效果这两个问题。回转式预结晶器内设置可旋转翻腾的搅拌混合装置，保证物料翻动混合无死角，可除去大部分表面水分，结晶好的物料含水可达 400mg/kg 以下。完成预结晶的聚酯排到置于干燥塔前的中间料罐中，再连续送入干燥塔中进行干燥。这种结晶干燥方式既解决了聚酯结晶不良、易在干燥塔中黏结架桥的问题，又避免了间歇式真空转鼓干燥机干燥不均匀的问题，但由于增加了搅拌装置，导致粉尘量增大，后期除尘要求更高。

（二）再利用聚酯挤出熔融

经过干燥的再利用聚酯由干燥塔底部下料管，靠自重进入螺杆挤出机加料口进入挤出机。随着螺杆的转动，物料沿螺纹方向向前运动。螺杆前部为加料区，由水冷夹套对物料进行冷却，防止其软化粘连，此区域再利用聚酯仍是固态；物料靠螺杆的推进，由加料段进入压缩段，螺杆套筒外侧安装的加热器，通过套筒将热量传递给物料，物料在挤出机内部被挤压和摩擦，也产生一定的热量，两者同时作用使固态物料受热逐渐熔化，此区域物料是固液混合态；随后熔体由螺杆压缩推进到混合计量段，此区域物料已经完全熔融，熔体进一步混合均化，并通过控制螺杆转速进行计量后挤出。为加强熔体混炼均化，有些螺杆末端还装有混炼头。在挤出机出口还装有测量头，设置压力与温度传感器，用来控制螺杆转速和熔体温度，压力信号与纺丝箱入口压力信号连锁，形成闭环压力反馈控制螺杆转速。

由于再利用聚酯具有非均一性的特点，干燥后的再利用聚酯仍难以达到原生切片的结晶度，而且再利用聚酯的熔点和软化点都低于切片，因此再利用聚酯的熔融条件需要更温和一些，即熔融区温度要更低一些，停留时间应稍长一点；还可以适当增加螺杆长度，以增加熔体停留时间，使其均匀熔融混炼。

（三）熔体过滤

由于再利用聚酯含杂质高，其熔体过滤如采用切片纺一级过滤的办法，只能连续生产几个小时，无法正常生产，而且排废量很大。因此需要采用一级粗过滤与二级精过滤相结合的方式。熔体进入的一级过滤器，装有多组金属网过滤芯，过滤精度为150~200目，主要先除去较大的颗粒和凝胶粒子。然后进入二级过滤器，这里采用过滤精度为100~150目金属网过滤芯，主要除去小颗粒和凝胶粒子。由于一级过滤后，熔体压力降很大，靠熔体自身压力无法顺畅进入二级过滤器，因此两级过滤器之间设置一台增压泵，能够将一级过滤器出口熔体加压送入二级过滤器。增压泵由电动机驱动，并配有电加热套，保证泵体温度。两级过滤器为套缸结构，由循环汽相热媒保温。每一级过滤均采用两个三通切换阀控制，切换阀为联动结构，能够保证切换时阻力小。增压泵前压力与螺杆机头压力和纺丝箱入口压力形成双路闭环控制。各级过滤器装有压力传感器，当压力超过设定值，滤室自动切换。

（四）熔体输送与分配

过滤后的熔体由输送管道送到纺丝箱入口，根据每台螺杆挤出机所带位数进行熔体分配，由于再利用聚酯熔体的均匀性不好，因此输送管道要尽可能短，以避免其输送时热降解。

（五）纺丝

短纤用纺丝箱体有液相热媒加热（俗称四联苯加热）与汽相热媒加热两种形式，前者现主要用于纺制特殊产品，后者是日常生产中的常用设备。纺丝箱体内置熔体分配管道、计量泵、纺丝组件。

熔体分配管道要求等长、等径、等弯度，以保证各部位熔体均匀输送。

纺短纤用计量泵多为叠泵，有方形与圆形两种，每位一台，有卧式传动与立式传动两种。

纺丝组件每位一套，主要的作用是进一步过滤掉熔体中的杂质与凝胶粒子，并充分混合熔体，同时通过过滤砂和过滤网建立熔体压力，使熔体在通过喷丝板毛细孔后均匀喷出。短纤的组件过滤砂多采用海砂，过滤网多采用100~200目的金属网多层叠加组合。纺短纤用组件有方形与圆形两种，密封方式有自压密封与强制密封两种，而且随着纺丝机单机产能增大，组件直径在不断加大，因此对熔体均匀流通及组件密封的要求也日益提高。

喷丝板装于组件壳体中，每组件一块。喷丝孔排列主要有同心圆形排列、方形排列、均布排列与菱形排列。针对再利用聚酯熔体的均匀性差的特点，在设计喷丝板时，喷丝板孔要略大一点，长径比要加大一些，通常取2~4，特殊品种可加大到6左右，这样可有效减少疵点和注头丝。在孔的排列上，要尽可能保证风的穿透性，使丝条均匀冷却。

（六）冷却

再利用聚酯的纺丝冷却方式为环吹风，一般采用外环吹方式，即风由外向内吹。冷却风进入风室后，经多层阻尼形成稳定均匀的出风，阻尼网由金属烧结毡与金属席型网组合而成，一般分粗过滤、中过滤、精过滤。环吹风可设计成均匀吹风与非均匀吹风两种方式，当生产三维卷曲丝时，迎风面风强，背风面风弱，丝条不均匀冷却，在牵伸后形成螺旋卷曲。环吹装置采用自动升降的方式，便于清板。

（七）上油

纺丝上油的目的是增加丝束的抱合性，减少丝束在卷绕时的摩擦，防止纤维损伤。纺丝上油有单面上油与双面上油两种方式，根据工艺要求自行选择，棉型纤维多选择双面上油，粗旦纤维多选择单面上油。其中前后纺所选油剂尽量统一，前纺油剂浓度低些，后纺油剂浓度高些。

（八）卷绕

短纤卷绕机由牵引机、喂入轮组成，主要控制丝束的卷绕张力。牵引机有五辊、七辊、九辊等不同配置，根据牵引机与喂入轮之间张力来选择，以减少丝束在牵引辊上的打滑现象。牵引辊采用变频调速，一般与喂入轮间形成"超喂"，以保证丝束张力均衡。在再生聚酯纺丝时由于原料相对复杂，容易产生异常丝，所以一般在牵引辊上装刮丝板，避免缠辊造成停机。喂入轮是采用一对齿轮啮合将丝束夹持输送到盛丝筒中。随着齿轮直径加大，对丝的夹持力增加，早期齿轮直径多选用480mm，近年已经加大到600mm，这对减少后纺疵点与超倍长纤维有明显作用。

（九）往复盛丝

前纺落丝后需要平衡一段时间才能进行后加工，目的是消除丝束的内应力，增强油剂的浸润效果，以利于后纺牵伸，一般平衡时间为8h，有些再利用聚酯纤维品质要求不高，平衡时间可短一些。再利用聚酯纺的盛丝装置与原生切片纺相同，也是采用轨道往复运动，使丝束均匀铺开，便于后纺集束。

三、短纤后纺工艺流程

（一）集束

在盛丝筒中平衡过的丝束通过调整集束张力架集到一定的旦数。集束张力架一般装在离地面较高的钢平台上，便于将丝束拉到一定高度，并通过阻尼部件让丝束保持一定的张力；同时拉开因前纺注头丝、毛丝产生的交缠，最终使丝束无交叉、少扭结，排列整齐，张力均匀。

（二）导丝

丝束集束后，需要根据牵伸辊的长度，将丝束分片排列，每分丝要有明显的间隔，可避免后道叠丝工序边界混乱，造成纤维超倍长。分片后的丝束由多辊导丝机平铺成带状，并调节张力，防止丝束打滑。

（三）浸油

为增加抱合力，前纺丝束已经上油，为防止前纺油剂对后纺油剂的干扰，丝束在牵伸前要进行浸油，即将丝束在水槽中通过一下，去除前纺油剂并使丝束浸润，降低丝束间摩擦。

（四）牵伸

短纤维的牵伸一般采用两段牵伸，纤维丝束在前进方向上受到拉力而张紧，形成一定的张力梯度，当拉伸张力达到纤维的屈服强度时，将出现细颈，此位置即为拉伸点。短纤维牵伸包括头道牵伸、水浴牵伸、二道牵伸，它主要是使丝束完成取向与结晶。由于再利用聚酯黏度差异大、相对分子质量分布宽，控制牵伸点比较难。所以现在多采用七辊牵伸，呈三上四下排列的方式，即头道牵伸最后一辊与二道牵伸第一辊，部分浸在水浴槽中，为稳定牵伸点，采用了加热与冷却并联的板式换热器，可将水浴温度变化控制在±1℃，使丝片不受环境影响。同时，开发了涌渍式牵伸水浴槽，油剂采用上下循环方式，与生产线运行方式连锁，即开车时油剂采用上循环，水位没过丝片；停车时油剂采用下循环，水位在丝片下方，这样避免了停车过程中初生纤维浸没在高温油水中而发生塑化溶胀，降低了生头废丝量，特别对前纺毛丝多、均匀性差、牵伸性差的纤维后处理更为适合。

考虑到再生纤维品质差异大，牵伸细颈点难以捕捉，在纺再生纤维时，水浴牵伸槽比生产原生纤维要长，大约 5m 左右，以保证牵伸的细颈点处于水浴槽中。

随着一级牵伸的形成，纤维的玻璃化温度提高，而耐热性提高需要在更高温度下进一步牵伸，故二道牵伸采用小的牵伸倍数，并在 100℃以上的蒸汽环境进行高温处理，经过两级牵伸，纤维的耐温性大幅提升，分子取向与结晶逐步完善。

（五）紧张热定型

紧张热定型主要用于生产高强低伸棉型纤维。经过前面的二级牵伸，纤维形成了取向与结晶的超分子结构，但这种结构并不稳定，如果直接进入后续加工，纤维的结构将发生变化，强度与伸长都会随之改变，因此纺高强低伸棉型纤维时，必须采用紧张热定型方式，将丝片排布在悬臂式、上下错位排列的热辊表面，使丝片上下两面都能得到充分的干燥，并通过等速牵伸工艺进行热定型，以保持纤维原有的取向度并提高结晶度，使超分子结构更加规整稳定，从而得到更高的强度和适度的伸长。

再利用聚酯纤维的紧张热定型机与原生纤维的相似，根据产能，可采用 12 辊、16 辊、18 辊组合，辊径在 750~820mm 之间；辊采用夹套过热蒸汽加热，加热区可分为三个或四个区，各区加热蒸汽采用压差调节技术控制，辊传动分为三组，均采用变频控制。

（六）上油

牵伸定型后的丝片要根据品种不同确定采取何种上油形式。对于棉型纤维，在叠丝前要进行油浴槽牵伸上油；而对于三维卷曲纤维，则是在切断烘干定型前，丝片双面靠压缩空气喷油。一般来说，油浴牵伸槽中上油，油剂对丝束完全浸润，但也会冲淡前纺油剂的浓度；同时在叠丝机前上油更均匀，经卷曲轮挤压后，上油效果更好。但喷硅油上油，会增大卷曲轮的打滑系数，在做二维卷曲纤维时，可能降低卷曲度。

（七）叠丝

叠丝机主要是将丝片重叠并保持平整地送入卷曲机中，再生纤维大多是两片或三片重叠，丝片太厚，则纤维自身柔性过大，卷曲度会降低，卷曲效果差；重叠后丝片的宽度根据卷曲轮的宽度调整，通常丝片两边比卷曲轮各宽 10mm；叠丝机还有调节丝片张力的作用，丝束张力过大，在卷曲辊之间易打滑，张力过小，会造成丝束不稳定，丝束间很难保持良好的平行度，造成卷曲不均匀。

（八）卷曲

由于丝束表面光滑，纤维间抱合力小，为便于后加工及改善其织物手感，需要进行卷曲加工。一般通过机械卷曲来实现，即由一对上下加压卷曲辊将具有一定张力和温度的丝束连续地送进卷曲箱内，被一对回转的卷曲轮夹持住，随着纤维的不断输入，卷曲箱内充满了丝束，后面输入的丝束受到前面丝束的阻碍，而两侧又受到卷曲箱侧板的限制，只能在夹持点后上下卷曲。影响卷曲效果的因素除了工艺条件外，设备的组装、表面光洁度等也很重要，卷曲机必须按照各部件的组装尺寸进行组装，以保证卷曲轮之间间隙、垂直度，卷曲刀与卷曲轮的间隙，卷曲轮与侧板间隙等，若超过允许值，易造成卷曲毛边、卷曲夹丝、破断丝等，造成切断后超长纤维增多。

（九）松弛热定型

松弛热定型具有除湿烘干、应力松弛、热定型功能，主要改善纤维的染色性、提高物理指标。松弛热定型机一般分三个功能区：烘干区、定型区、冷却区。烘干区主要是除湿功能；定型区纤维含水较低，纤维内部进行部分结晶重组和部分解取向，并伴随着一定的热收缩；冷却区是通过自然通风方式使纤维温度降低，避免打包后自然冷却收缩，影响后续纤维开松。通常纤维在烘箱中停留时间在 8~15min，但在高温区域停留时间不能少于5min，若场地允许，烘箱可适度加长，以延长纤维的有效定型时间，有利于提高纤维的内在品质。

在松弛热定型工序，可选择对纤维进行先切后烘或先烘后切两种方式，通常生产再生三维卷曲短纤多采用先切后烘方式，生产二维短纤多采取先烘后切方式。

（十）纤维切断与输送打包

经过后处理的纤维需要根据品种要求，切断成不同的长度，主要有 32mm、38mm、51mm、64mm 等规格，采用的是罗姆斯切断机，刀盘的选择根据纤维的长度、切断的总旦数、切断张力等参数确定。

纤维切断后可由传送带或由风送到打包机上端进行打包。

打包机有定重与非定重、双箱与单箱等配置。

四、工艺参数选择

（一）干燥工艺参数

再利用聚酯纺短纤通常采用比纺长丝差一些的原料，原料均匀性更差一些，因此预结晶与干燥条件要更温和一些，同时为提高干燥的均匀性，干燥时间也要略长一些。以沸腾+充填干燥工艺为例，综合这些因素，一般预结晶温度控制在 150℃左右，时间 6~8h；干燥温度控制在 160℃以下，干燥时间 4~5h，干燥后聚酯含水率在 50mg/kg 左右。同时干燥塔的容积要相应增加 30%左右。

（二）螺杆挤出机工艺参数

原料在螺杆挤出机中由固态转为均匀液态的过程决定了熔体的品质，根据聚酯熔融性能选择螺杆各区温度非常重要。在螺杆进料段，物料由螺杆不断向前推进，并进行预热，但在进入压缩段前不应熔化，否则后段将无法产生相应的压缩力使熔体推进，物料在靠近压缩段处，温度接近熔点。进入压缩段后，温度逐渐升高，进入计量段后，温度达到设定值。

纺短丝用螺杆挤出机通常选用长径比 1∶30 的深槽螺杆，并装有混炼头。为增加进料量，一般采用大口径的进料管,并加长进料段以及在机筒开槽。一区、二区温度一般控制在 50~100℃之间;三区、四区温度一般控制在 270~280℃之间;五区温度略降;六区、七区温度一般控制在 275~285℃之间。测量头温度接近螺杆出口温度。

螺杆机头压力与纺丝入口压力有连锁关系,机头压力过小,计量泵无法正常工作,吐出量不准;机头压力过大,螺杆内熔体逆流与漏流加大,聚合物易降解,螺杆也易产生环结阻料。根据过滤器与计量泵的工作压力要求,机头压力一般不低于 12MPa。

(三) 过滤器的工艺参数

再生聚酯采用两级过滤器,过滤器的过滤面积一般是根据螺杆挤出机的挤出量来计算,同时要考虑再生聚酯的品质。初过滤面积大,过滤精度低,通常选择 100~150μm;精过滤面积略小,过滤精度提高,通常选择 50μm 左右。

由于再生聚酯采用的是二级过滤,熔体在过滤器中停留时间长,所以过滤器的温度设定要比原生切片纺低,一般低于纺丝温度 10℃左右。

过滤器的设计压力为 25MPa,工作压力为 20MPa,两级过滤器都选择单级压差达到 6MPa 时切换。

(四) 纺丝工艺参数

1. 纺丝温度

纺丝温度是决定可纺性与纤维拉伸强度的重要因素,通常根据聚酯的黏度、含水率、纺丝的线密度及纺丝机结构确定。黏度高的,纺丝温度高;含水高的,纺丝温度低。温度过高时,聚合物热降解大,不利于纺丝;温度过低,熔体流动性变差,纺丝困难,且所纺产品的强度变大,伸长变低。纺丝过程中挤出机测量头、熔体输送管道、过滤器、纺丝箱体均由联苯炉供给气相热媒加热或保温,因此,纺丝温度与联苯温度密切相关。通常保持联苯炉的气相温度、螺杆挤出机测量头联苯温度及联苯排放罐的温度一致,联苯蒸气温度主要根据测量头的温度调整。联苯排放罐的温度主要反映联苯循环体系中有无低沸物冷凝液存在,若温度低,需开排放。在输送管道中熔体温度不应有明显变化,否则易造成熔体内外温度不均匀。通常选取联苯蒸气温度比熔体温度高 1~2℃为宜。

再利用聚酯纺短纤时,由于聚酯均匀性差,为防止高温降解,纺丝温度比原生切片纺大约低 5~10℃。熔体温度过高,因为冷却缓慢,容易造成并丝;熔体温度过低,喷丝板出口剪切效应过大,易产生断丝。同时,纺细旦丝时温度要高一些,纺粗旦丝时温度低一些。

3. 纺丝速度

纺丝速度的高低直接影响纤维的取向。纺速越高,纺丝线速度梯度越大,丝与冷却风的摩擦阻力加大,卷绕丝大分子取向高;纺速过低,丝束张力过小,卷绕丝束易发生跳动,纺丝稳定性差。纺速及速比确定后,要求保持恒定,以免喷丝头拉伸、卷绕张力等发生变化,造成初生纤维结构与线密度不匀,影响成品质量。通常纺普通棉型短纤,纺速选择 1000m/min 左右,纺三维卷曲纤维,一般纺速在 850m/min 左右。

(五) 环吹风工艺参数

1. 环吹风温度

环吹风温度是影响纤维取向的重要因素,温度过高,凝固点会下移,如遇野风干扰,容易产生并丝；温度过低，易影响喷丝板板面温度，造成注头；一般环吹风温度选择 22~26℃，并尽量保持稳定，否则将影响纤维断面的均匀性，造成后纺断丝缠辊。

2. 环吹风湿度

环吹风湿度高，热含量高，冷却效果好，但易结露；湿度低，冷却效果差，易造成熔断丝，通常湿度选择在 70% 左右为宜。

3. 环吹风风速

环吹风风速过大，风不仅能穿透丝层，到达丝束中心，多余的风还容易在丝束中心形成涡流，造成丝束晃动、碰撞，形成并丝；风速过小，风力穿不透丝束，由于"孔口胀大"效应，易使来不及冷却的丝束粘连形成并丝。同时，风速不稳定，也易造成丝束凝固点飘移不定，原丝结构不均匀，后纺时易断丝缠辊。通常风速宜控制在 1.1m/s 左右，具体视产品规格确定。

（六）拉伸工艺参数

短纤维在拉伸过程中，要求拉伸点必须固定在某一位置，拉伸点前后移动，会产生纤维拉伸不足或未拉伸，波动范围越大，成品纤维质量越差。拉伸点的位置主要受拉伸张力和屈服强度影响，主要表现在拉伸速度、拉伸倍数与温度的影响。

1. 总拉伸倍数

在拉伸过程中物料的平衡可简化成下式表示：

$$A_1 D_1 (V_1 - V_X) = A_2 D_2 (V_2 - V_X) \qquad (6-17)$$

式中：A_1 为未拉伸丝的截面积；A_2 为拉伸丝的截面积；D_1 为未拉伸丝的密度；D_2 为拉伸丝的密度；V_1 为丝束喂入速度；V_2 为丝束拉伸速度；V_X 为拉伸点移动速度。

机械拉伸倍数 $R = V_2/V_1$；产生细颈时的 $r = A_1 D_1/A_2 D_2$

$$故导出：r = R + (R-1) V_X / (V_1 - V_X) \qquad (6-18)$$

$$V_X = (r-R) / (r-1) V_1 \qquad (6-19)$$

由式（6-19）可知，当 $R > r$ 时，V_X 为负值，拉伸点向 7 号导丝辊方向移动；当 $R < r$ 时，V_X 为正值，拉伸点向 1 号牵伸辊方向移动。R 值过大或过小，都会导致在牵伸过程中产生毛丝、断丝，造成缠辊，严重时引起丝带断裂。只有在 $R = r$ 时，拉伸点才能固定。因此工艺设定应使第一段机械拉伸倍数等于产生细颈的拉伸倍数，它可通过初生纤维的应力—应变曲线求得。

目前再生聚酯主要生产的几个品种的总拉伸倍数的经验值：棉型纤维，初生丝冷拉伸倍数在 2.8~3.6 之间，后拉伸倍数在 3.2~4.2 之间；1.67tex（15 旦）三维卷曲纤维的冷拉伸倍数在 2.5 左右，后拉伸倍数在 3.0 以内；0.67~0.89tex（6~8 旦）的冷拉伸倍数在 2.2~2.3 之间，后拉伸倍数在 2.7~2.8 之间；0.22~0.33tex（2~3 旦）的冷拉伸倍数在 1.9~2.1 之间，后拉伸倍数在 2.3~2.5 之间。一般来说，在初生纤维的冷拉伸倍数基础上，加上 0.3~0.4 倍即是后拉伸倍数。

总拉伸倍数的分配是根据品种来确定的，一级拉伸倍数占总拉伸倍数的 85% 以上。

2. 拉伸速度

在拉伸过程中，随着拉伸速度的提高，拉伸应力随之提高，但当拉伸速度超过某值时，拉伸应力反而降低。选择适当的拉伸速度，可破坏初生纤维的不稳定结构并重建形成新的取向和结晶。目前，在再生聚酯纺丝中，拉伸速度差异较大，但主要设定在250~300m/min之间。

五、再利用聚酯短纤的工艺计算

（一）干燥机产量计算

干燥机产量的计算公式：

$$Q_{干} = \frac{Vr}{T} \tag{6-20}$$

式中：$Q_{干}$为产量（t/h）；V为干燥机的容积（m^3）；r为物料单位体积重量（取0.5t/m^3）；T为物料在干燥机中的停留时间（h）。

（二）物料在干燥机中的干燥时间

干燥时间的计算公式：

$$T = \frac{W \times 1000 \times 1000}{Q \times N \times 60} \tag{6-21}$$

式中：T为干燥时间（h）；W为干燥机中物料重量（t）；Q为每个喷丝头的泵供量（g/min）；N为纺丝机的喷丝头总数。

（三）泵供量

泵供量的计算公式：

$$Q_{泵} = \frac{D \times V}{10000} \tag{6-22}$$

式中：$Q_{泵}$为计量泵泵供量（g/min）；D为成品丝线密度（dtex）；V为卷绕速度（m/min）。

（四）计量泵转速

泵转速的计算公式：

$$n_{泵} = \frac{Q_{泵}}{C \times d} \tag{6-23}$$

式中：$n_{泵}$为计量泵转速（r/min）；$Q_{泵}$为计量泵单出口流量（g/min）；C为计量泵规格（cc/r）；d为熔体密度（g/cm^3）。

（五）计量泵电动机转速

泵电动机转速的计算公式：

$$计量泵电动机转速（r/min）= 计量泵转速 \times 减速机减速比 \tag{6-24}$$

（六）螺杆挤出机的生产能力

螺杆挤出机生产能力的计算公式：

$$螺杆挤出机生产能力（kg/h）= 计量泵泵供量 \times 纺丝位数 \times 60 \tag{6-25}$$

（七）熔体挤出速度

熔体挤出速度的计算公式：

$$熔体挤出速度（cm/min）= \frac{计量泵泵供量（g/min）}{喷丝板孔数 \times 喷丝板面积（cm^2）\times 熔体密度（g/cm^3）} \tag{6-26}$$

（八）喷丝头拉伸比

喷丝头拉伸比的计算公式：

$$\text{喷丝板拉伸比} = \frac{\text{第一导丝辊线速度}}{\text{熔体挤出速度}} \qquad (6-27)$$

六、首次开车操作步骤

(一) 运转前的准备工作

(1) 设备安装情况检查。按照设备安装要求，检查设备紧固情况，检查系统配管、试压、保温、油漆等工作完成情况，检查是否有漏气、漏油、漏水等。

(2) 供电、供水、供气（汽）检查，添加润滑油。

(3) 仪器仪表核验、调整，各种工具准备。

(4) 原、辅材料准备情况。

(5) 上岗人员安排，安全措施落实，劳保用具检查。

(6) 确定工艺条件，填写原始记录。

(二) 空试车运转

1. 螺杆升温与挤出机空运转

(1) 按工艺要求设定螺杆各区温度，开始升温，达到设定温度后保持4h，同时标定各段电流、电压，并做好记录。

(2) 确认升温无异常后，将温度降到250℃，进行热紧固。

(3) 挤出机空运转：手动盘车两圈，检查螺杆与套筒之间有无摩擦，然后启动电动机空运转，观察电动机、减速机运转情况，检测电压、电流，做好记录。

(4) 空运转结束后，更换减速箱内润滑油。

2. 计量泵传动装置空运转（不装泵）

(1) 给减速机注入润滑油，确认其润滑情况良好，装上传动轴。

(2) 逐台启动电动机，做启动、停止、升速、降速试验，观察电动机与减速机运转情况，测定电压、电流、频率及转速值，并做好记录。

(3) 设定电动机在不同转速下进行6h空运转。

3. 联苯炉、纺丝箱升温试验

(1) 联苯系统统一给纺线箱、过滤器、熔体管道、测量头供热。

(2) 联苯系统抽真空，真空度应大于9.98×10^4Pa（750mmHg），关闭相应阀门，稳定1~2h。

(3) 加入联苯，并按工艺要求设定温度及压力。

(4) 按照操作要求，将联苯炉缓慢升温，以防止快速升温造成管道及设备损伤。

(5) 升温到250℃，确认无异常，保持4h；再升温到280℃，保持4h；最后升温到300℃，保持4h，确认无异常后，降到工艺温度，并保温。

4. 环吹风装置送风

(1) 环吹风装置送风前，应对空调送风主风道进行吹扫清理，以防大灰尘进入侧吹风装置堵塞多层网。主风道吹扫后，向环吹风装置送风，也需要先拆下风量调节阀，对环吹风系统进行吹扫。

(2) 完成吹扫后，空调机继续送风，并缓慢开启风量调节阀，测定环吹风出风速度。

5. 卷取机空运转

（1）检查卷取机接线是否牢固、准确。

（2）检查润滑情况是否达标。

（3）调整导丝辊与卷取轮的位置，保证进丝顺畅，丝路合理，张力均匀。

（4）牵伸循环水泵开启，油浴温度升到工艺温度，空车运转 2min 左右。

（5）按工艺要求调整卷取机的主压与背压。

（6）检查喷油机是否正常喷油。

（7）逐台启动热定型机的均丝机、干燥风机、排湿风机、冷却风机和烘箱链板。

（8）将打包袋铺在打包机上，检查抗静电剂喷枪喷洒情况。

（三）投料试车

1. 开车前准备

（1）空运转完成，并且各设备状况符合工艺要求，进入开车准备阶段。

（2）开车前 16h，对纺丝组件进行预热，预热温度 300℃，对熔体过滤器的过滤室进行预热。

（3）开车前 15h 开转鼓干燥机，并在开车前 2h 测物料含水率，确认达标。

（4）开车前 8h，对计量泵进行预热，预热温度 300℃。

（5）开车前 5h，装入螺杆。

（6）开车前 4h，将螺杆各区、测量头、熔体管道、过滤器、纺丝箱体预热到工艺温度。

（7）开车前 1h，标定环吹风仓风速。

以上工作完成后，装入过滤芯、装好放流板，准备好操作工具，进入投料试车。

2. 投料试车

（1）先在螺杆挤出机中加少量物料，并缓慢升速，待纺丝箱有熔体流出，再将螺杆升到工艺速度。用泵供量称量盘取各转速的熔体样品，用天平称量，标定螺杆挤出量。

（2）关闭下料阀，当箱体没有熔体排出时，停下螺杆，拆下放流板，装入预热好的计量泵，平衡 4h 左右。装入传动轴，逐台开启计量泵电动机，加料并开动螺杆。当排出熔体全部变为白色并稳定后，开始测量泵供量。在熔体压力稳定的情况下，测定不同转速下的泵供量。

（3）测定各种条件下的电压、电流、频率数值，做好记录。

3. 前纺正常运转

（1）放流试验后，逐台停泵，装上预热好的组件，在喷丝板面喷上雾化硅油。

（2）启动计量泵，推入环吹头，当熔体从喷丝板中喷出，确认出丝正常，将环吹头上推，与箱体密封好，即可投丝。

（3）启动上油轮、导丝辊，启动卷曲轮，开始生头。

4. 后处理工序开车

（1）集束前，先检查原丝上油情况，然后按照工艺要求的桶数集束，并保证每桶一个导丝孔，顺序排列，保证张力均匀。

（2）牵伸生头时，先将丝束分片拉到第一道牵伸辊，开启牵伸机；丝束通过第三道牵伸辊后，剪断前端未牵伸丝束，通过叠丝机送入卷曲机。

（3）卷曲后的丝束经过喷油，通过曳引机进入热定型机，烘干后切断打包。

七、纺丝生产与设备管理

（一）纺丝生产管理

短纤的生产管理主要是针对生产异常现象进行诊断与处理，常见的生产异常现象列于表6-3，并给出其相应的解决方法。

表6-3　常见生产异常现象及解决方法

异常现象	产生原因	解决方法
断头多，废丝量大	干燥不均匀，熔体黏度波动大	调整干燥工艺
	纺丝温度过高或波动大	调整热媒温度，检验热媒系统是否通畅
	风温风压波动	调整风温，检查环吹风密封情况和过滤
	卷绕缠辊	网是否堵塞，及时清理毛丝与浆块
毛丝多	干燥不均匀，熔体含水率偏高，熔体含杂量高	调整干燥工艺，提高过滤器或组件的过滤精度
	熔体特性黏度低	降低干燥或纺丝温度
	喷丝板面不干净	硅油修整板面或更换纺丝组件
	环吹风不均匀	调整风速或风温，并检查是否漏风或堵塞
超长纤维	熔体黏度均匀性差	调整干燥工艺
	熔体温度、压力波动	稳定热媒温度，保证计量泵入口压力
	纺速过高，卷绕张力过大	降低纺速，调整五辊、七辊及喂入轮速度
	夹丝、破断丝多	调整卷曲机间隙
	切断刀盘坏刀、钝刀、缺口	修复或更换刀盘
并丝僵丝	熔体温度偏高	降低联苯系统温度
	泵供量不足	提高泵转速或换泵
	组件漏浆	紧固组件或更换
	喷丝板面不干净	硅油修整板面或更换纺丝组件
	环吹风温度过高	调低风温
	环吹风漏风或阻尼层堵塞	检查密封，吹扫过滤层
	牵伸水浴液面过低	及时关闭水浴槽挡板
丝束未牵伸或牵伸不足	毛丝乱丝多或丝端根数多	加强前纺管理
	第一级拉伸倍数低	提高拉伸倍数大于自然拉伸倍数
	牵伸浴温度低	提高浴槽温度
粘连丝硬板丝	卷曲机间隙不良夹丝	调整卷曲辊间隙

（二）设备管理

短纤生产中常见设备故障及排除方法见表6-4。

表 6-4　常见设备异常及排除方法

异常现象	产生原因	排除方法
螺杆飞车	原料尺寸过大或干燥大料块在下料口架桥	加强原料筛选，调整干燥工艺，以防结块
	螺杆磨损严重造成进料不畅或回流	更换螺杆
	环结阻料	调整螺杆工艺温度
计量泵泵销断或卡死	传动轴未对中或泵温度低	进行热找正，加强泵保温
组件漏浆	组件装配不良	更换组件
	组件压力不合适	调整组件滤网组合
	密封垫尺寸不符合或变形	更换密封垫
环吹风漏风或堵塞	环吹装置未复位	调整环吹装置
	密封元件破损	更换密封元件
	阻尼网污损	清扫或更换
卷曲机故障	卷曲机部件磨损或损坏	更换或修复
	卷曲机各部件间隙变化	调整或更换损坏部件

第五节　循环再利用聚酯长丝纺丝工艺

一、长丝纺丝工艺流程

循环再利用原料通过干燥→挤出熔融→过滤→输送与分配→计量→纺丝→冷却成形→（牵伸）卷绕，生产长丝产品，目前主要是 POY。POY 的工艺流程如图 6-10 所示。

本节以采用循环再利用聚酯生产 10 头纺 POY 产品为例，详细介绍纺丝与卷绕工艺流程。

二、纺丝与卷绕流程

（一）熔体输送与分配

经过滤后的纺丝熔体由输送管道送到纺丝箱入口，输送与分配管道采用夹套管，由气相热媒加热。熔体管内壁需做抛光处理，光洁度一般要达到 1.6 以下。对于较长的输送管路或产品要求高的，需要在管路上增加静态混合器，以加强对熔体的混合。

（二）纺丝及冷却成型

目前一般采用两位一个箱体。熔体进入箱体后，由两个等长等径的熔体管将熔体送入计量泵中。通常 16 头纺及以下的每位各配一台泵，16

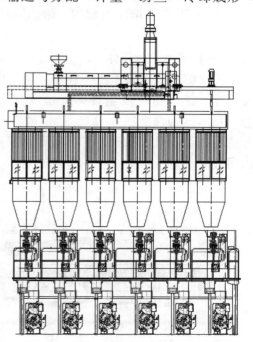

图 6-10　循环再利用聚酯长丝纺丝工艺流程图

头纺以上的每位各配两台泵，本例选用每位配一台1进10出的行星泵。在泵前的输送管道上装有空气冷冻阀，当需要更换计量泵时，将压缩空气通入其中，使熔体冷却凝结，阻止熔体继续流入计量泵；泵换完后，停止通入压缩空气，管道内的熔体受热熔化，继续流通。

熔体经计量后进入与泵出口相连的10个组件入口，每组件配一片喷丝板。熔体经组件过滤后由喷丝板喷出，形成细流，在侧吹风仓中冷却形成丝束，再经喷嘴上油后，自纺丝甬道进入卷绕机。上油位置一般选在固化点后，根据纺丝纤度不同，上油位置相应调整。纺丝机一般按螺杆挤出机为单元进行控制，计量泵与油剂泵可按单元控制，也可单位控制。纺丝箱体由气相热媒加热，经过一段时间加热达到热平衡状态。箱体上装有温度检测元件，通过控制热媒温度来控制箱体温度。箱体入口管道上装有压力传感器，用于检测熔体压力并反馈到增压泵，最终反馈到螺杆测量头控制螺杆转速。

（三）卷绕

从甬道出来的丝束，经导丝器、吸丝器、切断器、预网络器、导丝盘，到卷绕头。每个纺位对应一台卷绕头，卷绕头可自动切换，每台卷绕头10个卷装。整机的运转速度、运转时间等由计算机控制，在卷绕过程中，若发生断丝，检测器会发出信号，切丝器立即将丝束切断，同时丝束由吸丝器吸入废丝箱。当卷绕重量达到设定值，卷绕头上另一卡盘轴自动切换换筒，满卷的筒管由气动装置推出到落筒车的芯轴上，再转移到台车上，送到分级包装车间，经检测后，进行分级包装，送到成品仓库。

卷绕机一般采用单位控制，卷绕与纺丝之间设有声光联络。当卷绕发生异常或需要生头时，纺丝车间会收到信号，纺丝工根据异常情况进行清板、停泵或投丝等操作。

三、主要工艺设备

螺杆挤出机、熔体过滤器、熔体输送与分配管道已经在前节做了详细介绍，本节不再赘述。

（一）长丝纺丝箱体

长丝纺丝箱体属于压力容器，主要由纺丝箱壳体、熔体分配管道、冷冻阀、计量泵及泵座、纺丝组件及组件体、排放盒、热媒进回管路、保温层等组成，由热媒蒸气加热，基本结构详见图6-11。箱体带有温度与压力检测装置。一个箱体由1~8位组成，考虑到箱体刚性、散热性等，近年多采用小箱体，一般由1~3位组成。纺丝箱体一般采用吊装安装。

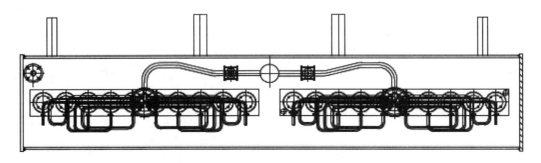

图6-11　再生聚酯长丝纺丝箱体结构图

熔体分配管道要求位之间等长等径，每位组件之间等长等径，管道内壁要抛光，光洁度根据所纺产品确定，一般 Ra 值不高于 1.6。

（二）计量泵

计量泵用来准确计量纺丝熔体量，长丝纺丝多采用行星泵，一进口多出口，安装于箱体内的泵座上，入口与熔体分配管道连接，出口与组件入口管道连接。

（三）纺丝组件

长丝的纺丝组件按外形可分为方形、矩形、圆形三种；按丝束数量可分为单腔式和双腔式；按密封方式可分为自压密封与加压密封两种。为方便拆装并保证纺丝质量，现多采用加压密封圆形组件；安装方式有吊装式和旋转快装式。吊装式由螺钉固定在箱体上，快装式由连接体上的螺纹固定在箱体上。

纺丝组件由组件壳体、压盖、砂杯、分配板、过滤层网组成，基本结构见图 6-12 所示。

纺丝组件起到对熔体进一步过滤并均匀喷出的作用，过滤效果取决于过滤介质，砂杯内的过滤介质主要为海砂或金属砂，海砂为单次使用，金属砂可多次使用，使用前都要清洗干净。过滤网分上层过滤网和下层过滤网，上层为粗过滤，对过滤效果影响较大，除了过滤掉大颗粒杂质外，还可防止熔体对过滤砂的冲击导致径流，一般上层网采用三层网组合；下层为精过滤，下层网采用九层网组合。组件压力主要由过滤砂重量及过滤砂与金属网的目数决定，不同品种有不同的组合方式。

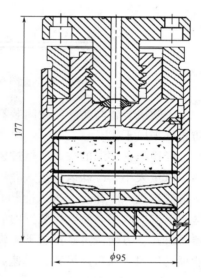

熔体过滤后进入分配板，使熔体在喷丝孔喷出前得到均匀分配。由于熔体是从中心孔进入的，为使其在整个板面均匀分布，分配板上导孔呈多圈排列，导孔多为斜孔，方便扩散。为加强混合效果，也有采用在径向开槽的方式。

图 6-12　圆形快装组件结构示意图

组件的组装有严格的工艺要求，装配前要经过煅烧、清洗、烘干、检查等工序，再利用专用工具依顺序装配，装配完毕，需要油压机压实以防止泄漏。

装配好的组件在上机使用前需要在预热炉中预热，预热温度一般取 300℃，预热完成后需要平衡 2h 左右。

（四）喷丝板

喷丝板是纺丝的重要部件，根据品种要求设计孔数、孔径、孔长径比。要求选用耐高温变形、耐磨的材料。喷丝板使用前要经过超声波清洗，并逐孔进行镜检。喷丝板孔的排列多采用径向、圆形、菱形、方形等排列方式，以保证吹风途径通畅。

（五）纺丝冷却装置

纺丝冷却装置是使纤维均匀冷却成型的主要设备，长丝用冷却装置主要为侧吹风冷却方式。它由冷却风进风管、风量调节阀、静压室、多孔板、多层金属网、蜂窝板、壁板和甬道组成，详见图 6-13 侧吹风冷却装置结构示意图，喷丝板喷出的熔体细流在冷却装置中经冷却风固化，经甬道进入卷绕机。

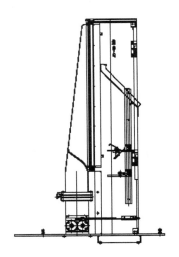

图 6-13　侧吹风冷却装置结构示意图

侧吹风装置与纺丝箱之间装有保温板（也称闭锁器），防止两者之间热传导，前部装门防止外来风干扰。

经稳压、调温的空调风经过风道送到各纺丝位的进风管，由蜗轮蜗杆传动的风量调节阀调节风量大小，冷却风先进入静压室，消除部分湍流，再经过由金属网与非织造布组合的水平过滤器进入冷却仓。进入冷却仓的风经多孔板分配，再经多层阻尼网与蜂窝板消除湍流，呈水平方向吹出。侧吹风装置内的风道为渐变式，使风在纵向有良好的速度分布。水平过滤器可拆卸，方便清洗。甬道下方设有泄风口，保证空气在甬道稳态流动。在纺丝前要标定测吹风的风温、风压及风速，风速需从上到下分段标定。

（六）上油装置

POY 纺丝一般采用喷嘴上油方式，使固化后的丝条减小相互间的摩擦，有效降低卷绕张力。上油支架装在甬道的滑道中，可根据不同品种的固化点位置上下进行调节，上油量由上油泵控制，根据产品含油率要求调整泵的转速。喷油嘴的结构、材质、耐磨性等需要根据所纺原料与品种进行选择。

（七）联苯蒸气发生器

联苯蒸气发生器用于纺丝箱体与过滤器、输送与分配管道的加热与保温，它以联苯、联苯醚混合物为热载体，采用电热棒加热。联苯蒸气发生器为卧式圆筒结构，为压力容器，设有液面计、防爆片、安全阀、防烧干装置、电接点压力表等，外部有保温层。联苯系统设置高点排放，当系统温度低时，需要打开排放阀，排出系统内的低沸物。进行排放后，联苯蒸气发生器内联苯、联苯醚混合物会减少，故需通过液面计观察其液位，必要时进行补充。联苯混合物的补充由真空泵吸入完成，可进行不停车操作。

（八）卷绕机

POY 卷绕机由预网络器、断丝自动处理装置、两个导丝盘、一台卷绕头、各种导丝器组成。POY 卷绕过程要求卷绕张力、卷绕速度、横动导丝器往复速度等在运转过程中保持稳定，POY 卷绕筒管要留尾丝，以便在 DTY 加工时接尾。POY 卷绕头现大多采用锭子传动自动切换式。

（1）预网络器是利用压空使纤维间轻度交络，增加抱合，每束丝配一个喷嘴，内通压空，压力<0.1MPa。

（2）断丝自动处理装置：装于卷绕机架上部，由集束导丝器、切断装置、吸丝装置组成。当接到位于卷绕头上的断丝检测器发出的断丝信号后，首先是集束导丝器动作，将丝束收拢于吸丝装置前，同时吸丝器动作；接着断丝器动作将丝切断，吸嘴开始吸丝；丝吸住后，断丝器复位。整个断丝处理过程由卷绕头程序控制。

（3）导丝盘：POY 卷绕机采用上、下两个冷导丝盘，主要用于调整丝路和丝张力，确保卷绕稳定，成形良好，退绕完全。由电动机驱动，变频调速，机械速度一般在 1500~4000m/min，工艺速度一般在 2000~3500m/min。导丝盘表面有镀铬与喷涂陶瓷两种处理方式，具体根据适纺品种选择处理方式与表面光洁度。

（4）卷绕头：POY 卷绕头为高速卷绕头，机械速度最高 4000m/min，工艺速度最高 3500m/min。卷绕头横动方式有兔子头往复式与拨叉往复式。兔子头往复式是导丝器在往复槽筒上沿沟槽曲线运动，通过成型槽筒形成卷装，成型槽筒的往复导程线采用两端槽深、中间槽浅的弧形特殊设计，可以改变卷绕角，起到防叠作用。拨叉式是使用旋转翼的横动装置，它是将往复运动转化成旋转运动，延长了横动元件的寿命，而且噪声小。

卷绕头驱动方式有摩擦辊驱动与锭子驱动。摩擦辊驱动方式是成型槽筒通过摩擦辊带动筒管，它以最简单可靠的方式实现恒定的线速度卷绕，早期被广泛使用。但它的缺点是打滑，速度越高，打滑越严重，虽然通过增加接触压力可以减轻打滑，但压力增大到一定限度，卷装表面易产生凸肩，且凸肩处局部温度很高，会在丝条上留下斑迹。近几年随着驱动控制程序化，锭子驱动越来越多被采用，它是通过丝条张力的连续检测，控制锭子与筒管之间的运动。控制准确、运行更稳定。

（5）自动换筒：当卷装重量即将达到设定值，装有空纸管的卡盘轴会预先升速到卷绕速度，当卷装达到设定重量时，卷绕头会自动切换继续新的卷装；同时，满卷的卡盘轴会逐渐降速直到停止，此时可按动推出气缸按钮，卷装自动退出到落丝小车的轴上。

（6）生头：POY 卷绕头采用高速直接生头，即一次生头。

四、工艺参数选择

（一）纺丝对原料的要求

前节详细分析了原料对纺丝产品质量的影响，总结出以下几点是关键：

较高的平均分子量，较窄的相对分子质量分布，端基含量少，杂质、灰分少，凝聚粒子少，含水率低、特性黏度略高，黏度降低，这些因素控制得好，纺丝的可纺性就好，产品质量优良。

（二）干燥工艺参数设定

干燥后聚酯的含水率指标，直接影响纺丝质量。如前节分析，熔体中的微量水分在纺丝时高温汽化，易形成气泡丝，导致纺丝飘丝或在后拉伸时造成毛丝或断头。因此纺 POY 时，一般要求原料水分控制在 40mg/kg 以下；此外，聚酯物料含水越高，纺丝时熔体黏度降越大，可纺性越差，POY 条干不匀；由于以上两个因素，控制干燥的温度非常重要，既要保证水分迅速挥发，又要避免高温引起聚酯降解，对再生聚酯纺丝，一般干燥风温设定不超过 175℃，物料本体温度不超过 150℃。考虑到再生聚酯的特性，也可通过降低干燥风露点温度与加大干燥风风量来改善干燥效果。

除聚酯含水外，聚酯干燥的均匀性也很重要。这就要求聚酯的干燥过程和干燥时间基本一致，考虑到聚酯颗粒大小不一、黏度高低差别也较大，因此需要更温和的干燥条件和更长的干燥时间，针对再生聚酯指标，干燥时间 6~15h 不等。

（三）螺杆挤出机工艺参数设定

纺再利用长丝常用螺杆一般分六区，进料冷却段一般设定 50℃ 以下，预热段设定 275℃ 以下，压缩段设定 280℃ 以下，熔融段设定 285℃ 以下，计量与混合段设定 290℃ 以下。

螺杆机头压力与纺丝入口压力有连锁关系，机头压力过小，计量泵无法正常工作，吐出量不准；机头压力过大，螺杆内熔体逆流与漏流加大，聚合物易降解，螺杆也易产生环结阻料。根据过滤器与计量泵的工作压力要求，机头压力一般不低于 10MPa。

（四）过滤器工艺参数设定

长丝过滤器的过滤面积与短纤一样都是根据螺杆挤出机的挤出量来计算，但通常长丝用再生聚酯品质要好一些，因此过滤面积比短纤用的小一些，过滤精度提高，通常选择 80~150目。再生聚酯纺长丝用过滤器的温度设定要比原生切片纺的低，一般低于纺丝温度 5~10℃。

随着过滤器的使用，在滤网上会残留越来越多的杂质，增加了过滤的阻力，滤前与滤后形成压力降，为保证计量泵的入口压力在工作压力允许范围内，设定两级过滤器都选择单级压差达到 6MPa 时切换。

（五）纺丝工艺参数设定

1. 长丝的纺丝温度

纺丝温度是决定可纺性与纤维的强伸度的重要因素，通常根据再生聚酯的黏度、含水率、纺丝的线密度及纺丝机结构来确定，黏度高的，纺丝温度高；含水高的，纺丝温度低。

与短纤一样，纺丝过程中挤出机测量头、熔体输送管道、过滤器、纺丝箱体均由联苯炉供给气相热媒加热或保温，因此，纺丝温度与联苯温度密切相关。通常保持联苯炉的气相温度、螺杆挤出机测量头联苯温度及联苯排放罐的温度一致，联苯蒸气温度主要根据测量头的温度调整。通常选取联苯蒸气温度比熔体温度高 1~2℃ 为宜，再生聚酯纺长丝时，纺丝温度控制在 290℃ 以下居多。

2. 组件压力确定

组件压力是由组件滤材组合确定的，根据工艺条件变化而改变组合，初始压力一般选 10MPa 以下，更换压力不超过 25MPa。从纺丝实际中观察，随初始压力的提高，纤维的条干不匀率明显下降，纤维的强伸度提高。

3. 纺丝速度的确定

经研究表明，纺丝速度对纤维结构有明显影响。纺速为 3500m/min 时，聚酯初生纤维的总密度开始急剧增加，说明聚酯从无定形转变为半结晶和部分结晶，随着纺速进一步提高，纤维密度急剧增加，在最高卷绕速度时趋于极限。

纺丝速度对纤维的性质也有明显影响，初生纤维的收缩率在较低纺速下，随纺速增加，取向度加大，在 2000m/min 时，纤维仅在玻璃化转变区发现有收缩现象，说明在无定形材料中的解取向过程导致熵的增加。当温度升高时，软的无定形材料的模量很低，以致仅能发生伸长。在 2500m/min 时，无定形纤维有较好的取向，在达到玻璃化温度后，解取向过程导致较高的收缩，因为此时开始发生结晶，进一步提高纺速，这种效应更明显。但当纺速达到 4000m/min 时，纤维收缩减少，随着速度增加，沸水收缩率急剧下降。考虑到再生聚酯的均匀性差，干燥后物料的含水率高且不均匀，一般 POY 纺丝速度通常在 2800~3200m/min 之间选取，熔体质量好的，可选择较高的纺丝速度，熔体质量差的，纺丝速度要适当降低。

喷丝头拉伸比是卷绕槽筒速度与熔体挤出速度之比，在相同的卷绕速度下，较高的喷丝头拉伸比下生产的纤维，具有较高的取向度和较高密度。

4. 泵供量

泵供量取决于 POY 的线密度，应根据成品的线密度和后加工条件决定。通过计算泵供量，可以确定泵的具体规格与实际转数。一般选择计量泵的最高转数不超过 30 转。

5. 喷丝板

对 POY 纺丝，通常低线密度时，选孔径较小的；高线密度时选孔径较大的。再生聚酯的熔体质量相对原生切片的熔体质量差，纺相同品种时，孔径宜稍大。为降低喷丝孔剪切速率，宜加大喷丝孔长径比。喷丝板毛细孔长径比宜选择 3：1。

6. 冷却吹风条件

冷却吹风风速对纤维成型影响最大，尤其对 POY 条干影响最大，风速过大，气流易发生湍动，易造成丝束晃动，使初生丝条干不匀；风速过小，丝条凝固缓慢并易受野风干扰，也易使丝束晃动。一般根据纤维的线密度选择风速，纺成品 16.67tex（150 旦）以下，风速不超过 0.7m/s。总线密度细或单丝线密度低，宜选择较低风速。

冷却风风温在 15~30℃之间，对纤维品质影响不大，但波动较大会影响丝的条干不匀率、拉伸不匀率、成品的染色不匀率，严重的会增加毛丝和断头。

由于聚酯的吸水性差，冷却风湿度对成型影响并不大，控制在 60%~80%之间为宜。

通常选择侧吹风装置入口风压不低于 550MPa，风温（22±1）℃。

（六）卷绕工艺参数设定

1. 卷绕速度

POY 卷绕过程不存在牵伸，故其卷绕速度与纺丝速度差不多，但考虑到调节卷绕张力，一般要设定一定的超喂率，根据再生聚酯的特点，卷绕速度比切片纺的卷绕速度低一些。

2. 卷绕角

在卷绕筒子上两层相邻丝条之间的交角称为卷绕角，可由下式计算得出。卷绕角过大，卷装易产生蛛网丝及凸肩；卷绕角过小，卷装易造成塌边或凸肚。通常选择卷绕角为 6.5°~7.5°。

$$\sin\theta = \frac{2ST}{W} \tag{6-28}$$

式中：θ 为卷绕角；S 为横动导丝器动程（m/往复动程）；T 为横动导丝器横动凸轮的转速（r/min）；W 为卷绕丝的实际线速度（m/min）。

3. 卷绕张力

卷绕张力的大小与 POY 丝饼成型密切相关，张力过大，卷装易产生蛛网丝、凸边、表面凹凸；张力过小，卷装易塌边脱丝。通常卷绕张力控制在 0.15~0.3 之间。

五、循环再利用聚酯纺长丝工艺计算

（1）干燥机产量、干燥时间、泵供量、计量泵转速、计量泵电机转速、螺杆挤出机生产能力、熔体挤出速度、喷丝头拉伸比等参数，可参考前节短纤参数的计算公式进行计算。

（2）超喂率的计算公式：

$$超喂率 = \frac{第二导丝辊线速度 - 卷绕速度}{第二导丝辊线速度} \tag{6-29}$$

六、首次开车操作步骤

（一）运转前的准备工作

长丝纺丝运转前的准备工作程序与准备内容与短纤类似，本节不再详述。

（二）空试车运转

螺杆升温与挤出机空运转、计量泵传动装置空运转（不装泵）、联苯炉、纺丝箱升温试验、侧吹风装置送风参见纺短纤的空试车运转。

卷绕机空运转操作如下：

（1）检查卷绕机接线是否牢固、准确。

（2）检查各用气点是否接通。

（3）检查润滑情况是否达标。

（4）检查筒管架上是否装好筒管。

（5）调整导丝器的位置，保证丝路合理，张力均匀。

（三）投料试车

1. 开车前准备

（1）空运转完成，并且各设备状况符合工艺要求，进入开车准备阶段。

（2）开车前 12h 开干燥机，并在开车前 2h 测物料含水率，确认达标。

（3）开车前 8h，对纺丝组件进行预热，预热温度 300℃。

（4）开车前 8h，对计量泵进行预热，预热温度 300℃。

（5）开车前 12h，对熔体过滤器的过滤芯进行预热。

（6）开车前 4h，将螺杆各区、测量头、熔体管道、过滤器、纺丝箱体预热到工艺温度。

（7）开车前 1h，标定侧吹风仓风速。

（8）开车前 5h，装入螺杆。

（9）打开卷绕机各压缩空气阀门。

以上工作完成后，装放流板、放流接受板，装入过滤芯，准备好操作工具，进入放流试验。

2. 熔体放流试验

（1）放流的目的一方面是用熔体冲洗熔体通道，另一方面是标定螺杆挤出机挤出量、计量泵泵供量，标定控制仪表工作参数。

（2）在螺杆挤出机中加少量物料，并缓慢升速，待纺丝箱有熔体流出，再将螺杆升到工

艺速度。用泵供量称量盘取各转速的熔体样品，用天平称量，标定螺杆挤出量。

（3）关闭下料阀，当箱体没有熔体排出时，停下螺杆，拆下放流板，装入预热好的计量泵，平衡4h左右。装入传动轴，逐台开启计量泵电动机，加料并开动螺杆。当排出熔体全部变为白色并稳定后，开始测量泵供量。在熔体压力稳定的情况下，测定不同转速下的泵供量。

（4）测定各种条件下的电压、电流、频率数值，做好记录。

3. 正常运转

（1）放流试验后，逐台停泵，装上预热好的组件，在喷丝板面喷上雾化硅油。

（2）启动计量泵，当熔体从喷丝板中喷出，确认出丝正常即可向卷绕投丝。

（3）启动导丝辊，启动卷绕头，开始生头。

七、纺丝生产、设备及品质管理

（一）纺丝生产管理

与短纤的生产管理相同，长丝的生产管理主要工作也是发现生产异常情况并及时诊断处理，具体方法详见表6-5。

表6-5　常见生产异常现象及诊断

异常现象	产生原因	解决方法
断头多	干燥不均匀，熔体含水率偏高	调整干燥工艺
	熔体含杂量高	提高过滤器或组件的过滤精度
毛丝多	干燥不均匀，熔体含水率偏高，熔体含杂量高	调整干燥工艺，提高过滤器或组件的过滤精度
	熔体特性黏度低	降低干燥或纺丝温度
	喷丝板面不干净	硅油修整板面或更换纺丝组件
	侧吹风不均匀	调整风速或风温
	无油丝经导丝器有擦伤或导丝器角度不对	调换导丝器或调整导丝器与丝接触角度
飘单丝	熔体含水率过高	调整干燥工艺，延长干燥时间
	熔体特性黏度不匀	调整挤出机工艺温度
	喷丝板面不干净，喷丝板孔堵塞	硅油修整板面或更换纺丝组件
	组件温度偏低	调整组件预热工艺或增加后加热器
	组件压力偏低	调整组件过滤网目数
注头丝	组件温度偏低	提高预热温度或延长预热时间
	熔体温度偏低	提高熔体温度
	冷却过快	降低侧吹风风速或提高风温
	板面温度过低	喷丝板下方加强保温
	熔体粘板	加强硅油清板
并丝	熔体温度偏高	降低联苯系统温度
	泵供量偏高	降低泵转速或换泵
	喷丝板面不干净	硅油修整板面或更换纺丝组件

续表

异常现象	产生原因	解决方法
丝条晃动大	侧吹风速不合适	调整风速
	车间气流组织不合理	调整纺丝与卷绕间风压，形成向下气流
	侧吹风网堵塞	清扫风网
集束不良	侧吹风速过大	调整风速
	甬道内气流组织不良	调整甬道下风排风插板开度

（二）设备管理

长丝生产中的设备管理同短纤一样，需要及时发现异常并处理，常见异常及排除方法详见表 6-6。

表 6-6　常见设备异常及解决方法

异常现象	产生原因	解决方法
螺杆飞车	原料尺寸过大或干燥大料块在下料口架桥	加强原料筛选，调整干燥工艺以防结块
	螺杆磨损严重造成进料不畅或回流	更换螺杆
	环结阻料	调整螺杆工艺温度
螺杆卡死	螺杆与套筒间隙过小或有异物进入	抽出螺杆进行处理
螺杆有异声	螺杆变形	抽出螺杆进行处理
	物料中有异物	停车排料检查
	物料熔融不佳	适当提高各区温度
螺杆电机过热	轴承无油或损坏	加油或换轴承
	冷却风机未开或出现故障	检查冷却风机
计量泵断销或卡死	传动轴未对中或上泵扭矩过大	进行热态度找正，适当松动泵螺栓
	泵温度低	提高泵预热温度，加强泵保温
	有异物进入	拆开检查
组件漏浆	组件压力不够	调整组件滤网组合
	密封垫尺寸不符合或变形	更换密封垫
联苯蒸汽发生器防烧干报警	联苯液位下降	补充联苯混合液
侧吹风漏风	侧吹风装置密封条破损	更换密封条
卷绕机不能启动	未通电	检查电源
	压空不足	检查压空管道与连接
	缠绕传感器激活	去除缠丝，重新复位
横动箱及卡盘辊振动大	动平衡不好	重新做动平衡
轴承噪声大	轴承磨损	更换轴承，重新做动平衡

（三）品质管理

长丝品质管理主要是线密度、条干、强伸等指标的控制，具体的影响因素见表6-7。

表6-7　长丝品质主要影响因素及解决方法

项目	影响因素	解决方法
线密度偏差	泵前压力低于泵的工作压力	提高泵前压力
	计量泵吐出量异常	校验计量泵，检查泵运转状态
	组件漏浆	更换组件
	分丝错误	加强管理
	飘丝	按前述飘丝处理办法解决
条干均匀性	熔体黏度波动	提高干燥效果，调整纺丝温度
	吹风冷却不均匀	调整吹风风速与风温
	风网堵塞	清扫过滤网
	上油不良	检查油剂是否腐败
		调整上油浓度与油泵转速
		调整油嘴角度，加大丝接触长度
强度偏差	物料特性黏度波动	加强物料批号管理，加强混合
	干燥物料含水率波动	调整干燥工艺，提高干燥效果
	熔体温度不合适	调整纺丝温度
	侧吹风不良	清扫多层网
伸长偏差	熔体温度过低	提高熔体温度
	无油丝特性黏度波动	调整干燥与纺丝工艺条件
	吹风温度高，风速低	调整侧吹风条件，清扫滤网
含油率	油嘴与丝接触长度不够	调整油嘴角度
	油剂浓度高，油泵转速高造成含油率高	调低油剂浓度，降低油泵转速
	油剂腐败，造成含油率低	清洗管道，更换油剂，加防腐剂
满卷率	表6-6纺丝不良情况导致	按表6-6排除
	张力不均匀	调整超喂
	兔子头磨损造成张力不均匀	更换兔子头
	缠辊	加强岗位操作管理

（四）主要品质异常对应的主要工序与设备因素

长丝主要的品质异常，不仅要考虑设备异常因素，还要考察熔体在不同工序的品质影响因素，表6-8对其做了具体的分析。

表6-8　主要品质异常对应的主要工序与设备因素

品质异常	染色异常	毛丝圈丝	纤度异常	强伸异常	上油率异常	沸水收缩率	条干不匀率
工序与设备							
聚合物	▲	▲	▲	▲		▲	▲

品质异常	染色异常	毛丝圈丝	纤度异常	强伸异常	上油率异常	沸水收缩率	条干不匀率
挤出机	●	●	●	●			●
计量泵			▲				●
纺丝组件	●	●	▲	●			●
喷丝板	▲	▲	●	●		●	▲
冷却装置	▲	▲	▲	▲		▲	▲
上油装置	▲	▲	●	●	▲		▲
导丝器	●	▲	●	●	●	●	●
卷绕头		▲	●	●			

注 ▲表示影响大，●表示无影响或影响小。

第六节 循环再利用聚酯复合纺丝生产工艺

一、复合纺丝的定义与原理

复合纺丝是以两种聚合物为原料，分别熔融后，由同一喷丝孔喷出，形成双组分复合纤维。目前已经开发出皮芯型、裂片型、海岛型、并列型等多种产品，用于生产超细纤维、弹性纤维、导电纤维等，其应用范围也在不断拓展。近年来，随着再生聚酯处理技术的发展，市场上陆续出现了皮芯型、并列型等循环再利用聚酯复合纤维，产品广泛用于制作非织造布、填充材料、衣用辅材等。循环再利用聚酯的双组分复合纤维主要是再生聚酯与其他聚合物复合制成，在进入喷丝孔之前，两种成分彼此分离，互不混合，在进入喷丝孔的瞬间，两种熔体接触，凝固黏合成一根丝条，从而形成具有两种或两种以上不同组分、不同性能的复合纤维。目前市场上主要的复合短纤产品以复合低熔点皮芯短纤与复合低黏度并列短纤为主。

两种聚合物进行复合纺丝，首要的条件是两种组分在熔融状态下的表观黏度应该比较接近，如果黏度差较大，两种熔体由喷丝板喷出时，流动速度差异大，在喷丝板表面将出现熔体向高黏度一侧弯曲的现象，容易黏板，严重时产生注头丝，无法正常纺丝。熔体温度是影响熔体表观黏度的重要因素，随着温度升高，表观黏度下降。因此进行复合纺丝时要根据两种原料的特性黏度，选择不同的熔融温度，使两种熔体在进入喷丝板时具有接近的表观黏度，达到顺利出丝的目的。同时熔体的温度差对复合纤维所形成界面的稳定性也有直接关系，低熔点或低黏度熔体温度高，则熔体黏度降低，有利于向再生聚酯中扩散，界面层变厚，不易剥离，后处理中不容易产生破皮或分离。

二、复合纺丝工艺流程与设备
（一）复合纺丝工艺流程
本节以低熔点复合纤维为例，其生产工艺流程如下：

低熔点切片或低黏度切片→干燥→挤压熔融→过滤→熔体输送与分配→计量 ┐

循环再利用聚酯→干燥→挤压熔融→过滤→熔体输送与分配→计量 ────────→

复合纺丝→环吹冷却→卷绕上油→牵引喂入→落桶盛丝→集束→拉伸→油剂喷淋→卷曲→松
弛热定型→切断→打包

（二）复合纺丝主要工艺设备

1. 复合箱体

复合箱体通常由主副箱体组成，主箱体由箱体、熔体分配管、计量泵及泵座体、组件及
组件体、联苯排放盒、冷冻阀、温度与压力检测元件、联苯管道等组成；副箱体由箱体、熔
体分配管、计量泵及泵座体、联苯排放盒、冷冻阀、温度与压力检测元件、联苯管道等组成，
图 6-14 为短纤复合箱体结构示意图。主副箱体外部进行联合保温。

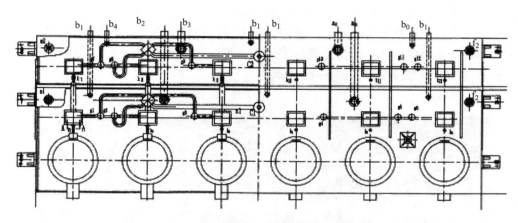

图 6-14　复合短纤箱体结构示意图

由于箱体结构复杂，体积小，故两种熔体采用箱体外分配形式，即两种熔体在进入各自
计量泵前，由各自的熔体输送管路进行输送与分配。

主副箱体由各自的联苯蒸气发生器进行加热，熔体温度可分别设定，保证了低黏度熔体
不会过热而产生降解。

2. 复合纺丝组件

复合纺丝组件的关键结构是两种熔体在进入
喷丝板前要进行独立的过滤与分配，然后在喷丝
板中复合，组件结构见图 6-15 的示意图。成功
的复合组件既要满足复合比的要求，还要保证较
长的使用周期。

三、复合短纤生产工艺流程及参数选择

复合短纤生产，因两种聚酯原料的差异，与
常规聚酯短纤生产工艺也有所不同，在此以低熔
点复合短纤（复合比 30 : 70）为例，详细说明其
工艺流程。

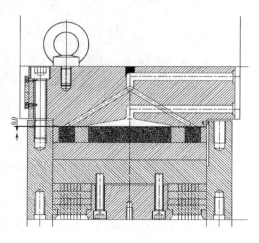

图 6-15　复合短纤组件图

（一）低熔点聚酯原料干燥

由于低熔点聚酯的特性黏度低，因而其软化点也较低，干燥时易粘连，目前多使用真空转鼓干燥机对原料进行干燥，一般采用低温长时间干燥，干燥温度设定为 45~55℃，真空度 60Pa，干燥时间 15h 以上，原料被干燥到含水率接近 60mg/kg。

（二）低熔点聚酯原料的熔融挤出

根据低熔点原料的特性，螺杆挤出机进料段温度要适当降低，以免物料提前软化架桥，这是保证纺丝正常的关键；同时也要考虑到两种聚酯在进入纺丝组件时温差不能太大，所以低熔点挤出机的出料温度要略高一些，在 260~270℃，主要根据主料再利用聚酯的纺丝温度来调整。

针对低熔点聚酯熔体和循环再利用聚酯熔体的特点，结合皮芯复合纺丝工艺，在保证两种熔体在喷丝头挤出处的熔体黏度尽可能相近的前提下，结合流变数据，通过 POLYFLOW 数值模拟手段对组件结构进行优化设计，考虑温度对流体黏度、热导率、比热容的影响，通过数值模拟手段对组件内熔体分配情况进行了研究，得到了组件流道内两种流体的速度场、压力场及剪切速率的分布情况，如图 6-16 所示。

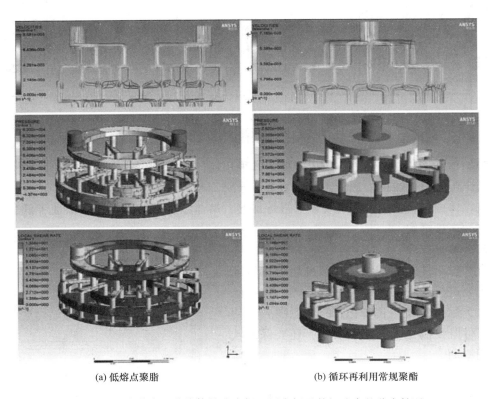

(a) 低熔点聚脂   (b) 循环再利用常规聚酯

图 6-16　流道内两种熔体的速度场、压力场及剪切速率的分布情况

（三）复合纺丝工艺

低熔点聚酯熔体经输送、分配后进入副箱体，在此经调温、计量后，送到复合纺丝组件。再利用聚酯制得的熔体经输送、分配进入主箱体，与低熔点熔体共同进入复合纺丝组件中进

行纺丝。纺丝温度控制应考虑皮层与芯层两种不同的熔体特性，分别设定控制。副箱体的温度宜设置在 245~255℃，主箱体的温度宜设置在 270~275℃，这样两种熔体在纺丝组件中的表观黏度接近，有利于纺丝形成稳定的皮芯结构。考虑到低熔点聚酯的熔点很低，副箱体的热媒宜选择低温热媒，以防止熔体在管道和箱体内因过热发生降解。

复合比的选择也非常重要，低熔点聚酯比例小，无法体现纤维特点，且包覆性差，容易产生破皮；低熔点聚酯比例大，纤维的机械强度等性能会受到影响。经生产摸索，复合丝选择（30∶70）~（50∶50）较适宜。纤维的复合比例由两种熔体的泵供量来控制。

（四）冷却成型

熔体由喷丝板喷出，经环吹风冷却逐步固化成丝条，由于作为皮层的低熔点聚酯的熔点很低，不易冷却固化，较常规纺丝纤维易粘连，因而冷却条件应加强，方法有缩短无风区、提高风速、降低风温等。其装置如图 6-17 所示。

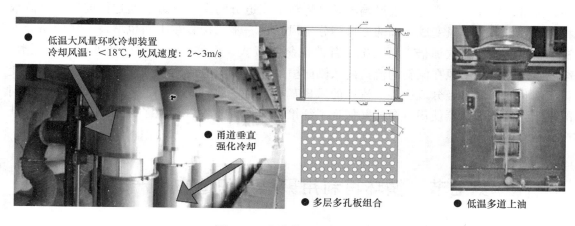

● 低温大风量环吹冷却装置
冷却风温：＜18℃，吹风速度：2~3m/s

● 甬道垂直强化冷却

● 多层多孔板组合

● 低温多道上油

图 6-17　复合纺丝强化冷却

（五）拉伸工艺

较常规再生短纤拉伸工艺相似，只是低熔点复合纺短纤的软化点更低，因此一级水浴拉伸工艺温度要低一些，通常选择在 55~65℃，拉伸速度也要降低；经过一级拉伸后，纤维的取向与结晶度都有所提升，二级拉伸温度要适当提高，可采用蒸汽加热，温度选择 65~75℃为宜，具体工艺参数要根据所使用原料进行调整。

低熔点复合短纤的拉伸倍数可参照常规再生聚酯短纤的拉伸倍数选择，一级拉伸倍数选择为总拉伸倍数的 85% 左右。

（六）后处理其他工艺

由于低熔点纤维的熔点很低，因此卷曲箱的温度要适当调低，一般选择 50~55℃；而且进入卷曲箱之前，纤维要进行喷油；卷曲箱的主压也要适当调整，避免因压力过大产生摩擦过热，纤维结块。

松弛热定型应选择低温大风量工艺，以防丝束过热结焦。

油剂的选择要根据下游非织造布的加工过程进行调整。

由于皮层聚合物的熔点低，避免后加工过程纤维发生粘连是工艺优化及设备改进的出发点与落脚点。基于水循环冷却快速释放加工预热的原理，低熔点复合纤维专用的牵伸辊、卷曲及定型系统，相应同时采用低于常规聚酯玻璃化温度 20～22℃的油浴对纤维进行拉伸，解决复合纤维短暂开停时出现的纤维粘连的难题，低熔点再生聚酯纤维的品质得到全面提升。

（1）专用牵伸机设计：在头道牵伸机、二道牵伸机和三道牵伸机的牵伸辊上设计冷冻水降温夹套，用来转移牵伸过程中纤维表面的潜热。另外，头道牵伸槽长度加长 50%，使得纤维的牵伸点在牵伸槽中完成充分的拉伸。

（2）专用卷曲机设计：通过在卷曲机辊、卷曲刀和侧刀板上设计冷媒交换装置，快速转移纤维因受压和牵伸过后残留的余热。

（3）专用松弛热定型机设计：在卷曲机结构上设计冷媒交换装置，转移纤维卷曲过程残留余热。以低熔值的水为热媒，气动薄膜阀和温控阀来控制烘箱的温度，烘箱的温度波动在±0.5℃以内，且设计带有软性刮板的烘箱链板清棉装置，提高热定型烘箱短纤清除效率，降低纤维黏结。通过在进风端出风口将整个流道分为多个等分，通过横向倾斜分流板将侧面圆口等分进风变成上部的方口等分出风，进一步，接着在中间也增设一块竖向分流板，将分流流道再次加倍。而且把下部改成斜流板式，将整个风向的转弯变得比较顺滑，减少紊流的出现。风在倾斜的流道内从侧向横向进风经流道的均匀分割及平顺导向最终变为上部竖向出风。经分流后各个流道的风量基本保持一致。既保证了风在加热器吸收相同的热量，延长加热器使用寿命，又保证了纤维吸热的等量性，稳定了纤维热定型度，保证产品质量的一致度。

第七节 循环再利用聚酯非织造布生产工艺

一、循环再利用非织造布概念、分类及用途

（一）概念

再利用非织造布是以再生聚酯短纤或长丝为原料，无须纺纱与织布，而是将纤维铺成网状，通过机械或加热方法进行加固，得到纤维制品。

（二）循环再利用聚酯非织造布种类

根据其加工工艺，主要分为热黏合型、针刺型、水刺型等。

1. 热黏合型

热黏合型是指在纤维网中加入黏合剂或低熔点纤维，经热风处理，黏合剂或低熔点纤维熔化、粘连，再经冷却固化，在纤维网中形成交联，使网呈立体结构，中间有很多空隙，纤维网具有高蓬松性并形成空气隔热层，同时具备了一定的刚性与回弹性。它包括热风、热轧和超声波黏合。热风、热轧用在个人卫生护理用品比较普遍。热轧非织造布表面有轧点，厚度比较薄，是经过加热、加压合而成。热风非织造布蓬松、柔软，表面没有轧点，有厚度，是使用复合纤维经过热空气烘箱后，表层纤维熔融，纤维搭接在一起发生黏合，芯层纤维不熔融而提供支撑，从热风烘箱出来后，就成为热风布。

2. 针刺型

针刺型是指用带倒钩的刺针对纤维网反复穿刺，刺针穿入时表层与里层丝束被强迫带入

纤维网内部，使蓬松的网被压缩；刺针退出时丝束脱离刺针留在网中。这样经过反复上下行针，使纤维网中的丝束互相交缠，堆积紧密，形成一定的强度与密度。

3. 水刺型

水刺型类似针刺型，只是刺针改为高压水针，利用多股高压细水流喷射纤维网，水流射穿网后被下部托网反弹，再次穿过纤维网，经多次反复，丝束被穿插、交缠，形成一定强度。水刺型一般选用较细纤维，制品柔软蓬松。

（三）循环再利用聚酯非织造布用途

再利用聚酯非织造布主要应用于医疗卫生、服装、皮革、家纺用品、土工布、过滤材料、汽车内饰、建筑材料、绝缘材料、包装材料、农用材料等领域。

1. 医疗卫生

医用防护服、消毒隔离服、帽子、面罩、鞋套、床单、枕套、一次性衬垫、湿巾、伤口敷料等。

2. 过滤材料

常温过滤材料：包括滤布、滤芯等，主要用作粉尘、细绒毛及喷漆等环境的过滤；高温滤材：主要是除尘袋，主要用于烟气除尘；部分水处理材料。

3. 土工布

主要用于公路、铁路、桥梁、水利工程、海港、电站、地下工程等。

4. 车用材料

汽车内装饰件、汽车地毯、门窗用密封条、空气净化滤材等。

5. 建筑用材料

主要有油毡基布、屋面防水涂层基布、隔热保暖材料、水泥增强材料等。

6. 电器电子工业用材料

电气绝缘材料、磁盘衬垫、清洁车间揩布等。

7. 包装材料

书籍封面、复合水泥化肥用包装袋、行李袋等。

8. 农用材料

农用育秧保熵网布、丰收布等。

9. 服装鞋革材料

合成革、鞋内衬材料、服装黏合内衬布、保暖内衣、人造麂皮等。

二、循环再利用聚酯非织造布生产工艺流程简介

（1）热黏合型非织造布生产工艺流程：

纤维整理→网帘成网→上下压辊（预加固）→轧机热轧（加固）→卷绕→倒布分切→称重包装→成品入库

（2）针刺型非织造布生产工艺流程：

纤维整理→网帘成网→针刺→卷绕→倒布分切→称重包装→成品入库

（3）水刺型非织造布生产工艺流程：

纤维整理→网帘成网→水刺→烘干→卷绕→倒布分切→称重包装→成品入库

（一）纤维整理

此过程是将纤维束开松、打开缠结，保证后面铺丝均匀，主要采用机械法，利用挡板、振动板、摆片等使纤维互相分离。

（二）铺网

整理后的纤维在此被均匀铺在成网帘上，形成均匀纤维网，靠网帘的匀速动力形成特定厚度的纤维网。成网速度一般在加工厚型产品时为1~30m/min，加工薄型产品时超过100m/min。

（三）加固

铺网后的纤维网只是半成品，必须将其固结成布，才能成为最终产品，通常采用热轧、针刺、水刺等方式，少量采用化学黏合与热风法。一般生产厚型产品用针刺法，生产薄型产品用热轧法。

（四）切边卷绕与包装

经固结的非织造布要根据用户要求的幅宽、卷长分切成卷，包装出厂。

三、生产非织造布对循环再利用聚酯纤维的要求

所有的非织造布用纤维都需要有良好的开松分离性与良好的成网性，生产不同的非织造布对纤维的要求有所差异，热合型非织造布要求纤维具有适度的回弹性、软硬度、易黏结性，使用卷曲类纤维的还要考虑卷曲度的影响；针刺型非织造布要求纤维具有较高的断裂伸长、较高的单丝断裂强度、良好的纤维韧度、合适的卷曲度；水刺型非织造布要求纤维具有良好的亲水性和低起泡性，纤维的短绒含量要控制。

四、循环再利用聚酯非织造布生产主要工艺参数选择

（一）纺丝温度

纺丝温度的控制直接影响纤维的质量，从而影响成品的外观与内在质量。由于循环再利用原料的黏度与熔点不稳定，纺丝温度需要根据不同批次进行不同的调整，一般宜控制在278~283℃。

（二）熔体压力

循环再利用聚酯纺丝熔体压力波动大，通常设定值要比原生切片纺要高一些，这样得到的布面均匀度好。

（三）热轧机温度

由于循环再利用聚酯熔点较低，因此热轧机的温度要比原生聚酯的温度低一些，通常选择在245~255℃之间。

第七章　循环再利用纤维产品开发及应用

　　基于循环再利用技术，将废旧纺织品等资源转化成化学纤维，与原生纤维类似，采取改性、复合、共混、共聚等单功能或多功能复合方法，开发异形、有色等差别化和低熔点、阻燃、抗菌等功能化纤维，既可拓展循环再利用纤维产品的应用领域，又可提升纤维的再利用，增加产品的附加值。

第一节　循环再利用差别化聚酯纤维

一、循环再利用差别化聚酯纤维

　　差别化纤维最早来源于日本，所谓的差别化聚酯（PET）纤维主要是区别于常规的 PET 纤维产品，一般通过引入新型的加工原料、加工方法，优化工艺参数来实现 PET 纤维的差别化，主要赋予纤维产品在满足基本的穿着性能外兼有功能性。早期的差别化纤维一般是指通过添加其他化学原料或通过物理变化制取的纤维材料，而现在差别化的内涵已经拓展到纤维多种功能复合化与专业化定制。循环再利用差别化聚酯纤维包括细旦、超细旦、异形、粗旦、有色纤维等，表 7-1 所示为常见的循环再利用差别化聚酯纤维产品构成。

表 7-1　循环再利用差别化聚酯纤维产品构成

差别化纤维类别	加工技术
超细纤维	1. 直接纺丝法：采用特定的纺丝技术直接纺制超细纤维 2. 间接纺丝法：采用复合纺丝技术，后加工中采用剥离技术、碱处理溶解、溶去法等制造技术 3. 超细短纤维：采用气流喷射、闪蒸纺丝技术
异形纤维	采用非圆形孔眼喷丝板纺丝
粗细丝 （竹节丝）	1. 通过机械地改变拉伸比、不均匀拉伸和变形加工等方法制造 2. 直接采用特殊纺丝组件、纺丝工艺制造
球形纤维	三维卷曲纤维经黏合、碰撞等特殊技术制造
三维卷曲纤维	采用双组分纤维纺丝或不对称冷却法加工制造
异收缩纤维	1. 物理方法：采用特殊纺丝、拉伸后加工工艺纺丝 2. 化学方法：采用间位酸第三单体共聚纺丝加工制造高收缩纤维
阳离子可染纤维	添加高含量阳离子改性聚酯
混纤丝	采用两种或两种以上的品种与规格的纤维，在前纺或后纺中混合制造
吸湿、导湿纤维	1. 化学方法：在纤维聚合物中通过共聚、共混、接枝等手段引入亲水性基团 2. 物理方法：通过纤维表面处理，形成微孔、中空化、异截面化，利用芯吸效应等物理原理提高吸湿、排湿能力

续表

差别化纤维类别	加工技术
中空纤维	采用中空喷丝板纺丝技术制造
有色纤维	添加色母粒的方法实现有色纤维的制造

二、循环再利用有色聚酯纤维

与原生纤维有色化不同的是，循环再生纤维原料中带有基础颜色，可以直接制备有色纤维，也可以与白色原料、蓝色瓶片以及其他颜色原料相互调配，制得不同色度、不同白度的有色纤维，在此基础上，可以采用色母粒添加方法调配纤维的颜色。

（一）纺丝工艺

色母粒添加型是目前生产有色纤维最常用的办法，主要采用色母粒喂料机向螺杆挤出机中添加母粒的方法（图7-1）。二者比例混合控制方法有体积计量式与重量计量式（连续失重式），前者计量不够精确，主要生产要求较低的产品；后者计量准确，主要生产高档产品。

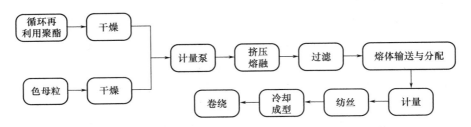

图7-1　色母粒法循环再利用有色聚酯纤维制备工艺

（二）喂料机原理与结构

色母粒添加需要用到喂料机，通常也称作注射机。常用的喂料机有三种形式：小螺杆计量型、多孔圆盘计量型、连续失重计量型。前二者为体积计量式，后者为重量计量式。

1. 小螺杆计量型喂料器

（1）工作原理。小螺杆喂料器是利用体积计量原理，根据给料量范围提供不同螺距的螺杆，采用PLC控制，变频调速，通过改变小螺杆的转速调节母粒注入量。

（2）使用特点。

①结构简单，安装方便，设有比例转换键，停纺方便；

②当色母粒品种或比例改变时，需重新标定螺杆转速；色母粒堆积密度改变时会出现色差；

③螺杆计量准确性差，对于纺制含量在1.5%以上品种或深色丝尚可，纺低含量或浅色丝时，色差严重；

④自身不带混合装置，需在挤出机及输送管道中进行混合，易产生混合不匀。

由于以上特点，此类喂料机在再生聚酯生产功能纤维或色丝上使用最多。

2. 多孔圆盘计量型喂料器

（1）工作原理。多孔圆盘计量喂料器利用体积计量法，其计量盘是多孔圆盘，每孔的容积为一次脉冲所添加的量，计量盘恒速转动时，小孔中的料粒靠自重落入混合器中。混合器中带搅拌装置，下端与挤出机加料口连接。计量喂料由 PLC 控制计数或开停，主料与母粒各通过一个计量盘进入混合器，PLC 控制单位时间内各计量盘转数，并以此来控制各种物料进入混合器的比例。在正式运转前，必须将各物料和对应的计量盘进行标定，将标定值和工艺配比在 PLC 上设定。

（2）使用特点。

①应用体积计量，母粒加入比例可直接在 PLC 上设定，不需要计算加入重量，操作简单；

②用 PLC 控制计量盘转数，计量较精确，配合混料器搅拌混合，可弥补体积计量的不足，色母粒配比最小可到 0.3%，纺浅色丝亦可；

③安装方便，工作稳定；

④进入挤出机前已经完成物料按比例混合，所以不会因纺丝设备故障影响纤维组成比例；

⑤物料的堆积密度影响计量结果，所以物料改变时，必须重新标定计量盘，纺色丝时，运行中堆积密度发生变化，将产生色差；

⑥每台喂料机可配 2~4 个计量台，能同时添加 1~3 种母粒或添加剂，因此，可以满足拼色或其他附加功能。

3. 连续失重式型喂料机

（1）工作原理。连续失重式喂料机利用失重原理对原料的流量进行连续的监视和校准，计量精度可达 0.1% ~ 0.25%。喂料斗后接螺杆喂料器，下部装有电子秤，喂料斗的失重量即为母粒添加量，电子秤称量信号反馈到 PLC 上与设定值比较后，自动调小螺杆转数，从而控制母粒单位时间注入量。喂料机可配自动补料装置，可实现连续稳定生产。

随着再利用聚酯原料品质不断提高，及对再利用纤维品质要求不断提高，此型注射机应用趋于广泛。图 7-2 为连续失重式喂料机示意图。

（2）使用特点。

①工艺设定值按纺丝总泵供量和母粒比例计算并控制母粒的添加重量；

②通过二次喂料、电子秤称量、偏差反馈、PLC处理、小螺杆调速喂入，形成闭环控制，计量准确，纺色丝时几乎无色差；

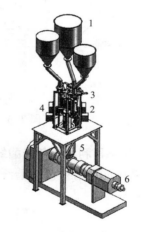

图 7-2 连续失重式喂料机示意图
1—补料仓 2—软连接 3—补料阀 4—失重式计量混合装置 5—混合料仓 6—挤出机

③当停位时，喂料器的 PLC 需重新计算母粒重量，反馈时间较长，会产生一定色差；

④每条生产线可配置 1~4 个小螺杆计量，可同时添加 1~3 种母粒或添加剂。

再利用聚酯纺色丝或功能纤维时，一般纺深色丝或添加量大的品种时常用小螺杆式注射机；纺浅色丝或少量添加及多功能复合时用圆盘式或失重式注射机；直接加添加剂时，用失重式注射机。

　　除此之外，对母粒干燥系统、母粒熔体输送温度可控管道、动态混合器、计量泵的底板和泵座设计以及母粒熔体管道停留时间、动态混合器以及静态混合效果分析研究，装置系统如图7-3所示。聚酯熔体和母粒熔体经过静态混合器初步混合后进入球穴型高效搅拌混合，混合头表面上开有多排沿圆周均匀分布的凹穴槽，混合套上相对应的有多个重叠且均匀分布的凹穴，混合头的芯轴和混合套内圈上的凹穴槽采用相互错开排列方式。聚酯熔体和母粒熔体在沿凹槽轴向流动时，将产生沿半径方向的切向流动，由于混合头芯轴的转动产生轴向作用力，当聚酯熔体和母粒熔体从一个凹槽中流出的瞬间，立即被剥离到另一个凹槽中。在混合头和混合套上相对应的球穴之间，总是处于不断地开合状态，其相互接通的面积也是不断变化的。通过高频率分流、剪切、剥离等作用，使得母粒熔体和聚酯熔体可发生高效剪切，并充分匀化混合。

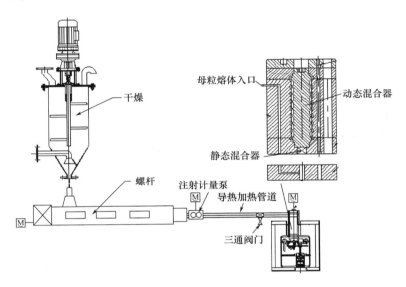

图 7-3　母粒在线添加熔体补色调色及改性系统

(三) 循环再利用有色聚酯纤维应用制备

　　制备循环再利用有色聚酯纤维一般有三种生产工艺技术路线。其中总体工艺路线如图7-4所示。

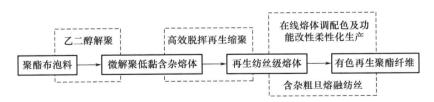

图 7-4　循环再利用有色聚酯纤维总体工艺路线

1. 再生熔体的在线调配色及功能化

　　(1) 色母粒三原色配色原理。再生熔体本身带有颜色，要想去除非常困难，且由于原料来源复杂，常规工艺下基本无法保证再生熔体颜色的批次统一。为保证产品的使用性能且兼顾生产成本，对熔体进行调配色是非常经济有效的解决方案。

纺丝用色母粒由着色剂、载体聚酯和添加剂构成，纤维着色取决于其中的着色剂，因此，对熔体配色和参考染色配色理论，基于颜色混合的减色原理。在体系中，红、黄、蓝为三种基本色（三原色或三基色），三原色中的两种色混合后，可得橙、绿、紫三种二次色（又称间色），三原色及其配得的二次色恰好组成一个封闭颜色环。用三原色和二次色混合后，得到三次色（又称复色），调整各色的混合比例，可得多种颜色的复色。同时基于 Kubelka-Munk 单常数理论可利用计算机实现较为精确的配色。

（2）动态高效混合色母粒在线添加技术。要实现高效均匀的配色，色母粒添加过程时系统中高黏流体剪切分配次数、初始共混状态和计量控制三个要点非常关键，开展了母粒干燥系统、母粒熔体输送温度可控管道、动态混合器、计量泵的底板和泵座设计以及母粒熔体管道停留时间、动态混合器以及静态混合效果分析研究。

母粒干燥系统：采用活性氧化铝（无热再生式）吸附干燥塔，干空气露点控制在 $-80℃$ 以下、干燥风量可调，控制母粒在塔内停留时间为 $6~10h$，干燥温度 $155~165℃$，搅拌器转速稳定可控，母粒含水在 $30mg/kg$ 以下，可满足纺丝需要。

聚酯熔体和母粒熔体经过静态混合器初步混合后进入球穴型高效搅拌混合，混合头表面上开着多排沿圆周均匀分布的凹穴槽，混合套上相对应的多个重叠且均匀分布凹穴，混合头的芯轴和混合套内圈上的凹穴槽采用相互错开排列方式。聚酯熔体和母粒熔体在沿凹槽轴向流动时，将产生沿半径方向的切向流动，由于混合头芯轴的转动产生轴向作用力，当聚酯熔体和母粒熔体从一个凹槽中流出的瞬间，立即被剥离到另一个凹槽中。在混合头和混合套上相对应的球穴之间，总是处于不断地开合状态，其相互接通的面积也是不断变化的。通过高频率分流、剪切、剥离等作用，使得色母粒熔体和聚酯熔体可发生高效剪切并且充分匀化的混合。实验中发现色母粒添加量在 $3%~4.5%$、注入温度 $282~295℃$ 时，配色效果均匀稳定，再生熔体黏度波动小，熔体配色可在 $2min$ 以内完成；结合计算机配色系统计算，批次色差等级可达 $4~5$ 级。

同时，由于调配色及熔体功能化改性过程都在真空脱挥状态下高温熔体中进行，原料中本身所含染料及补色染料能够更充分地发生作用，并与熔体形成部分化学结合，相比原生聚酯纤维采用高温高压染色或热熔染色等仅依范德华力与染料形成的键合具有更高的耐高温色牢度，色牢度等级可全部稳定在 $4~5$ 级。同时在补色过程中，所添加的纳米碳黑、纳米二氧化钛还可显著改善聚酯纤维的抗老化性能、结晶性能等，有效延长纤维在户外条件下的使用寿命，使得再生聚酯制品在土工应用过程中的抗老化性能比原生料更加优异，实现废而更优，全面满足土工材料的应用。

（3）再生熔体的在线调配色及功能化工艺路线，如图 7-5 所示。

图 7-5　再生熔体的在线调配色及功能化工艺

2. 再生纺丝级熔体的制备

工艺路线如图 7-6 所示。

图 7-6　再生纺丝级熔体的制备工艺

3. 土工用有色粗旦纤维的制备

工艺路线如图 7-7 所示。

图 7-7　土工用有色粗旦纤维的制备工艺流程

一般土工布纺丝旦数比较大，且泡料的黏度一般比较低，过高的纺丝温度易造成降解，生产过程中要比切片纺温度稍微低一点，但过低的纺丝温度时，聚合物流动性比较差，可纺性差，甚至不能正常纺丝和卷绕。因此，纺丝温度控制在 283℃ 左右较为适宜。

结合纺丝动力学分析，对纺丝工作区间进行改进，通过在侧吹风和组件之间添加保温区，延迟丝条冷却。计算与实验结合，最终确定再生粗旦纤维侧吹风网工艺为：侧吹风压为700Pa，侧吹风湿为 85%，侧吹风温为 17℃，露点温度为 17℃，风速为 0.7m/s，该工艺条件下，可使丝条冷却更均匀，纤度更均匀。可以生产出稳定制备的粗旦再生纤维，纤维的强度高，性能较好。

三、循环再利用混纤丝

随着以"新合纤"为特征的化纤工业的发展，制造具有与天然纤维相近截面的异形纤维来改善纤维性能的仿真方法，已被广泛应用，且是有效的改性手段。除此以外，通过纺丝方法上的组合可以实现功能产品的开发，以聚酯、瓶片为原料，FDY 纤维与 POY 纤维进行混纤，使纤维表面有许多丝圈，消除化纤丝织物的极光，具有高蓬松性和柔软的手感，与原生混纤丝相比，聚酯瓶片 POY/FDY 混纤丝由于其收缩应力更大，仿棉效果更佳。循环再利用POY、FDY 混纤丝制造过程如图 7-8 所示。

聚酯 FDY 纤维分子的取向和结晶度较高，故其强度比聚酯 POY 纤维好。碱减量处理后，聚酯 FDY 纤维强度损失小，POY 强度下降严重，部分单丝出现断裂。将聚酯 FDY 纤维与POY 并网，加捻制得混纤丝作经纱与低捻度的低弹丝交织，经过碱减量及水洗，由于 POY 单丝断裂，在织物表面形成一层微细绒毛，是较理想的水洗绒的原料；另外还可以与强捻的弹力丝交织，经碱减量及起绉处理，织物的手感及外观类似真丝面料，是较理想的涤纶仿真丝原料。FDY 丝与 POY 丝并捻工艺配置是否恰当，直接影响到并捻过程的生产效率。

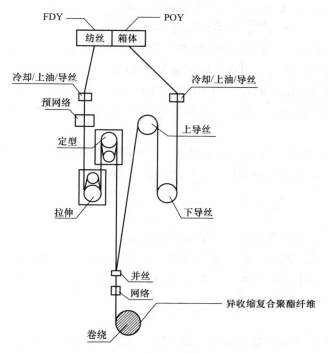

图 7-8　循环再利用 POY、FDY 混纤丝制造示意图

（一）FDY 与 POY 的并捻工艺

FDY 与 POY 的并捻工艺通常有两种路线。

（1）并网→络筒→倍捻（定型）。

（2）并合→络筒→倍捻（定型）。

实践表明，FDY 与 POY 经过并网后，由于存在网络点，两种丝抱合紧密，在倍捻退绕时，不易形成宽紧股，退绕正常；反之，则出现严重断头现象。因此，工艺路线选择并网→络筒→倍捻（定型）为妥。

（二）并网及络筒工艺

FDY 与 POY 的并网及络筒工艺合理与否，对倍捻工序的影响很大。

并网工序中，无须专门的并网设备，在日本村田 No.303 络筒机各锭位的栅门式张力器后、成型导丝杆前增加网络喷嘴，即可在络筒前对两种丝进行网络。同时对 FDY 及 POY 采用并列退绕方式，即将两只筒子并排放置，两种丝分别通过各自的张力器及导丝器后，再由网络喷嘴进行并网。

为了保证络筒筒子质量，必须合理控制好网络度、卷绕速度、卷绕形式、卷取张力和卷装重量等工艺参数。

1. 网络度

网络目的是为了增加两种丝间的抱合性，但过高的网络度会使混纤丝加捻后形成不均匀的结点。一般网络度最好控制在每米 50~60 个。

2. 卷绕速度

恒定的卷绕速度是形成均匀卷绕的必要条件，因此，对于锭子驱动卷绕的络筒机来说，络筒成形初期，锭子转动速度快，随着丝筒直径增大，回转速度下降，以达到恒定的线速度。FDY 与 POY 并网、络筒时，由于退绕筒子并列排放，若速度过快，形成气圈较大，两种丝线容易相互碰撞交缠而出现断头，因而可以采取降低卷绕速度的方式进行补偿。实践表明，并网时的速度应比相同规格的单股丝络筒速度低 200m/min 左右，如 111dtexFDY+132dtex POY，并网、络筒的速度为 500m/min 较好，而 242dtex FDY 丝络筒速度为 700m/min 较好。

3. 卷绕形式

日本村田 No. 303 络筒机具有四种卷绕形式：经向、纬向、复式、特殊复式卷绕。其中特殊复式卷绕，由于导丝动程长短结合，丝层之间存在制约力，倍捻退绕时，基本上无丝圈带出，故适于选用。

4. 卷绕张力

卷绕张力大，丝层之间发生相嵌，退绕时不易退出而出现断头，卷绕张力过小，筒子松软，在退绕时发生脱圈而断头，甚至塌边现象。一般情况下，张力控制宜略大些，以减少脱圈的发生。如 242dtex FDY 络筒时，张力为 45cN±2cN，而 111dtex FDY 与 132dtex POY 并网、络筒时，张力以 50cN 为宜。

5. 卷装重量

由于采用特殊复式卷绕，卷装形式为双锥形，其筒子锥度应与倍捻机锭盘相匹配，锥度过大，筒子会接触到锭盘，退绕时张力变化会引起断头。混纤丝较膨松，卷绕同样的重量，筒子直径较大，若超过锭盘直径，筒子无法放入锭盘。因此，卷装重量应为同规格的 FDY 的 75%~80% 为宜。

（三）络筒工艺

良好的退绕是保证倍捻正常生产的关键，而合理的倍捻工艺，能确保倍捻机产率和质量的提高。

1. 锭速

并网丝在倍捻过程中退绕时，并网丝是贴着筒子的锥面退绕，若速度过快，相互摩擦严重，易引起锥面起毛，并把丝圈带出。实践表明，FDY+POY 并网丝在倍捻时，其锭速应比相同规格的 FDY 低 2500r/min 左右，以减少丝退绕时的摩擦。

2. 倍捻张力（滞后角）

倍捻过程中，丝线在退绕时形成气圈，丝线的张力影响气圈的形状及倍捻的滞后角，倍捻张力大，滞后角小；反之，则滞后角大。实践表明，并网丝的倍捻张力应比同规格的 FDY 的张力小，即倍捻滞后角比同规格的 FDY 丝大 90° 时，断头率会较少。并网混纤丝的倍捻张力较理想应为 0.5~0.6cN/dtex。

3. 定型张力

第一超喂罗拉至假捻器的张力称为定型张力。定型张力过大，会使并网丝的伸长率、热预缩性及纤维的集束性受到影响；定型张力过小，则假捻度传递不匀，甚至出现扭结点无法通过假捻器而产生断头；定型张力恰当，织物起绉细腻，绉效果理想。正确的定型张力应为 0.1cN/dtex 左右。

4. 卷取张力

卷取张力以不影响卷取硬度为原则，最低张力应严格控制在并网丝卷取时不产生扭结为限。如111dtex FDY+132dtex POY并网丝卷取时，张力为20cN±2cN。

5. 热定型温度

并网丝在倍捻机加捻后，为利于织造，要进行蒸汽定型。对于意大利拉蒂R522—DFT倍捻机，定型是采用机上电热箱直接进行定型，加热箱的温度可以人工设定。但定型温度过高，会引起并网丝的强伸度下降及单丝间粘连；若温度过低，则不能起到定型的作用。实践表明，FDY+POY并网丝的定型温度要比同规格的FDY低10℃左右为宜，不易产生断头，并且定型效果良好，如242dtex FDY的定型温度为230℃，则FDY+POY并网丝的定型温度以220℃左右为宜。

6. 假捻捻度

在意大利拉蒂R522—DFT倍捻机中，由于引入了假捻装置，捻丝具有普通捻丝无法比拟的特性，既有真捻度又有假捻度，形成性能各异的一步法高弹力捻丝，假捻度高低，直接影响捻丝的螺旋卷曲、膨松与弹性。真捻度一定，假捻度越高，则卷曲性越强，回弹性越大，但丝的强度会有所下降。同时，假捻度越高引起的反转扭矩越大，织物起绉明显，但织造难度大；反之，假捻度小，捻丝卷曲及回弹性差，织物起绉效果差。常规的FDY设计假捻度是：假捻度+真捻度≤4400T/m，由于FDY+POY并网丝进行假捻加弹时，POY的单丝易断裂，引起毛丝而断头。因此，对并网丝的假捻度应小于同规格的FDY，根据实践经验，应少500T/m为宜，合理的捻度为：真捻度+假捻度≤3900T/m。

FDY+POY并网丝的合理工艺路线应为：并网→络筒→倍捻（定型）。并网工艺为：退绕筒子并列排放，网络度宜控制在每米50~60个。卷绕速度比同规格的FDY少200m/min左右，卷绕形式宜采用特殊复式卷绕形式，卷绕张力比同规格的FDY大，卷绕重量应为同规格的FDY的75%~85%。倍捻工艺为：与生产同规格的FDY相比，锭速少2500rpm左右，倍捻张力减小，滞后角大90°；定型张力为0.1cN/dtex左右，卷取张力为不产生扭结为限，定型温度少10℃左右，假捻度少500T/m左右为宜。

基于循环再利用纤维与混纤用长丝，通过长丝变形加工，实现混纤复合，制备得到异组分混纤丝、异形混纤丝、异收缩混纤丝与异纤度混纤丝等系列产品，形成涤腈混纺仿毛面料、锦涤混纤仿棉面料、涤氨混纤仿真丝面料等（图7-9）。

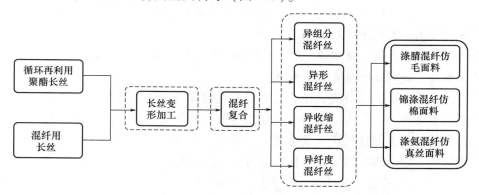

图7-9　循环再利用纤维混纤丝产品开发

四、循环再利用异形聚酯纤维

(一) 异形喷丝板设计方法

纤维成形是将成纤高聚物熔体用计量泵连续、定量而均匀地从喷丝板的微孔中挤出。喷丝板的设计既涉及高聚物流变学，又涉及机械加工领域。

1. 喷丝板的设计计算过程

(1) 确定喷丝板的尺寸。喷丝板的外形尺寸与所纺纤维品种及喷丝组件的尺寸有关，但喷丝板的厚度主要取决于纺丝压力和开口的削弱系数。

根据所纺纤维的截面形状及膨化效应确定喷丝板微孔形状及组合方式。

(2) 喷丝孔尺寸的计算。

①据所纺品种及纺丝工艺条件确定单孔流量及各单元流量。

$$Q = \frac{DKVN}{\rho \times 1000 \times 60}$$

式中：Q 为单孔流量（cm^3/s）；D 为单丝纤度（dtex）；K 为经验打滑回缩系数，取 0.9；V 为卷逃速度（m/min）；N 为后拉伸倍数；ρ 为熔体密度。

②根据微孔壁面剪切速率 $\dot{\gamma}$ 小于临界剪切速率 $\dot{\gamma}_w$（$3.5\times10^3 \sim 1.0\times10^4 s^{-1}$），计算喷丝微孔尺寸。

对于圆形孔：
$$\dot{\gamma} = \frac{4Q}{\pi R^3}$$

对于矩形孔：
$$\dot{\gamma} = \frac{2(n+2)Q}{WH^2}$$

式中：n 为流变指数；W 为矩形孔长度；H 为矩形孔宽度。

③计算挤出速度、喷丝头拉伸倍数及压力降。

对于圆形孔：
$$v = \frac{\Delta P}{4L} \cdot \frac{R^2 - r^2}{\eta}$$

$$S = \frac{VA}{Q \times 60}$$

$$\Delta P = \frac{8Q\eta L}{\pi R^4}$$

式中：v 为挤出速度；L 为喷丝孔的长度；η 为表观黏度；S 为喷丝头的拉伸倍数；V 为卷绕速度；喷丝孔截面面积 ΔP 为压力降。

④根据纺丝实验，确定基本单元的最佳成型参数范围，并重新校核微孔尺寸。

2. 喷丝板的参数对流动稳定性的影响

(1) 尺寸的影响。由上述流动的稳定性的理论可知，在纺丝过程中不稳定的一个主要因素是壁面处的剪切速率，当剪切速率超过其临界剪切速率时，便会出现熔体破裂，造成不能纺丝。而壁面剪切速率与体积流量成正比，与微孔的尺寸成反比，当单头单泵时，泵供量一定，体积流量也一定，所以要使流体具有可纺性，要严格设计、计算喷丝板微孔的尺寸。

(2) 尺寸偏差的影响。在以前的喷丝板加工中按标准 FZ/T 92043—1995 加工的喷丝板在纺丝过程中经常会出现毛丝、断丝等现象，这是由于偏差控制的不一致性所造成。

喷丝头的拉伸倍数 $S = \dfrac{\eta V}{5H^2}\left(\dfrac{L}{\Delta P}\right)$，以三角形为例，同一个孔的不同叶间的拉伸比，由于

压力降，微孔长度及其他条件相同，则 $S_1 : S_2 = \left(\dfrac{H_2}{H_1}\right)^2$，在以前的标准中只规定了长度偏差为

$\pm 0.01\text{mm}$，而没有规定一致性。一般异形孔叶宽为 $0.08 \sim 0.15\text{mm}$，以 $H = 0.08\text{mm}$ 为例，假设加工都在偏差范围，但一个叶取正偏差，一个叶取负偏差，则拉伸比为 $S_1 : S_2 = 1.65$。造成同一个孔上不同叶的拉伸比不同，结果出现毛丝、断丝。

由上述讨论可知，提高同一喷丝板上微孔偏差的一致性，可提高可纺性。一般宽度方向的偏差取 0.001mm。

3. 基于基本单元的异形喷丝板的设计方法

（1）喷丝板微孔孔型的选择应在各单元的协同效应范围之内根据所纺纤维的截面形状及膨化效应确定喷丝板微孔形状及组合方式。对于多单元组成的喷丝板，其微孔的基本单元应根据单元膨化方向选择，且其开口方向宜指向圆心或背风；使各单元形成向心效应，充分闭合；每个单元速度应一致，且有相近的速度分布，从而保证纺丝稳定性。单元间的缝隙以 $0.04 \sim 0.2\text{mm}$ 为宜，最佳应在 $0.1\text{mm} \pm 0.02\text{mm}$。

（2）异形喷丝板微孔单元尺寸的确定必须考虑流动性能。

①同一喷丝板上由相同形状及相同尺寸的图元组成时。

a. 根据所纺品种及纺丝工艺条件确定单孔流量及各单元流量。

b. 根据微孔壁面剪切速率小于临界剪切速率（$3.5 \times 10^3 \sim 1.0 \times 10^4 \text{s}^{-1}$），计算喷丝微孔尺寸。

c. 计算挤出速度、喷丝头拉伸倍数及压力降。

d. 根据纺丝实验，确定基本单元的最佳成型参数范围，并重新校核微孔尺寸。对于矩形单元组成的孔，其流动的最佳范围：$\dot{\gamma}_w = 7.5 \times 10^3 \sim 8.5 \times 10^3 \text{s}^{-1}$，$S = 169 \sim 183$，$\Delta P = 4.2 \times 10^6 \sim 4.7 \times 10^6 \text{Pa}$。

②同一喷丝板上不同的孔或同一孔上由不同图元组成时。每一单元尺寸的计算除遵循上述的原则外，为具有可纺性，需使两种单元在拉伸时具有相同的拉伸倍数，即根据拉伸倍数的计算公式，其初始速度要相等，则两单元的尺寸协同性，应具有如下关系：$\bar{V}_i = \bar{V}_j$。

即：$\dfrac{Q_i}{A_i} = \dfrac{Q_j}{A_j}$，式中，$Q$ 为每一单元的流量，A 为每一单元的面积。

（3）丝板微孔加工精度的确定既要考虑加工可行性又要考虑纺丝的稳定性。异形孔的基本单元的宽度方向的偏差对纺丝的稳定性有很大影响，应为 $\pm 0.001\text{mm}$，而目前的纺织行业标准为精密级时，偏差为 $\pm 0.003\text{mm}$，很难达到异形喷丝板的纺丝加工要求。此外，同一块喷丝板上及同一微孔各单元的加工偏差要求具有一致性。

（二）工艺条件对循环再利用异形聚酯纤维异形度的影响

异形截面纤维制备过程中，纺丝熔体从异形孔喷出后形成新的表面，表面积越大其能量越高，造成体系不稳定，为此有减小表面能、缩小表面的趋势，然而又受到熔体黏性阻力的抵抗，所以凡是能增加熔体黏性阻力的一切工艺因素都能提高纤维的异形度。从纺丝工艺的

角度来看，加快冷却速度是提高纤维异形度的有效方法。

1. 喷丝板异形孔排列方式

对于三角形喷丝孔，其孔排列方式很重要，它们均是以特殊角度指向喷丝板中心，要求三角形喷丝孔按图 7-10 排列。

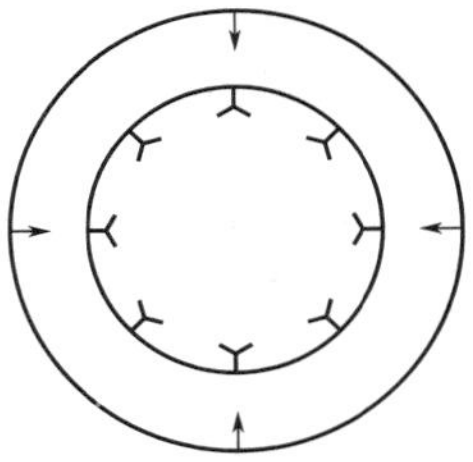

异形纤维喷丝孔的排列，对异形纤维的异形度和卷曲率等指标都有较大的影响，其基本原则是其异形孔的长周边对准吹风方向。本设计采用图 6-1 所示的形式。

图 7-10　三角形喷丝
孔的排列

2. 喷丝板材料及加工选择

异形喷丝板微孔采用电火花机床加工而成，考虑加工方法，喷丝板材料要具备耐热、耐腐蚀、承压能力强等要求，现用 SUS 630 为喷丝板材料。

喷丝板只有在承受超过其极限压力时才会变形。它的极限压力根据材料力学、喷丝板受力情况可以简化为周边铰支，整个板面为受均匀载荷的圆形平板。圆形板受均布载荷后产生弯曲，中心处弯曲应力最大，挠度也最大，用承载能力法校核强度。

$$\sigma_T = \frac{M}{W_T} = 0.167 \frac{PD^2}{\phi S^2} \le \sigma_s^t$$

式中：$\phi = \frac{D - \sum d}{D}$ 为开孔削弱系数；σ_T 为计算应力；M 为弯距；P 为板面承受的压力；D 为板的直径；S 为板的厚度；$\sum d$ 为板直径截面上分布的小孔直径总和；σ_s^t 为不同温度下的屈服极限，由此得出极限压力：$P = \frac{\phi S^2}{0.167 D^2} \sigma_s^t$

由此计算得出本喷丝板的极限压力为 19.46mPa，远大于熔体纺丝时喷丝板产生的压力降。不会产生鼓板，满足使用要求。

3. 喷丝板特征尺寸的选择

纺丝熔体的流动状态与孔的形状及尺寸的大小密切相关。按流变学观点，纺丝熔体大多数是非牛顿流体，它在不同的孔道中流动时，有如下一些公式，本文采用米勒提出的当量直径法进行设计、检验与修正。

$$\tau = \frac{\Delta P D_h}{4L}$$

$$D_h = \frac{4q}{s}$$

$$\dot{\gamma} = \frac{Q\lambda}{2qD_h}$$

式中：τ 为剪切应力（Pa）；P 为压力降（Pa）；L 为微孔长度（mm）；$\dot{\gamma}$ 为剪切速率（s^{-1}）；Q 为体积流量（cm^3/s）；D_h 为异形孔的当量直径（mm）；q 为微孔的横截面积（mm^2）；s 为微孔的周长（mm）；λ 为与微孔截面有关的形状因子（三角形为 6.50）。

国内外经验表明，用当量直径法设计多种喷丝板，当量直径在 0.15~0.45mm，纺制 6.6dtex 以下涤纶，取得了良好的效果。本设计采用当量直径法。其喷丝孔当量直径为

0.159mm，证明可以满足熔纺纺丝成型的要求。

从理论上讲，为了保证正常纺丝，熔体在喷丝孔道中流动时必须低于其临界剪切速率 $\dot{\gamma}$。实践证明，聚酯熔体以 $3.5\times10^3 \sim 4.0\times10^3 s^{-1}$ 流动时，有良好的可纺性。考虑到切片的分子量，纺丝成型以及喷丝孔的形状、尺寸大小等因素对剪切速率的影响，可近似地取 $1.0\times10^4 s^{-1}$ 作为设计异形喷丝板时熔纺流动的临界剪切速率。超过此值就会产生不稳定流动，甚至熔体破裂。

（三）异形纤维生产工艺中冷却条件的影响

异形纤维生产工艺中，冷却成形的条件如风温、风速、风湿度、吹风高度，风分布的均匀性是关键的参数，异形度随冷却速度增加、风温的下降及冷却吹风点位置的提高而增加。

1. 吹风高度的影响

环形冷却风装置出风口的位置，直接影响丝束成形纤维异形度。当出风口离喷丝板面太近时，由于熔体冷却过速，容易造成纤维皮芯层的差异，造成毛丝断头。当出风口位置离喷丝板面远时，纤维冷却不充分，不仅异形度低，而且纤维凝固成形快慢不匀，造成并丝及疵点。

2. 风量或风速的影响

纺丝时风量大小影响纤维成形，风量过大有利于冷却，但由于丝束中心发生湍流，丝束明显抖动影响条干均匀性；当风量过小不利于冷却成形，造成丝束内外层凝固不均匀，往往使三角截面偏向圆形。

3. 纺丝温度的影响

除冷却条件外，纺丝温度对于纤维截面及性能有很大影响，纺丝温度的提高不利于异形度的提高。虽能减小熔体喷丝孔出口的膨化效应，但熔体黏度下降，表面能力下降，使熔体黏性阻力下降，从而影响纤维截面形状。

4. 纺丝速度的影响

纺制异形丝时的工艺条件与常规圆形截面纤维工艺条件不同，为了达到一定异形度，熔体温度要稍低，冷却条件较剧烈，又由于异形截面在冷却成形过程中比表面积较大，与空气摩擦阻力大，导致原丝取向度提高，为有利于后拉伸性能，故卷绕速度通常比纺制常规圆形截面纤维时的速度要低。

但卷绕速度太低，丝条容易发生飘荡，又由于冷却均匀性差，往往在后拉伸时易产生束状未拉伸丝，影响纤维拉伸性能。

5. 油剂的选择及纤维的含油率控制

由于异形纤维比表面积的增加及纤维蓬松性的增加，要选择合适的油剂以增加纤维之间的抱合力，有利于后加工的进行。异形纤维对油剂吸入量明显增加，又因比表面积增加，油剂挥发也快，因此，对异形纤维要增加油剂浓度或上油率以外，对在盛丝桶内待后加工纤维要用塑料膜遮盖保存，以免油剂挥发影响后加工。

6. 后拉伸工艺条件的选择

从工艺参数中可以看出，异形纤维初生丝的可拉伸倍数低于相似条件下的圆形截面的纤维，由于异形纤维蓬松性通常影响纤维的集束性能，使纤维在后加工中容易造成拉伸不足或成品的疵点，为此要调整后加工各道工序中丝束张力的均匀性。针对异形纤维蓬松性要调整卷曲的压力与卷曲前预热的温度。

(四) 工业化生产

循环再利用异形聚酯车间主要设备组成：干燥设备，空调设备，螺杆挤压机、纺丝设备，后加工设备等。

主要的生产过程分为干燥、纺丝、卷绕、横动、集束、牵伸、紧张热定型、卷曲、松驰热定型、切断、打包等工序。辅助工序有纺丝冷却空调、热媒循环和储存、组件（含过滤器清洗）、油剂调配及输送等。

工艺流程如图 7-11、图 7-12 所示

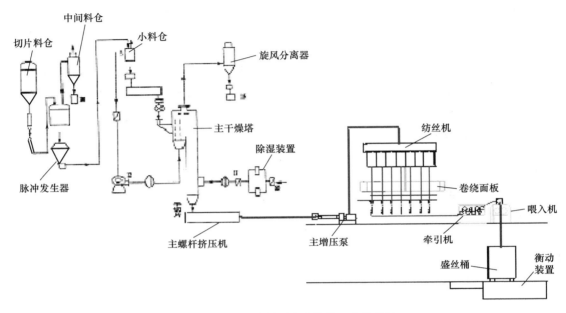

图 7-11　循环再利用聚酯前纺工艺流程图

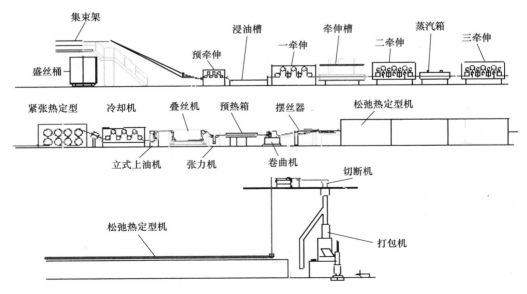

图 7-12　循环再利用聚酯后加工工艺流程

第二节　循环再利用功能化聚酯纤维

一、循环再利用功能化聚酯纤维

功能性纺丝是指将再利用聚酯原料中通过添加功能性添加剂或母粒的方法赋予纤维一些特殊的功能，如阻燃、抗静电、抗菌、远红外、阳离子改性、有色纤维等。

添加剂直接混合添加型主要用于纺制抗静电纤维、抗菌纤维、远红外纤维等；母粒添加型主要用于纺制阻燃纤维、消光纤维、阳离子改性纤维与有色纤维等。表7-2为循环再利用功能化聚酯纤维产品构成。

表7-2　循环再利用功能化聚酯纤维产品构成

功能化纤维类别	加工技术
远红外纤维	纤维聚合物中添加具有远红外发射功能的超细无机粉末，如远红外陶瓷粉、碳化锆、氧化锆等复配超细粉末，进行共聚或共混纺丝
抗菌纤维	纤维聚合物中添加具有抗菌功能的超细无机粉末，如各种含银、铜、锌等具有抗菌作用离子的沸石、超细无机粉末，进行共聚或共混纺丝
紫外线遮蔽纤维	纤维聚合物中添加对紫外线有吸收和反射作用的功能添加材料，如氧化锌、氧化钛等无机超细粉末，进行共聚或共混纺丝
防透明纤维	采用复合纺丝方法，将具有高白度的陶瓷微粉加入到纤维的芯层或采用不同折射率材料的皮芯结构形成反射层
光/热敏变色纤维	在纤维聚合物中添加对光照或温度敏感的有机材料，利用其结晶结构、络合物形式等对光照敏感变化引起的颜色变化达到变色效果
阻燃纤维	在纤维聚合物中添加氯乙烯、偏氯乙烯等含氯、溴卤素阻燃添加剂及磷系阻燃剂等及其复合形式进行共聚或共混纺丝，也可以进行无机阻燃剂添加共混改性和后整理改性
负离子纤维	通过共聚或共混的方法在纤维聚合物中添加具有热电性或压电性的含硼的铝、钠、铁、镁、锂环状结构的硅酸盐物质负氧离子粉体，利用粉体自身的自由离子、不纯物离子和离子性物质杂质和二、三声子共鸣产生较强的辐射带宽，产生负氧离子
抗静电/导电纤维	在纤维聚合物中添加具有高极性亲水材料进行共聚或共混纺丝，提高纤维的电导率，或添加具有导电能力的无机材料如炭黑、硫化亚铜等金属硫化物和金属氧化物等进行纺丝
芳香纤维	利用微胶囊包覆技术将含有香精的微胶囊添加到纤维聚合物中进行共混纺丝
湿敏变色纤维	将某些对湿度敏感的有机络合物或无机结晶材料（比如在含不同结晶水和结晶水得失时的颜色变化）添加到纤维聚合物中进行纺丝得湿敏变色纤维
磁性纤维	在纤维中添加具有磁性作用的无机超细粉末材料，如铁氧体等，使纤维产生一定的磁场效应
电磁波屏蔽纤维	在纤维聚合物中添加适量的能够对电磁波产生吸收或在外界电磁波的电磁场作用下能够产生与外界电磁场方向相反的电磁场作用的物质，如金属氧化物、无机导电材料等

表7-3、表7-4分别列出了国内某企业生产差别化功能化聚酯短纤工艺与质量指标。说明循环再利用聚酯原料只要品质控制好，完全可以制备各种有色、异形及功能组合的纤维，

满足不同领域的要求。

表 7-3　工艺参数与质量指标

项目 时间	黑色普通涤短	黑色扁平涤短	负离子中空 三维卷曲	十字形涤短	十字形涤短
规格	1.67×38	6.67×38	7.78×64	1.56×38	2.22×38
结晶温度（℃）	135	135	135	135	135
干燥温度（℃）	165	165	165	165	165
Ⅰ（℃）	285	282	282	283	283
Ⅱ（℃）	288	284	285	284	286
Ⅲ（℃）	287	284	285	284	286
挤压机Ⅳ（℃）	287	284	285	284	286
Ⅴ（℃）	286	283	283	283	284
Ⅵ（℃）	285	282	282	282	283
箱温（℃）	285	283	285	288	287
环吹风压（℃）	270Pa	450Pa	900Pa	300Pa	330Pa
环吹风速（m/s）	0.6	1.2	3.5	1	1.2
环吹风温（℃）	26	23	25	25	25
环吹风湿（%）	65	65	65	65	65
组件板孔/型	2808/圆	700/-	650/c	1800/十字	1800/十字
水浴温度（℃）	常温/65	常温/65	常温/65	常温/73	常温/65
1#温度/2#温度（℃）	140/110	140℃/110	85/常温	140/100	140/100
Ⅰ区（℃）	115	115	160	115	120
Ⅱ区（℃）	125	125	165	125	125
Ⅲ区（℃）	—	—	165	—	—
DR（AC）	4.0	3.8	3.2	3.8	—

表 7-4　差别化功能化聚酯短纤成品丝对应指标

项目 时间	黑色普通涤短	黑色扁平涤短	负离子中空 三维卷曲	十字形涤短	负离子涤短
纤度（CV%）	1.77	6.44	8.06	1.52	7.85
强度（CV%）	4.1	3.83	—	4.3	—
伸长（CV%）	25.9%	21.5%	—	27.6%	—
含油/比电阻	0.21/6.5×10^8	0.14/5.2×10^8	0.11/2.9×10^8	0.12/3.8×10^8	0.12/1.4~1.0
卷曲数/卷曲率	11.2/12.5	8.5/9.6	7.1/11.5	12.3/11.6	7.1/15.6
含水率/回潮率	0.40/0.38	0.29/0.18	0.22/0.26	0.30/0.20	0.22/0.18
超长/倍长/疵点	0.2/0.3/0	1.9/0/0	1.7/2.0/9.7	0/0/3.8	1.5/7.6/3.9
180℃干缩/水缩	9.0	—	—	—	—

二、循环再利用低熔点聚酯纤维

目前低熔点聚酯已被广泛应用于非织造布行业来改善各纤维之间的黏结性能。它是一类比常规聚酯熔点低的改性共聚酯，熔点范围在90~240℃，大都通过两种或两种以上的二元酸和二元醇，采用共聚的方法使其结晶度、玻璃化温度、熔点大大下降，以满足热熔胶的特殊要求。化学法循环再利用制备低熔点聚酯的过程如图7-13所示。

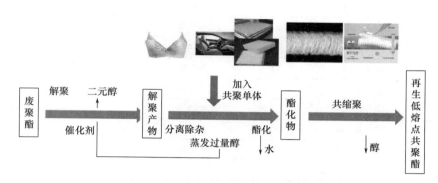

图7-13 化学法循环再利用制备低熔点聚酯

循环再利用低熔点聚酯纤维利用废聚酯、纺织材料为原料，通过智能自动配料（配比、自动混合和输送）、沉降—鼠笼二级串联成膜的"微解聚—调质调黏"、高效梯度过滤等集成技术为基点制备高品质再生聚酯熔体；采用"以新包旧"的方式通过双温控纺丝箱体获得多元化低熔点再生聚酯初生纤维；采用低于常规聚酯（PET）玻璃化温度20~22℃的水浴拉伸技术和低温定型后处理等技术获得品质稳定的低熔点再生聚酯纤维。开发以废聚酯、纺织材料制作的再生聚酯为内芯、以改性聚酯为外皮的系列复合低熔点聚酯短纤维产品。提升再生聚酯纤维制性能及品质，实现再生聚酯纤维在汽车内饰、家纺、服饰领域的应用，提高产品附加值。

（一）主要考核指标

1. 低熔点再生聚酯短纤维性能指标

低熔点聚酯（LPET）/再生聚酯（R-PET）复合短纤维质量指标见表7-5。

表7-5 低熔点聚酯/再生聚酯复合短纤维性能指标

项目	标准值	指标
断裂强度（cN/dtex）	≥2.85	3.26
断裂伸长率（%）	42±12.0	44.9
线密度偏差率（%）	±15.0	3.2
倍长纤维含量（mg/100g）	≤30.0	6.6
长度偏差率（%）	±10.0	2.0
疵点含量（mg/100g）	≤500.0	20.6
卷曲数（个/25mm）	5±3.5	6.1
卷曲率（%）	11±3.5	8.2
85℃干热收缩率（%）	5±2.0	5.4

续表

项目		标准值	指标
比电阻（Ω·cm）		$\leqslant 9.0\times10^{9}$	1.5×10^{7}
黏结温度（℃）		118±4.0	119.1
可萃取重金属	锑（mg/kg）	≤30.0	<0.09
	砷（mg/kg）	≤0.2	<0.1
	铅（mg/kg）	≤0.2	<0.2
	镉（mg/kg）	≤0.1	<0.01
	铬（mg/kg）	≤1.0	<0.12
	钴（mg/kg）	≤1.0	<0.02
	铜（mg/kg）	≤25.0	<0.06
	镍（mg/kg）	≤1.0	<0.05
	汞（mg/kg）	≤0.02	<0.005
	铬（六价）（mg/kg）	≤0.2	<0.2

2. 再生聚酯熔体均质化效果

熔体黏度：0.635～0.675dL/g；熔体过滤精度：<50μm。

（二）循环再利用低熔点聚酯纤维“以新包旧”皮芯复合纤维纺丝成形

1. 循环再利用低熔点皮芯复合短纤

循环再利用低熔点皮芯复合短纤，是指皮层采用低熔点聚酯（可用再利用聚酯），芯层采用再利用聚酯的复合短纤（复合比以30：70居多），主要用于非织造布、造纸、喷胶棉等，利用其在一定温度下低熔点表皮软化、熔融，发生黏性流动，在低熔点复合纤维与其主体纤维网交叉点形成黏合作用。

2. 循环再利用低熔点聚酯纤维喷丝板设计

复合异形纺丝组件是制备复合异形纤维的核心部件，喷丝板导孔、过渡孔及微孔的加工精度、表面质量是影响熔体流动及纤维成形的关键因素，因此，复合异形纺丝组件的加工制造关键技术及相应的加工工艺优化，高精度检测装备研制是复合异形纤维制备的前提条件。

皮芯型复合纺丝组件，其关键零部件为两种聚合物熔体进入喷丝板之前的一块分配板，一般的分配板结构实物图如图7-14所示。

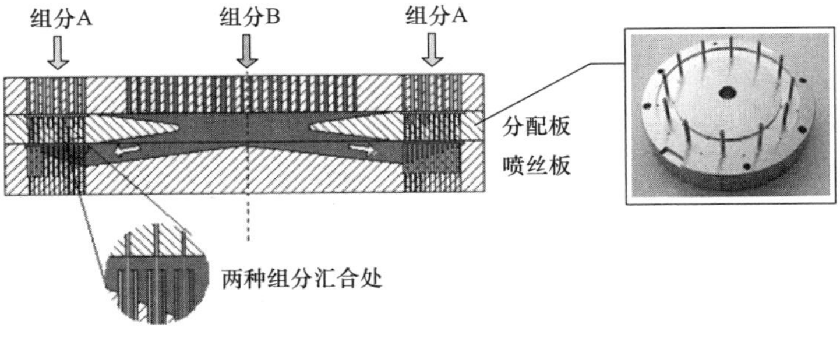

图7-14 皮芯型复合纺丝组件结构示意图

针对低熔点聚酯熔体和再生聚酯熔体的特点，结合皮芯复合纺丝工艺，在保证两种熔体在喷丝头挤出处的熔体黏度尽可能相近的前提下，通过模拟计算喷丝孔出口熔体的剪切速率，设计出适合"以新包旧"、能够稳定复合纺丝的喷丝板和分配板。从根本上杜绝因为两种熔体黏度差相差过大所导致的熔体在复合界由严重迁移与形变所导致的黏板或破皮。通过增加芯层的内径，使其相对原生聚酯芯层的直径增加了 0.018mm，并且控制加工精度为 ±0.002mm，满足以旧包芯低熔点聚酯纤维的制备。

根据设计的纤维截面形状，由常规聚酯作为芯部，低熔点聚酯作为皮层，构成皮芯复合异形纤维。所以由分配板将 LPET 分配至 RPET 周围，喷丝板导孔大于与其同轴心的分配板下孔，让 LPET 从缝隙中进入喷丝孔，将 PET 包裹，最后由微孔喷出。根据工艺要求及纺丝设备条件，设计双组分十字皮芯型纤维的规格为 5dpf。喷丝板组件如图 7-15 所示。

图 7-15　喷丝板组件

（三）皮芯复合纤维后加工

1. 牵伸机设计

由于皮层聚合物的熔点低，低熔点聚酯复合纤维拉伸定型工艺中温度的设定需要综合考虑，既要保证纤维的充分拉伸，又不能使纤维软化黏结。一级拉伸采用受热较均匀的水浴（含有油剂）加热方式。拉伸温度低于玻璃化温度 T_g 时，纤维不能被正常拉伸，实际控制在 55~65℃较合适。当纤维经过第一级拉伸后，取向度和结晶度有所提高，进行第二级拉伸需采取更高的温度，采用蒸汽加热，温度控制在 65~75℃。低熔点皮芯复合初生纤维的拉伸倍率的选定可参照常规涤纶，拉伸倍数的选择在初生纤维的自然拉伸倍数和最大拉伸倍数之间，第一次拉伸倍数控制在总拉伸倍数的 85% 左右。然后根据成品的纤度、断裂强度和断裂伸长对拉伸比进行微调。

同时针对低熔点聚酯纤维玻璃化温度低、不结晶、拉伸点长的特点，在一道牵伸机、二道牵伸机和三道牵伸机牵伸辊上设计冷冻水降温夹套，用来转移牵伸过程中纤维表面的潜热。另外，通过加长一道牵伸机和二道牵伸机之间的长度的方式，使得纤维的牵伸点在牵伸槽中完成充分地拉伸，牵伸槽长度约 3m，而低熔点牵伸槽长度为 4.5m。

2. 卷曲机的设计

通过在卷曲机辊、卷曲刀和侧刀板上设计冷媒交换装置，快速地转移纤维因受压和牵伸过后纤维残留的余热。

松弛热定型机的设计：针对纤维定型温度低，以水为热媒代替蒸汽或导热油来用低熔值的水为热媒，采用高精度的气动薄膜阀、温控阀来控制烘箱的温度，确保烘箱的温度波动在0.5℃以内。

3. 纤维松散性的优化设计

针对低熔点聚酯纤要具有良好的松散性，从切断刀盘、曳引机、风送设备、纤维输送装置等多方面进行优化设计，满足客户对纤维松散性的需求。

通过上述设备的优化及采用低于常规聚酯玻璃化温度20~22℃的油浴对纤维进行拉伸并快速释放牵伸过程中释放的大量潜热，有效地解决了常规低熔点聚酯纤维拉伸点差异大导致的牵伸困难的问题；纤维进入以冷冻水作为冷媒的卷曲机，赋予纤维适当的卷曲、蓬松性能和梳理性能；然后纤维进入以水为热媒的低熔值的松弛热定型中对纤维进行定型，解决复合纤维短暂开停车出现的纤维粘连的难题，低熔点再生聚酯纤维的品质得到全面提升。

（四）国内外同类技术

表7-6为国内外4.44dtex×51mm低熔点聚酯短纤维产品主要指标对照。

表7-6　国内外4.44dtex×51mm低熔点聚酯短纤维产品主要指标对照表

检测项目	公司产品 国内独资企业	国内合资企业	韩国	美国	国内民营企业
线密度偏差率（%）	4.4	2.8	1.7	-3.1	1.2
断裂强度（cN/dtex）	2.98	2.89	3.01	3.04	3.3
断裂伸长率（%）	54	52	54	49	42
85℃干热收缩率（%）	7.5	7.8	7.6	7.9	7.1
熔程（℃）	105±3	—	—	—	—

第三节　循环再利用纤维品质影响因素

聚酯长丝以其独特的风格被广泛应用于服装、装饰等领域，随着纺丝技术的不断改进以及人们对服装要求的多样性与舒适性的追求，对涤纶长丝的质量要求也越来越高。由于DTY生产过程控制及检测手段的局限性，DTY的一些质量问题只有到织造过程中才显现出来。再利用DTY纤维相比较原生DTY纤维某些产品质量稍差。这些质量缺陷除了由织造、染整工艺或者设备的因素造成外，主要是由DTY原料带来的。随着用户对织造效率、成品率和染色均匀性能的要求更加严格，对再利用DTY纤维的加工工艺要求更加严格。

一、色差或横条
（一）色差或横条现象及原因

布面色差或横条是DTY在织造过程中最常见的质量缺陷，同时也是造成损失最大的质量问题。它是在织物上出现的、并轴整数倍的有色差经纱，或者在纬向上反映出来的条状色差，或者经纬向色差不一致；在针织物中会在间隔等于总筒子数生产一圈的宽度距离（俗称一个纱线循环）上出现等距横条。

色差和横条现象主要是某一些锭的线密度、吸色性、卷曲收缩率与同批号丝锭之间存在差异，以至在织成的坯布上出现横条或疵布，经染整后出现色差横条，经过贴胶海绵或者磨毛等后整理以后，色差变得更加明显。线密度差异会使织物粗糙或者透光异常；着色差异也会产生色差；经染整高温处理后会使织物局部尺寸稳定性差，由于收缩差异造成横条。

（二）解决办法

要解决线密度、吸色性和卷曲收缩率这三个影响染色的问题，必须要从 POY 原料开始着手进行全流程管理。在生产过程中必须保证线密度的均匀性，及时处理漏浆组件、计量泵，飘丝要严格分流。加强管理，避免混批、错位丝的生产，切片或者熔体质量、组件周期、侧吹风冷却条件要稳定；生产工艺参数中压力、压差、温度、速度必须保持稳定，制定严格的波动分流标准；加强锭位管理，减少锭位差异；对到期的 DTY 设备部件如假捻盘、皮圈、罗拉等整批更换，保持所有锭位加工条件一致；DTY 加工过程，丝道必须保持一致；采用更严格的判色标准，实践证明采用国标所使用的灰卡标准判色越来越难以满足用户日益严格的染色需求，往往造成小色差情况，目前很多厂家已经采用 4.5 级的标准，并且以加织标样作为参考的形式对产品颜色进行深、中、浅三色细分，进一步提高产品的染色均匀性；另外，可根据客户织物的特点加工，如纬编织物可提高 DTY 的卷曲收缩率，这样 DTY 的弹性好且丰满，织物染色整理后可掩盖一些轻微条纹。

以上条件中，尤其 DTY 加工条件的一致性最容易出现问题，在质量投诉统计中，色差和横条问题近 50% 都是由于加弹过程的丝道间打滑或者存在丝道问题等导致，需要引起 DTY 加工厂的重视。DTY 加工由于锭位多、零部件多、劳动密集型等特点，操作错误的比例大。根据试验对比，加弹过程在一、二两级罗拉之间的丝道最为重要，POY 丝条在这两个部件之间完成拉升和假捻过程，这一段丝道是加弹的核心，必须准确，否则拉伸、受热、冷却、加捻任一条件不一致都会出现蓬松性、收缩性差异，很容易形成大的色差，且往往损失较大，因此，要求操作人员在生头之后必须对这一段丝道进行一次检查确认。

二、僵丝

（一）僵丝现象及原因

僵丝是指 DTY 上出现成段的、连续不蓬松的紧捻丝，较短的、成点状的叫点僵。一般情况下，僵丝对织造过程影响不大，但坯布染色后会产生长短不一的段斑色差，有点状（僵点）或间歇性条状（僵丝条），该段织物因僵丝的存在其吸色性比周围的明显加深且缺乏弹性。僵丝的成因主要有 POY 拉伸不足，锭位故障，POY 条干、含油不均匀；加工速度过高导致丝条抖动、加工过程不稳定；熔体或切片质量问题及组件状态不佳，在 POY 生产过程，组件过滤性能差，容易喷出状态不理想的丝；侧吹风紊乱等。这些在 POY 条干波谱图中表现为在短片段出现波峰，这种 POY 在后加工过程中张力不稳定，容易造成解捻不完全，形成僵丝或者粘接点。在加弹机上的锭位故障如假捻器打滑、第一罗拉不平整、透光或跑偏、第一热箱内丝道不正等也会产生僵丝。

（二）解决办法

解决僵丝问题首先保证 POY 质量：要降低 POY 条干圈、含油不匀问题，及时跟踪组件状态和侧吹风状况，避免出现波动的 POY 在后加工过程中出现张力不均、假捻不充分而形成僵丝。DTY 加工过程要求设备完好，一、二两级罗拉不打滑或者跑偏，使丝条拉伸一致；加工工艺上要求加工速度适中，过高的加工速度会导致丝条抖动，在假捻器上摩擦状况不稳定，丝条出现间断性的僵丝；丝道上要保证在第一热箱内丝条受热均匀，避免出现丝条窜热箱、丝条不进第一热箱进口或者出口端，这些情况均会使丝条受热不够，加捻效果呈现差异。另外，要加强在线生产状态监控，消除各种不稳定因素，更要保持良好的设备状态，建立周期性的部件更换或者维护，有条件时可安装在线张力系统。

三、毛丝

(一) 毛丝现象及原因

毛丝是 DTY 单丝断头后形成的，它的存在，使其在织造过程中与设备、丝条间增加摩擦。在机织时，整经容易断头，丝条过筘齿不顺，开头不清；在纬编大圆机上，储丝器上易缠丝导致该路纱线进线长度有差异，形成色差，易断针造成漏针；经编对毛丝的要求更高，很容易造成织物起毛起球。

以机织加工为例，由于摩擦及其增加的静电聚集，整经过程中，部分纱线的整经张力偏大，整经片纱张力不均匀，从而影响浆纱生产和浆轴的质量。浆纱后，毛羽不能很好帖伏，加上织造过程中经纱受到停经片、综丝、钢筘的刮擦，断裂的单丝更容易粘接在一起，使纱身表面"耸立"，与邻纱纠缠形成松软球，造成织造中开口不清，出现疵点。如果是单个丝饼毛丝，则容易使整根纱线生产过程张力偏高偏紧，最终成品染色后出现色差。如果是在加工细旦高密织物或有梭生产时更加明显。同时由于毛丝造成频繁的开停机，面料形成停车挡，特别是纬密较低的面料更明显。纬纱毛丝较多时，丝条之间的摩擦增加，退绕性能变差，在无梭织机高速织造过程中纬纱引纬速度高，易形成频繁搭丝断头，使织造无法进行。

在纺丝过程中，切片含水量过高、熔体特性黏度过低、工艺拉伸过度、组件过滤效果差、喷丝状态不良、POY 含油不足或不当、设备锭位上热箱结焦，以及主要的受力导丝器假捻盘损伤后擦伤单丝、兔子头损坏等都是造成毛丝的原因。

(二) 解决办法

如果出现整批毛丝多、DTY 毛丝锭位不固定的情况，重点排查 POY 加工情况，有时候仅仅更换组件也能消除批量毛丝现象。如果是单锭问题，重点检查 DTY 的瓷件问题，尤其是一些丝饼单端面的毛丝，往往和卷绕兔子头瓷件质量有关。

四、退绕

(一) 退绕不良及原因

织造过程中退绕不良，丝条容易断头，严重的甚至缠结在垫饼上导致断头，不但降低生产效率、增加劳动强度，还会使面料出现结头疵点，若作为经纱容易造成无法整经使用的情况。退绕不良是 DTY 纤维的第二大质量问题，尤其是对于单丝纤度在 0.5dtex 以下的细旦多孔丝。在织造过程中，退绕问题显得尤为突出，直接决定产品能不能作为纱线织造使用。

造成退绕不良的原因很多。一般情况下，DTY 的强度、伸长等均能满足织造要求，不会出现因为强度或者伸长太低而使复丝断裂的情况。DTY 生产厂家大多比较关注网络个数和含油率问题，以为只要解决了纱线抱合力问题就能满足退绕要求，而很少有聚酯 DTY 纤维生产厂家检测残余扭矩和卷装密度这两项指标，这两项指标是决定产品退绕性能好坏至关重要的因素。过大的残余扭矩增加了纱线的扭曲性能，特别是在整经、纬编等开停车时，已退绕出来的一段 DTY 纤维张力得到松弛，在残余扭矩的作用下产生扭结，使丝条无法通过导丝器、钢箸齿或者织针，从而形成断头。

卷装密度也是一项被很多聚酯 DTY 纤维生产厂家忽略的因素，由于该指标既无国标也无合同规定，一直没有给予足够的关注，但在研究退绕断头性能与卷装密度之间的关系过程中，发现两者联系紧密。尤其是对于 83dtex/144f 类多孔细旦品种，试验发现，卷装密度小于 0.66kg/cm³ 就开始出现断头，密度减小到 0.61kg/cm³ 时，产品基本无法保证退绕。原因可能是由于密度越小，丝条间越松散，越容易滑动。在退绕摩擦力带动下，上层丝条逐渐滑移松散，滑移到一定程度之后，在残余扭矩作用下和下层丝条缠结，形成断头。

（二）解决办法

残余扭矩过大的主要原因是第二热箱温度设定不当，一、二热箱之间的温差相差太高，使假捻过程中受到的盘片摩擦应力未得到充分释放，丝条定形不充分。通过适当提高第二热箱温度的办法，能有效降低残余扭矩。

提高卷装密度需要聚酯 DTY 丝饼有合适的成形参数才能实现，否则一味增加卷绕张力来提高卷装密度，其上限很难突破某个临界值，且容易出现绊丝、凸肩等现象。尤其是多孔细旦品种，由于单丝数目多，增加了复丝蓬松性，同粗旦丝相比，同样的重量需要占用更多的堆积空间，因此，卷装密度更小，织造过程更容易出现缠丝断头现象。只有通过选用合适的防凸、防叠、端面锥角和交叉角这些成型参数，使丝饼表层各处密度相对均匀一致，才能得到卷装密度高且无绊丝的产品。

当然，聚酯 DTY 纤维毛丝多、含油率不足，也会对退绕断头情况有一定影响，特别是对于多孔细旦的品种，由于丝条与导丝器接触面积大，摩擦数高易产生静电，导致毛丝缠结；单丝间抱合力不好，相互缠扭，导致退绕张力突变而断头。因此，在生产时应根据不同的品种选择合适的上油率，尽量减少毛丝。

五、网络不良

（一）网络不良及原因

为满足织造机械加工速度的不断提高以及一些装饰面料风格的要求，聚酯长丝很多品种都加了网络以增加丝条间集束性，减少织造时丝条之间的摩擦力，提高加工速度。如果纱线网络不良，织机钢箸前由于开口作用经纱上下摩擦相互频繁，容易形成毛丝、缠结断头，同时，网络不良的纱线在面料上也会出现浅色凹陷的疵点。网络不良对织造过程的影响有些类似于毛丝严重的分析，织造用户反馈的网络问题主要有整体性网络不良和单个丝饼网络不良。

（二）解决办法

对于整体性网络不良，通过提高网络压空压力、选择合适的喷嘴型号、增加 2BIS 罗拉、提高纱线张力稳定性、调整纱线孔数、降低单丝线密度等办法，可以有效提高网络整体牢度，同时也能提高整体水平，减少单锭网络不良的概率。

单锭网络不良的情况主要是喷嘴堵塞或者设备缺陷，通过外观自检排查设备缺陷是减少单锭网络不良的有效办法，如解决一、二罗拉锈死或松动带来的张力差异、喷嘴孔堵塞、喷嘴未关闭等问题。

要减少再利用聚酯 DTY 纤维在织造过程中的质量缺陷，必须在生产过程中进行全面的质量管理，除选择合适的生产工艺外，重点要保证 POY 原料的质量，保持生产过程各工艺参数的稳定，加强前后纺锭位质量管理，减少设备锭位间差异，提高产品的均匀一致性，严格执行检验标准。

第四节　再利用纤维产品应用领域

经过物理法、化学法再利用过程制备得到的纤维在土木、服装、鞋材、家纺、汽车内饰等多个领域得到广泛的应用。循环再利用聚酯产业产品结构不断优化，应用领域不断拓展，高科技、功能性再生纤维产值比重有较大幅度提升，差别化再生纤维内涵更加丰富。用循环再利用纤维制成的非织造织物可用作汽车内装修材料，如座套、絮垫、车顶内衬、地毯底衬、工具箱、行李箱中的衬料等（图 7-16）。

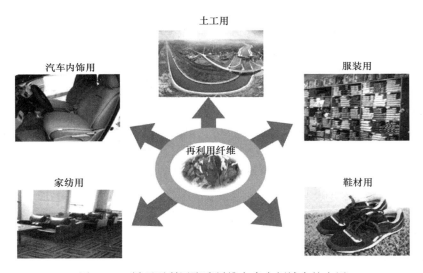

图 7-16　循环再利用聚酯纤维在多个领域中的应用

一、服用面料及鞋材领域的应用

随着技术的进步，逐渐发展到以废旧聚酯瓶片为主要原料或以泡泡料为辅料生产再生聚酯短纤维、二维中空纤维、三维卷曲中空纤维、再生聚酯长丝和聚酯工业丝等。日本帝人将循环再利用原料与纤维新技术融合，实现致密而平滑的编织面料表面和高蓬松性的新质感高功能织物。具有柔软的风格和高耐久性、弹性、UV 切断、形态稳定性等适于运动服以及运动鞋的许多功能性。美国的 3M 公司通过将 PET 瓶分解、聚合、纺丝等开发了一种含有 50% 再生聚酯纤维的保暖面料，每使用一件含有该材料的服装或鞋子，就相当于回收利用了 11 个 600 毫升的矿泉水瓶。美国 Dyersburg 织物公司及 Wellman 公司用回收聚酯瓶料生产的纤维分别制造绒面布和开发户外用面料以及运动服、运动鞋。耐克和阿迪达斯公司在 2010 年南非足球世界杯上为 9 支国家队提供队服，其面料就是通过回收废旧聚酯瓶再加工得到的。另外，再生聚酯也用在运动鞋的制造方面，如阿迪达斯、耐克等。意大利的很多工厂可以对透明和有色两类聚酯瓶进行自动化分类和回收，并且生产出了高纯度的适于制成高质量纤维的材料，该国 ORV 公司每年用回收 PET 瓶生产短纤维达到 35 万吨，其纤维主要用于服装及鞋子等领域。循环再利用聚酯纤维在服装面料领域的应用如图 7-17 所示。

运动休闲用　　　　　　　　高档服装用

宝宝服装用　　　　　　　　品牌运动鞋用

图 7-17　循环再利用聚酯纤维在服装上的应用

循环利用聚酯服用面料与鞋材有一定指标。循环再利用聚酯的服用针织面料指标：顶破强力≥250N；耐色牢度：变色≥4 级，沾色≥4 级，起球≥4 级；针织化纤面料性能指标符合国家纺织行业标准 FZ/T 73024—2014。循环利用聚酯的鞋用面料指标：耐水色牢度≥3.5 级（GB/T 5713—2013）；色移：4~5 级（GB/T 3903.42—2008）；缝接强度：经向≥50N/cm，纬向≥50N/cm（GB/T 3903.43—2008）；马丁代尔耐磨性能（转）：背面，干式≥25000，碱性≥12000（GB/T 3903.43—2008）；撕裂强度：经向≥30N，纬向≥30N（GB/T 3917.1—2009）；顶破强力≥20kg/cm² （GB/T 19976—2005）。

二、家纺装饰用

高性能人造草皮、羊绒混纺地毯、榻榻米等领域，填补了市场原本对此产品的需求，是大型展览、庆典活动和家居装饰专用化纤，应用于阅兵仪式、世博会、新建宾馆酒店等铺地材料，如图 7-18 所示。

家纺装饰用循环再利用聚酯有一定指标。如簇绒地毯指标：以 600 型为例，绒簇拔出力≥20N；背衬剥离强力≥25N；绒头高度：8mm±0.5mm；涤纶簇绒地毯性能指标符合 GB/T

11746—2008。

地毯用

展览用

榻榻米用

图 7-18　循环再利用聚酯纤维在家纺装饰上的应用

三、汽车内饰用

汽车工业的发展将带动相关配套产业的迅速发展，纺织工业是汽车产业的配套产品行业之一。汽车的发展，拉动了对产业用纺织品的需求，推动着车用纺织品向高性能、多功能、差别化和个性化以及环保健康的方向发展。中国产业用纺织品行业协会的相关统计数据表明，中国车用纺织品的需求将以每年 15%～20% 的速度增长，这也给车用纤维材料及纺织品的发展带来了机遇。目前作为车用纺织品最重要的原材料之一，聚酯纤维材料因其抗撕裂强度高、耐日晒、耐霉变、高耐磨、回弹性好和耐气候稳定性高等特点，已经成功应用在汽车座椅、顶棚、门板、中控台、安全带等多个内装饰零部件中，如图 7-19 所示。

图 7-19　循环再利用聚酯纤维在汽车内饰上的应用

低熔点纤维黏合加工方法简便、能耗低，与其他类型的胶黏剂相比较，具有粘接迅速、强度高、无毒害、无污染等优良性能，被誉为"绿色胶黏剂"。随着聚酯生产的迅速发展，为了降价低熔点纤维成本，低熔点聚酯已成为热熔胶的主要原料。根据"相似相容"原理，以聚酯为主体纤维的非织布应用聚酯作为黏合剂最为理想，并且共聚酯类热熔胶在手感、价格以及耐水洗、砂洗和蒸汽压烫等方面优于共聚酰胺热熔胶，因此，低熔点聚酯有着更为广阔的发展前景。

汽车内饰用循环再利用聚酯有一定指标。如汽车内饰用针刺无纺材料指标：符合北京现代标准：MS 341-18 B、MS 343-11 A1、MS 341-09 C，符合上海大众标准 TL 52499、TL 52442 A；符合国家汽车行业标准 QC/T 216—1996。

四、土工、建筑上的应用

通过纤维改性，制备得到循环再利用超强耐腐蚀抗老化土工用布纤维，用于大型工程的防渗漏方面，应用在水利、高铁、建筑等工程领域等重点工程，如图 7-20 所示。

土工、建筑上循环再利用聚酯的应用有一定指标。如针刺土工布指标：以 $400g/m^2$ 为例，纵向断裂强力 $\geqslant 12.5kN/m$；CBR 顶破 $\geqslant 2.1kN$；针刺非织造土工布性能指标符合国家标准 GB/T 17638—2017。

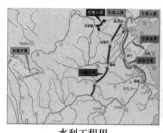

水利工程用　　　　　　　　高铁用　　　　　　　　建筑工程用

图 7-20　循环再利用聚酯纤维在土工建筑上的应用

五、循环再利用聚酯纤维在其他领域的应用

日本帝人公司日前开发出了高耐水性打印纸，该产品原料全部采用由废旧饮料瓶再生制成的聚酯纤维。可用激光打印机打印。与纸浆制造的打印纸相比，即使润湿也不易破损，因此，适合于户外及厨卫领域。此次开发的打印纸名为"Laser Ecopet"，是以帝人推出的循环再利用聚酯纤维"Ecopet"为原料的环保型产品。Ecopet 是利用再生技术将回收的废旧饮料瓶循环再利用制成的聚酯纤维，纯度与利用石油制造的原料相同。无须使用新石油，对现有资源进行有效利用。Laser Ecopet 采用聚酯制成，因此，与普通的纸浆打印纸相比，耐水性更高，适于在容易积水的场所及户外使用，以前作为耐水用品使用的是薄膜制造的打印纸，但存在难折、难粘及难以用圆珠笔、铅笔等书写的问题。而 Laser Ecopet 解决了这些问题，还具有薄膜打印纸无法表现的柔软性以及如同纸张的手感。

第八章 循环再利用纤维的产品标准

我国循环再利用化纤行业发展迅速，随着产品总量的持续增加以及新产品的不断涌现，我国循环再利用纤维的产品标准体系建设也在持续深入。目前，我国已经建立了 15 项循环再利用纤维产品的行业标准和团体标准，其中行业标准 13 项，团体标准 2 项，见表 8-1。纤维产品体系包括循环再利用短纤维、预取向丝、低弹丝、牵伸丝和功能化差别化纤维，循环再利用纤维产品指标体系包括外观性能指标、理化性能指标、功能化性能指标和生态安全性能指标。相比于原生纤维的标准，循环再利用纤维的外观性能和理化性能指标有所降低，功能化性能指标进一步细分。这主要是因为：废旧原料中的杂质残留对纺丝工艺和纤维产品性能造成一定影响；循环再利用纤维产品的开发侧重后加工，对理化性能要求有所调整；循环再利用纤维产品的开发面向专业化定制，以发挥再生纤维特点，提高其附加值。此外，由于循环再利用纤维原料中可能携带一定含量的有毒有害物质，因此其生态安全标准备受关注。就循环再利用纤维的品种而言，以循环再利用聚酯的标准体系最完整。因此本章以循环再利用聚酯纤维为例，从外观性能、理化性能、功能化性能、生态安全性能及纤维鉴别方法等方面分别进行阐述。

表 8-1 循环再利用纤维产品相关标准

序号	标准号	标准名称
1	FZ/T 52010—2014	再生涤纶短纤维
2	FZ/T 52038—2014	充填用再生涤纶超短纤维
3	FZ/T 54046—2012	再生涤纶预取向丝
4	FZ/T 54047—2012	再生涤纶低弹丝
5	FZ/T 54048—2012	再生涤纶牵伸丝
6	FZ/T 54078—2014	再生涤纶预取向丝/牵伸丝（POY/FDY）异收缩混纤丝
7	FZ/T 52025—2012	再生有色涤纶短纤维
8	FZ/T 54096—2017	再生有色涤纶低弹丝
9	FZ/T 54097—2017	再生有色涤纶牵伸丝
10	FZ/T 51042—2016	再生异形涤纶短纤维
11	FZ/T 52026—2012	再生阻燃涤纶短纤维
12	FZ/T 54075—2014	再生丙纶牵伸丝
13	FZ/T 52039—2014	再生聚苯硫醚短纤维
14	T/CCFA 01025—2016	再生有色粗旦涤纶短纤维
15	HX/T 50011	循环再利用聚酯（PET）纤维鉴别方法

第一节　循环再利用纤维的外观标准

一、检测项目和测试方法

与原生纤维一样，循环再利用纤维的外观标准主要包括成形、色泽、疵点和重量等。成形是指丝筒的端面和柱面的形状是否正常、有无明显的凹凸和台阶。色泽是指纤维是否发黄或存在色差。疵点是指纤维生产过程中产生的不正常纤维的统称，主要包括毛丝、毛丝团、僵丝、绊丝、紧点丝、珠子丝、圈丝、气泡丝、尾巴丝、油污丝等，具体可参考 GB/T 4146.3—2011《纺织品　纤维　第 3 部分　检验术语》。毛丝是指复丝表面凸出的单丝断裂的丝头。毛丝团是指复丝表面凸出的单根或多根单丝断裂并扭缠成团的丝头。僵丝是指因生产工艺不当形成的僵直不亮的缺乏卷曲弹性的变形丝或硬而发脆的短纤维。绊丝是指在丝筒的端面，丝条脱离正常的卷绕轨道，由弧变成弦的部分。紧点丝是指假捻变形丝沿丝条轴向出现的不规则未解捻或单丝间熔融黏结的颈缩状细节。珠子丝是指复丝中具有连续小粒子的单丝。圈丝是指单根或多根呈环状松脱，露出丝层表面的细丝。气泡丝是指含有微小气泡的单丝。尾巴丝是指丝筒底部绕于丝筒一端的丝头。油污丝是指沾有黄褐色或黑色油渍的纤维。

外观指标实行全检。根据纤维类型的不同，测试方法有所不同。长丝外观指标检验的传统方法是在分级台上逐筒进行，灯光采用 D65 标准光源或是 40W 双管日光灯。要求照度约 400lx，观察距离约 30cm。分级时，操作者两手握住筒子两端的筒管，旋转一周，对筒子的两个端面和圆柱面进行目测定等。检测毛丝时，筒子表面高度应与视线平行。称量筒重，扣除已知的皮重量，该净重量即为筒重。检验色差时以卷装内和卷装间色差为准，然后对照灰卡判定等级（具体可参考 GB/T 250—1995）。将各检查项中的最低定等作为产品的等级。目前，一种全自动的长丝外观检测方法正在建立，通过在线生产过程中对产品拍照分析进行自动检测判级，减少人工目测的误差。

循环再利用短纤维疵点含量的测定方法可参考 GB/T 14339—2008。其测试原理为：利用风扇高速旋转产生的负压，使纤维样品疏松后，在气流离心力和机械的作用下，由于纤维和疵点比重不同，纤维和疵点发生分离。测试步骤为：取 100g 纤维样品，取样时如发现疵点，将其折算成疵点含量计入实验结果。然后将试样稍加扯松，均匀地铺在给棉板上。经二次开松后，将杂质盘中的纤维放置在绒板上，用镊子把各种疵点拣出，称其质量。疵点质量占试样质量的百分数即为疵点含量。

二、质量标准和影响因素

根据外观指标，可将纤维产品分为优等品（AA）、一等品（A）、合格品（B），低于合格品的称为等外品。近年来，纤维的外观指标多由供需双方共同协定，不再制定硬性的数值标准。

与原生纤维相比，循环再利用纤维的外观标准指标有所降低。表 8-2 比较了原生和循环再利用涤纶短纤维（纱用）标准对疵点数量的要求。由表可知，除高强棉型外，循环再利用纤维标准优等品疵点数量的要求低于原生纤维合格品疵点数量要求。这表明由于循环再利用聚酯的熔体均一性差，含水率和含杂量高，特性黏度低，导致纤维的疵点含量显著增加。为了降低循环再利用纤维的疵点含量，必须进一步提高再生熔体的均匀性，降低含水率和杂质含量。

表 8-2　原生和再生涤纶短纤维（纱用）标准对疵点数量的要求

产品类型		原生纤维（mg/100g）			再生纤维（mg/100g）		
		优等品	一等品	合格品	优等品	一等品	合格品
短纤维	高强棉型	2	6	30	10	30	60
	普强棉型	2	6	30	50	80	150
	中长型	3	10	40	70	100	150
	毛型	5	15	50	100	150	300

第二节　循环再利用纤维的理化性能标准

一、检测项目和测试方法

循环再利用纤维的理化性能检测项目与原生纤维相同。不同类型的纤维稍有差异。如短纤维的检测项目主要包括断裂强度、断裂伸长率、线密度偏差、长度偏差率、超长纤维率、倍长纤维含量、卷曲数、卷曲率、180℃干热收缩率、比电阻、10%定伸长强度和断裂强度变异系数。预取向丝和牵伸丝的检测项目主要包括线密度偏差率、线密度变异系数、断裂强度、断裂强力变异系数、断裂伸长率、断裂伸长率变异系数、条干不匀率、含油率、筒重。异收缩混纤丝在预取向丝的检测项目基础之上，增加了异收缩率和网络度两个检测项目，低弹丝增加了卷曲收缩率、卷曲收缩率变异系数、卷曲稳定度和沸水收缩率四个检测项目。

循环再利用纤维的理化性能测试方法均参照原生纤维的测试方法。

二、循环再利用纤维质量标准的特点

与原生纤维相比，循环再利用纤维的理化性能指标有所降低。表 8-3 比较了原生和循环再利用涤纶纤维标准对断裂强度的要求。循环再利用短纤维、预取向丝和混纤丝对断裂强度的限值与原生纤维基本相同；而牵伸丝和低弹丝，循环再利用纤维对断裂强度的限值稍低于原生纤维，约为原生纤维限值的 80%～90%。与聚酯纤维一样，循环再利用聚苯硫醚和丙纶短纤维的理化性能指标值亦有一定程度的降低。这主要是因为循环再利用纤维熔体杂质含量较高，纺丝稳定性变差；高分子在循环再利用过程中易降解，相对分子质量降低和相对分子质量分布变宽，导致理化性能下降。

另一方面，与原生纤维相比，针对产品应用领域的不同，循环再利用纤维的理化性能指标进行了细分。如纺织行业标准，FZ/T 52010—2014《再生涤纶短纤维》中，根据短纤维的性能指标，分为纱用、非织造用和充填用，充填用再利用涤纶短纤维进一步分为非中空、二维中空和三维中空。纺织行业标准 FZ/T 52039—2014《再利用聚苯硫醚短纤维》根据理化性能指标值，将产品分为纱用和无纺用。质量标准的进一步细分使得循环再利用纤维虽然理化性能有一定程度的降低，但能物尽其用，提高资源利用效率。

表 8-3　原生和循环再利用涤纶纤维标准对断裂强度的要求

产品类型		原生纤维（cN/dtex）			再生纤维（cN/dtex）		
		优等品	一等品	合格品	优等品	一等品	合格品
短纤维	高强棉型	5.5	5.3	5.0	5.6	5.3	5.1
	普强棉型	5.0	4.8	4.5	5.0	4.6	4.2
	中长型	4.6	4.4	4.2	4.6	4.4	4.2
	毛型	3.8	3.6	3.3	3.8	3.6	3.3
预取向丝	$1.0dtex \leq dpf < 3.0dtex$	2.1	1.9	1.7	2.0	1.9	1.8
	$3.0dtex \leq dpf \leq 10.0dtex$	2.0	1.9	1.7	1.9	1.8	1.7
牵伸丝	$1.0dtex \leq dpf < 6.0dtex$	3.8	3.5	3.1	3.3	3.0	2.5
低弹丝	$0.5dtex \leq dpf < 1.7dtex$	3.3	2.9	2.8	2.9	2.6	2.3
	$1.7dtex \leq dpf < 6.0dtex$	2.8	2.6	2.4	2.7	2.5	2.3
混纤丝	$1.0dtex \leq dpf < 6.0dtex$	1.50	1.35	1.20	—	1.35	1.20

第三节　循环再利用纤维的差别化、功能化标准

由于再利用纤维在外观性能和理化性能上与原生纤维存在一定差距，为了缩小再利用纤维的性能差距，主要着力于产品的专业化定制，提高产品的附加值。随着再利用纤维差别化、功能化品种的日益增加，其对应的差别化、功能化标准也在逐步完善。差别化再利用纤维主要涉及纤维的形态结构，如细旦、异形、有色、卷曲等，功能化主要是赋予纤维特定的功能性如抗紫外、阻燃、抗菌等。

一、差别化纤维标准

在现有的循环再利用纤维标准中，差别化纤维主要包括异形纤维和有色纤维。

纺织行业标准，FZ/T 52042—2016《再利用异形涤纶短纤维》适用于名义线密度为 1.5～11.1dtex 三角形异形截面，以名义线密度为 1.5～3.2dtex 十字、圆中空异形截面，有光、半消光的非填充本色再生涤纶超短纤维。其他类型的再利用涤纶超短纤维可参照使用。

与普通短纤维相比，异形纤维的性能项目增加了成形度的检测，见表 8-4～表 8-6。成形度是指观察若干纤维的截面，其中符合规定形状的纤维所占的比例。测试方法为：从试样中随机抽取约 100 根纤维，整理成若干小束，将每一小束伸直平行的纤维，分别穿入试样板孔中，切去两端露出的纤维，形成一薄片。运用显微测量装置放大每束纤维的截面图像至清晰。记录每束纤维的根数和其中不符合规定截面形状的纤维根数，并累计。将符合规定截面形状的纤维根数占总的纤维根数的百分含量记为成形度。一般要求再利用异形纤维的成形度大于 85%。

表 8-4　三角形截面再利用涤纶短纤维性能项目和指标

序号	项目	1.5~2.2dtex			2.2~3.2dtex			3.2~5.0dtex			6.0~11.1dtex		
		优等品	一等品	合格品	优等品	一等品	合格品	优等品	一等品	合格品	优等品	一等品	合格品
1	断裂强度（cN/dtex）≥	4.40	4.10	3.60	4.20	3.90	3.40	4.00	3.60	3.20	3.20	2.80	2.60
2	断裂伸长率（%）	$M_1\pm6.0$	$M_1\pm8.0$	$M_1\pm10.0$	$M_1\pm8.0$	$M_1\pm10.0$	$M_1\pm12.0$	$M_1\pm8.0$	$M_1\pm10.0$	$M_1\pm12.0$	$M_1\pm9.0$	$M_1\pm11.0$	$M_1\pm13.0$
3	线密度偏差率（%）	±4.0	±6.0	±8.0	±4.0	±6.0	±8.0	±8.0	±10.0	±12.0	±9.0	±11.0	±13.0
4	长度偏差率（%）	±4.0	±6.0	±10.0	±6.0	±8.0	±10.0	±6.0	±8.0	±10.0	±8.0	±10.0	±12.0
5	超长纤维率（%）≤	1.0	1.0	3.0	1.0	1.0	3.0	2.0	3.0	5.0	3.0	6.0	10.0
6	倍长纤维含量（mg/100g）≤	6.0	8.0	20.0	6.0	8.0	30.0	20.0	30.0	45.0	30.0	40.0	50.0
7	疵点含量（mg/100g）≤	8.0	80.0	120.0	15.0	100.0	160.0	50.0	120.0	200.0	80.0	150.0	350.0
8	卷曲数（个/25mm）	$M_2\pm3.0$	$M_2\pm3.5$	$M_2\pm3.5$	$M_2\pm3.0$	$M_2\pm3.5$	$M_2\pm3.5$	$M_2\pm3.0$	$M_2\pm3.5$	$M_2\pm3.5$	$M_2\pm3.0$	$M_2\pm3.5$	$M_2\pm3.5$
9	卷曲率（%）	$M_3\pm3.0$	$M_3\pm3.5$	$M_3\pm3.5$	$M_3\pm3.0$	$M_3\pm3.5$	$M_3\pm3.5$	$M_3\pm3.0$	$M_3\pm3.5$	$M_3\pm3.5$	$M_3\pm3.0$	$M_3\pm3.5$	$M_3\pm3.5$
10	180℃干热收缩率（%）	$M_4\pm4.0$	$M_4\pm3.0$	$M_4\pm4.0$	$M_4\pm4.0$	$M_4\pm4.0$	$M_4\pm4.0$	$M_4\pm4.0$	$M_4\pm4.0$	$M_4\pm4.0$	$M_4\pm4.0$	$M_4\pm4.0$	$M_4\pm4.0$
11	比电阻（Ω·cm）<	$M_5\times10^9$											
12	成型（%）>	85											

注　M_1 为断裂伸长率中心值，由供需双方协商确定，确定后不得任意变更，因原料变化或者用户要求可适当调整。

M_2 为卷曲数中心值，由供需双方协商确定，确定后不得任意变更。

M_3 为卷曲率中心值，由供需双方协商确定，确定后不得任意变更。

M_4 为180℃干热收缩率中心值，由供需双方协商确定，确定后不得任意变更。

M_5 为比电阻，在 1.0~10.0 范围内选定，确定后不得任意变更。

表 8-5　十字形截面再利用涤纶短纤维性能项目和指标

序号	项目	1.5~2.2dtex			2.2~3.2dtex		
		优等品	一等品	合格品	优等品	一等品	合格品
1	断裂强度（cN/dtex）≥	4.20	4.00	3.40	4.00	3.80	3.20
2	断裂伸长率（%）	$M_1\pm6.0$	$M_1\pm8.0$	$M_1\pm12.0$	$M_1\pm8.0$	$M_1\pm12.0$	$M_1\pm15.0$
3	线密度偏差率（%）	±4.0	±6.0	±8.0	±4.0	±6.0	±8.0
4	长度偏差率（%）	±4.0	±6.0	±10.0	±6.0	±8.0	±10.0
5	超长纤维率（%）≤	1.0	1.0	3.0	1.0	1.0	3.0
6	倍长纤维含量（mg/100g）≤	6.0	8.0	20.0	6.0	8.0	30.0
7	疵点含量（mg/100g）≤	10.0	90.0	130.0	20.0	100.0	180.0
8	卷曲数（个/25mm）	$M_2\pm3.0$	$M_2\pm3.0$	$M_2\pm3.5$	$M_2\pm3.0$	$M_2\pm3.0$	$M_2\pm3.5$
9	卷曲率（%）	$M_3\pm3.0$	$M_3\pm3.0$	$M_3\pm3.5$	$M_3\pm3.0$	$M_3\pm3.0$	$M_3\pm3.5$

续表

序号	项目	1.5~2.2dtex			2.2~3.2dtex		
		优等品	一等品	合格品	优等品	一等品	合格品
10	180℃干热收缩率（%）	$M_4\pm3.0$		$M_4\pm4.0$	$M_4\pm3.0$		$M_4\pm4.0$
11	比电阻（Ω·cm） <	$M_5\times10^9$					
12	成型（%） >	85					

注　M_1 为断裂伸长率中心值，由供需双方协商确定，确定后不得任意变更，因原料变化或者用户要求可适当调整。

　　M_2 为卷曲数中心值，由供需双方协商确定，确定后不得任意变更。

　　M_3 为卷曲率中心值，由供需双方协商确定，确定后不得任意变更。

　　M_4 为180℃干热收缩率中心值，由供需双方协商确定，确定后不得任意变更。

　　M_5 为比电阻，在1.0~10.0范围内选定，确定后不得任意变更。

表8-6　圆形中空截面再利用涤纶短纤维性能项目和指标

序号	项目	1.5~2.2dtex			2.2~3.2dtex		
		优等品	一等品	合格品	优等品	一等品	合格品
1	断裂强度（cN/dtex） ≥	4.10	3.90	3.30	4.00	3.80	3.20
2	断裂伸长率（%）	$M_1\pm6.0$	$M_1\pm8.0$	$M_1\pm12.0$	$M_1\pm8.0$	$M_1\pm12.0$	$M_1\pm15.0$
3	线密度偏差率（%）	±4.0	±6.0	±8.0	±4.0	±6.0	±8.0
4	长度偏差率（%）	±4.0	±6.0	±10.0	±6.0	±8.0	±10.0
5	超长纤维率（%） ≤	1.0	1.0	3.0	1.0	1.0	3.0
6	倍长纤维含量（mg/100g） ≤	6.0	8.0	20.0	6.0	8.0	30.0
7	疵点含量（mg/100g） ≤	10.0	90.0	100.0	15.0	100.0	180.0
8	卷曲数（个/25mm）	$M_2\pm3.0$		$M_2\pm3.5$	$M_2\pm3.0$		$M_2\pm3.5$
9	卷曲率（%）	$M_3\pm3.0$		$M_3\pm3.5$	$M_3\pm3.0$		$M_3\pm3.5$
10	180℃干热收缩率（%）	$M_4\pm3.0$		$M_4\pm4.0$	$M_4\pm3.0$		$M_4\pm4.0$
11	比电阻（Ω·cm） <	$M_5\times10^9$					
12	成型（%） >	85					

注　M_1 为断裂伸长率中心值，由供需双方协商确定，确定后不得任意变更，因原料变化或者用户要求可适当调整。

　　M_2 为卷曲数中心值，由供需双方协商确定，确定后不得任意变更。

　　M_3 为卷曲率中心值，由供需双方协商确定，确定后不得任意变更。

　　M_4 为180℃干热收缩率中心值，由供需双方协商确定，确定后不得任意变更。

　　M_5 为比电阻，在1.0~10.0范围内选定，确定后不得任意变更。

　　纺织行业标准 FZ/T 52025—2012《再利用有色涤纶短纤维》适用于线密度为0.90~22.2dtex的再利用有色涤纶短纤维，其他类型的再利用有色涤纶短纤维可参照使用。再利用有色涤纶短纤维是指以回收聚酯（PET）为原料，采用纺前着色技术，经熔融纺丝生产的涤纶短纤维。

　　再利用有色涤纶短纤维产品，按用途分为纱用再利用有色涤纶短纤维、无纺用再利用有色涤纶短纤维和充填用再利用有色涤纶短纤维三类，其性能指标分别见表8-7~表8-9。与普通短纤维相比，有色纤维的性能项目增加了耐皂洗色牢度的检测，其测试按 GB/T 3921 规定执行。与原生纤维一样，耐皂洗色牢度均要求达到4级。

另外，相比于原生的有色涤纶短纤维标准（FZ/T 52018—2011）中没有区分产品用途，再利用有色涤纶短纤维标准以产品用途为导向，制定相应标准，更适用于产品的专业化定制。

表8-7 纱用再利用有色涤纶短纤维性能项目和指标

序号	项目		棉型				中长型		毛型	
			高强棉型		普通棉型					
			一等品	合格品	一等品	合格品	一等品	合格品	一等品	合格品
1	断裂强度（cN/dtex）≥	黑色	4.60	4.20	4.0	3.60	3.60	3.40	3.10	2.80
		非黑色	4.80	4.40	4.20	3.80	3.70	3.50	3.30	3.00
2	断裂伸长率（%）≤		$M_1 \pm 8.0$	$M_1 \pm 10.0$	$M_1 \pm 8.0$	$M_1 \pm 10.0$	$M_1 \pm 10.0$	$M_1 \pm 12.0$	$M_1 \pm 10.0$	$M_1 \pm 12.0$
3	线密度偏差率（%）		±7.0	±9.0	±8.0	±10.0	±8.0	±10.0	±10.0	±12.0
4	长度偏差率（%）		±7.0	±10.0	±7.0	±10.0	±8.0	±10.0	—	—
5	超长纤维率（%）≤		2.0	3.0	2.0	3.0	3.0	4.0	—	—
6	倍长纤维含量（mg/100g）≤		15.0	40.0	20.0	40.0	20.0	40.0	25.0	45.0
7	疵点含量（mg/100g）≤		80.0	200.0	350.0	500.0	300.0	600.0	450.0	800.0
8	卷曲个数（个/25mm）		$M_2 \pm 3.5$							
9	卷曲率（%）		$M_3 \pm 3.5$							
10	180℃干热收缩率（%）		$M_4 \pm 3.5$		$M_4 \pm 4.0$		$M_4 \pm 4.0$		—	
11	比电阻（Ω·cm）≤		$M_5 \times 10^8$		$M_5 \times 10^8$		$M_5 \times 10^8$		$M_5 \times 10^8$	
12	耐皂洗色牢度（级）≥		4							
13	10%定伸长强度（cN/dtex）≥		积累数据							

注　M_1 为断裂伸长率中心值，棉型在 15.0~35.0 范围内选定，中长型在 20.0~50.0 范围内选定，毛型在 25.0~55.0 内选定，确定后不得任意变更。

　　M_2 为卷曲个数中心值，由供需双方在 7.0~15.0 范围内选定，确定后不得任意变更。

　　M_3 为卷曲率中心值，由供需双方在 8.0~16.0 范围内选定，确定后不得任意变更。

　　M_4 为 180℃干热收缩率中心值，高强棉型在 ≤7.0 范围内选定，普通棉型在 ≤9.0 范围内选定，中长型在 ≤10.0 范围内选定，确定后不得任意变更。

　　M_5 为比电阻，在 1.0~10.0 范围内选定，确定后不得任意变更。

表8-8 无纺用再利用有色涤纶短纤维性能项目和指标

序号	项目		0.9~2.1dtex		2.22~3.32dtex		3.33~11.1dtex	
			一等品	合格品	一等品	合格品	一等品	合格品
1	断裂强度（cN/dtex）≥	黑色	4.10	3.80	3.60	3.40	3.10	2.80
		非黑色	4.20	3.90	3.70	3.50	3.30	3.00
2	断裂伸长率（%）≤		$M_1 \pm 8.0$	$M_1 \pm 10.0$	$M_1 \pm 9.0$	$M_1 \pm 10.0$	$M_1 \pm 11.0$	$M_1 \pm 12.0$
3	线密度偏差率（%）		±8.0	±10.0	±8.0	±10.0	±10.0	±12.0
4	长度偏差率（%）		±8.0	±10.0	±8.0	±10.0	—	—
5	超长纤维率（%）≤		2.0	4.0	2.0	4.0	—	—

续表

序号	项目	0.9~2.1dtex		2.22~3.32dtex		3.33~11.1dtex	
		一等品	合格品	一等品	合格品	一等品	合格品
6	倍长纤维含量（mg/100g） ≤	20.0	40.0	20.0	40.0	25.0	45.0
7	疵点含量（mg/100g） ≤	80.0	120.0	180.0	260.0	300.0	600.0
8	卷曲个数（个/25mm）	$M_2\pm3.5$					
9	卷曲率（%）	$M_3\pm3.5$					
10	180℃干热收缩率（%）	$M_4\pm4.0$					
11	比电阻（Ω·cm） ≤	$M_5\times10^8$		$M_5\times10^9$		$M_5\times10^9$	
12	耐皂洗色牢度（级） ≥	4					
13	10%定伸长强度（cN/dtex） ≥	积累数据					

注　M_1 为断裂伸长率中心值，0.9~2.1dtex 在 20.0~30.0 范围内选定，2.22~3.32dtex 在 25.0~45.0 范围内选定，3.33~11.1dtex 在 30.0~60.0 内选定，确定后不得任意变更。

　　M_2 为卷曲个数中心值，由供需双方在 7.0~15.0 范围内选定，确定后不得任意变更。

　　M_3 为卷曲率中心值，由供需双方在 7.0~18.0 范围内选定，确定后不得任意变更。

　　M_4 为 180℃干热收缩率中心值，0.9~2.1dtex 在 ≤7.0 范围内选定，2.22~3.32dtex 在 ≤9.0 范围内选定，3.33~11.1dtex 在 ≤10.0 范围内选定，确定后不得任意变更。

　　M_5 为比电阻，在 1.0~10.0 范围内选定，确定后不得任意变更。

表 8-9　充填用再利用有色涤纶短纤维性能项目和指标

序号	项目	非中空	二维中空		三维中空	
1	线密度偏差率（%）	±15.0	±15.0		±15.0	
2	长度偏差率（%）	±10.0	±10.0		±10.0	
3	卷曲个数（个/25mm）	$M_1\pm3.0$	$M_1\pm3.0$		$M_1\pm4.0$	
4	倍长纤维含量（mg/100g） ≤	30	30		30	
5	疵点含量（mg/100g） ≤	500	500		600	
6	蓬松度 V1（cm³/g） ≥	—	无硅 145	有硅 130	无硅 160	有硅 145
7	蓬松度 V2（cm³/g） ≥		35	20	50	30
8	蓬松度 V3（cm³/g） ≥		135	110	155	140
9	压缩弹性回复率（%） ≥		70	70	58	58
10	中空率（%） ≥	—	12		12	

注　M_1 为卷曲个数中心值，由供需双方在 7.0~15.0 范围内选定，确定后不得任意变更。

二、功能化纤维

在现有的循环再利用纤维标准中，功能化纤维标准仅有再利用阻燃涤纶短纤维。再利用阻燃涤纶短纤维是指以回收聚酯为原料，以阻燃母粒添加方式经熔融纺丝生产的，在规定条件下测得的氧指数大于或等于 28% 的涤纶短纤维。

纺织行业标准 FZ/T 52026—2012《再利用阻燃涤纶短纤维》适用于以回收聚酯（PET）为原料，以阻燃母粒添加方式熔融纺丝生产的，线密度为 1.56~6.00dtex 纱用及线密度为 2.78~27.8dtex 充填用再利用阻燃涤纶短纤维的品质评定。除表面整理型（喷洒或浸渍方式）

之外的其他类型的再利用阻燃涤纶短纤维可参照执行。

在上述标准中，再利用阻燃涤纶短纤维按用途分为纱用再生阻燃涤纶短纤维和填充用再生阻燃涤纶短纤维两类，其产品性能项目和指标值分别见表8-10和表8-11。与普通短纤维相比，阻燃纤维的性能项目增加了氧指数的检测，其测试按FZ/T 50017规定执行。

表8-10　纱用再生阻燃涤纶短纤维性能项目

序号	项目	棉型		中长型		毛型	
		一等品	合格品	一等品	合格品	一等品	合格品
1	断裂强度（cN/dtex）	3.8	3.6	3.4	3.2	3.0	2.8
2	断裂伸长率（%）	M_1 6	M_1 8	M_1 8	M_1 10	M_1 8	M_1 10
3	线密度偏差率（%）	6	8	6	8	8	10
4	长度偏差率（%）	8	10	8	10		
5	超长纤维率（%）	1	3	1	3		
6	倍长纤维含量（mg/100g）	20	40	20	40	25	45
7	疵点含量（mg/100g）	200	300	300	400	450	550
8	卷曲数（个/25mm）	M_2 3.5					
9	卷曲率（%）	M_3 3.5					
10	180℃干热收缩率（%）	M_4 4		M_4 4			
11	比电阻（Ω·cm）	M_5 10					
12	极限氧指数（%）	28					

注　M_1为断裂伸长率中心值，棉型在25.0~25.0范围内选定，中长型在25.0~40.0范围内选定，毛型在35.0~50.0范围内选定，确定后不得任意变更，因用户要求可做适当调整。
　　M_2为卷曲数中心值，由供需双方根据产品分类在8.0~14.0范围内确定，确定后不得任意变更。
　　M_3为卷曲率中心值，由供需双方根据产品分类在13.0~20.0范围内确定，确定后不得任意变更。
　　M_4为180℃干热收缩率中心值，棉型在≤7.0范围内选定，中长型在≤10.0范围内选定，确定后不得任意变更，因用户要求可做适当调整。
　　M_5在1.0~10.0范围内选定。

表8-11　填充用再生阻燃涤纶短纤维性能项目和指标

项目	非中空		中空	
	<10detx	≥10detx	<10detx	
线密度偏差率（%）	15		15	
长度偏差率（%）	10		10	
卷曲数（个/25mm）	M_1 3		M_1 3	
倍长纤维含量（mg/100g）	30		30	
疵点含量（mg/100g）	400	500	600	1000
蓬松度 V1（cm³/g）			170	160
蓬松度 V2（cm³/g）			55	50
蓬松度 V3（cm³/g）			145	140
压缩弹性回复率（%）			55	55

续表

项目	非中空		中空	
	<10detx	≥10detx	<10detx	
中空度（%）			8	8
氧指数（%）	28			

注　M_1为卷曲数中心值，由供需双方根据产品分类在8.0~14.0范围内确定，确定后不得任意变更。

原生的阻燃涤纶短纤维标准（FZ/T 52022—2012）没有根据产品用途细分标准，再生阻燃涤纶短纤维标准以产品用途为导向，分别根据纱用和填充用制定相应标准，更适用于产品的专业化定制。

相比于原生纤维，循环再利用纤维的差别化、功能化、产品标准体系尚不完善，因此在没有相应的再生纤维标准建立之前，再生纤维的差别化、功能化产品的性能检测和定等可参照原生纤维的差别化、功能化标准或是相关国家标准。如具有抗菌性能的再生纤维的性能检测可按 GB/T 20944.3 规定执行。

第四节　循环再利用纤维的生态安全性标准

随着生活水平的提高，人们不仅关注纤维一般性能的质量标准，还密切关注纤维的生态安全性评价标准，尤其对于循环再利用纤维，更是如此。简而言之，循环再利用纤维的生态安全性就是指循环再生纤维是否会危害人体健康，恶化生态环境。为此，参考国际标准 OE-KO-TEX® Standard 100—2008，我国制定了生态纺织品标准 GB/T 18885—2009《生态纺织品技术要求》，对纺织品中毒害物质的含量提出了严格的控制标准。但针对纤维，尚未有生态安全性的评价标准。本节内容基于生态纺织品标准 GB/T 18885—2009，讨论循环再生纤维的生态安全性评价体系。根据上述标准，检测项目包括挥发性有机物、可萃取重金属、邻苯二甲酸酯、有机锡化合物、有害染料、甲醛含量、pH、杀虫剂和农药残留量、苯酚化合物、氯化苯和氯化甲苯、多氯联苯、表面活性剂、阻燃整理剂和色牢度等。

一、挥发性有机物
（一）挥发性有机化合物的定义和危害
挥发性有机物（Volatile Organic Compounds，VOC），是指常温状态下容易挥发的有机化合物。VOC 在不同国家或组织中的定义不尽相同。欧盟对 VOC 的定义为20℃下，蒸汽压大于0.01kPa 的所有有机化合物。澳大利亚对 VOC 的定义为25℃下，蒸汽压大于0.27kPa 的所有有机化合物。而美国将 VOC 定义为参与大气光化学反应的所有有机化合物（标准 ASTM D 3960—2002）。本书中采用世界卫生组织对 VOC 的定义，即沸点在50~260℃的挥发性有机化合物。VOC 按其化合物的结构特征分为两类：一类是醛酮类，主要包括甲醛、乙醛、丙烯醛、丙酮、苯甲醛等；另一类是烃类，主要包括短链的烷烃、烯烃、卤代烃和芳香烃类（包括苯、甲苯、乙苯、二甲苯、苯乙烯和环芳烃等）。

VOC 会恶化大气环境，危害人体健康。主要表现在：参与大气光化学反应，生成光化学烟雾的有毒产物，如过氧乙酰硝酸酯；参与大气中二次气溶胶的形成，能长时间滞留在大气中，一般认为与现在大城市雾霾的形成密切相关；当 VOC 在空气中达到一定浓度时，还会引起急性或慢性疾病，如心脏病、哮喘，或是影响消化系统，出现食欲不振、恶心等，严重时可损伤肝脏和造血系统等；部分化合物具有毒性和致癌性，引起基因突变，如苯、1,3-丁二烯、甲醛等。

鉴于 VOC 的毒害性，国内外对于 VOC 的排放制定了严格的控制标准与政策。表 8-12 是我国制定的一些 VOC 控制标准。在 GBT 18885—2009 标准中规定，纺织品的 VOC 重量不能超过 $0.5mg/m^3$，芳香化合物的总量不能超过 $0.3mg/m^3$。另外，对于甲醛、甲苯、苯乙烯、乙烯基环己烷、4-苯基环己烷、丁二烯和氯乙烯等毒害性较大的化合物提出了更加严格明确的限值要求。近年来，国家也出台了很多法规政策，倡导绿色制造，减少 VOC 的排放。

表 8-12　国内对于 VOC 的控制标准

序号	标准	概述
1	GB 50325—2010	对新建住宅室内空气中苯、TVOC 等有机物的限量提出规定
2	GB 18580—18587	对室内装修和装饰材料中苯、甲苯、甲醛等挥发性有机物的限量提出规定
3	GBT 18885—2009	对纺织品中甲苯、甲醛等挥发性有机物的限量提出规定
4	GBT 27630—2011	对乘用车内部挥发性有机物的限量提出规定

（二）VOC 的测试方法

VOC 的测试方法可分为三种，顶空—气相色谱法、热脱附—气相色谱质谱法和袋子法。各方法的优缺点及其对应的标准见表 8-13。顶空法的测试原理是将样品置于密封的一定容积的顶空瓶中加热，利用静态顶空原理，使被测样品和顶空瓶上方的气体形成一个气固/气液平衡。一段时间后，顶空瓶中样品上方充满了其挥发出来的挥发性物质，抽取一定量的气体直接注入气相色谱中进行分析。气相色谱的检测器一般为火焰离子化检测器（FID），其检测原理为：当有机化合物进入以氢气和氧气燃烧的火焰，在高温下产生化学电离，电离产生的离子在高压电场的定向作用下，形成离子流，微弱的离子流经放大，得到与进入火焰的有机化合物的量成正比的电信号，因此可以根据信号的大小对有机物进行定量分析。FID 的主要特点是对几乎所有挥发性的有机化合物均有响应，且响应值几乎相等。因此顶空法适合用于测定总挥发性有机化合物（TVOC）的含量，操作简单，但背景噪声大，灵敏度低，不能测得单一组分的含量。

表 8-13　VOC 的测试方法

序号	测试方法	优缺点	采用该方法的标准
1	顶空—气相色谱法	操作简单，可测定总挥发性有机化合物（TVOC）的含量，但不能测得单一组分的含量	GB 50325—2010、GBT 23986—2009、VDA 277—1995
2	热脱附—气相色谱质谱法	灵敏度高，可定量测得挥发性有机物（烃类）的含量，不能测定醛酮类物质的含量	GBT 24281—2009、VDA 278—2011
3	袋子法	灵敏度高，可同时测得挥发性有机物（烃类）和醛酮类物质的含量	HJ/T 400—2007、ISO 12219-2—2012

热脱附—气相色谱质谱法的测试原理是将样品置于一定温度的顶空采样仪中，挥发到气相中的 VOC 被固相吸附装置捕集，然后经热脱附后，采用 GC/MS 进行定量分析。根据甲苯的标准曲线对出峰时间在 C20 以内的全部色谱峰进行半定量分析，可得到 TVOC，也可以通过单个化合物的标准曲线，计算得到单一组分的含量。GB/T 24281—2009《纺织品有机挥发物的测定气相色谱—质谱法》就是采用该方法，吸附剂为 75μm 的 Carboxen/PDMS，样品处理温度为 120℃，处理时间 1h。相比于顶空法，热脱附—气相色谱质谱法灵敏度高，可定量测得挥发性有机物（烃类）单一组分的含量，但不能对醛酮类组分进行定量分析。

袋子法将热脱附—气相色谱质谱法和高效液相色谱法相结合，可以对 VOC 所有组分含量进行定量检测。这一方法已被广泛应用于汽车内饰的 VOC 检测。

袋子法的测试原理是：将样品放入采样袋中，充入标准要求体积的氮气，密封，然后将采样袋置于标准规定的温度条件下加热，样品在采样袋中不断散发出挥发性有机物，在加热一段时间（65℃，2h）后通过不同的吸附管来捕集采样袋中的挥发性物质，最后对样品释放出的有机物进行定性和定量分析，如图 8-1 所示。其中，用 Tenax 管（主要化学组成为 2，6-二苯呋喃多孔聚合物）吸附苯烃

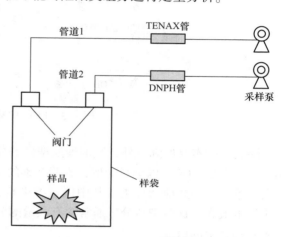

图 8-1 VOC 的采样装置示意图

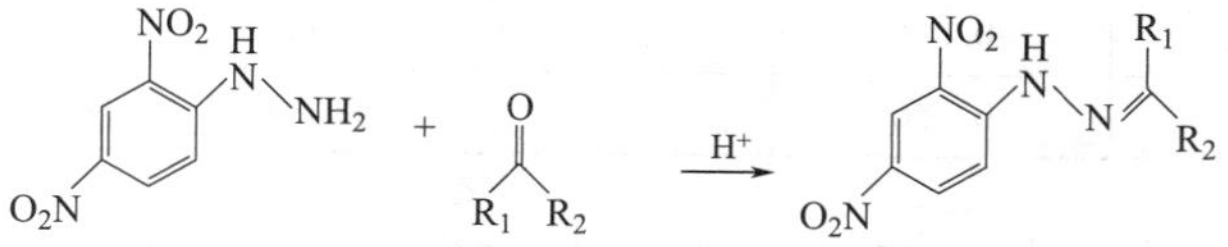

类物质，然后采用热脱附—气相色谱质谱法进行定量检测；用 DNPH 管（主要化学组成为 2，4-二硝基苯肼）吸附醛酮类物质。挥发出的醛酮类物质在 DNPH 管中，在强酸作为催化剂的条件下与 2，4-二硝基苯肼反应，生成稳定有颜色的腙类衍生物，其反应方程式如图 8-2 所示。

图 8-2 醛酮与二硝基苯肼的反应方程式

使用高效液相色谱仪的紫外检测器，定量测得醛酮类物质的含量。虽然上述 VOC 检测方法已被广泛用于汽车内饰等领域，但低 VOC 含量的测量仍面临挑战。这主要是因为：VOC 含量测试的重复性和准确性较差，测试结果受前处理条件和实验环境的影响较大；现有 VOC 检测标准的测试条件不尽相同，其测试结果很难进行比较。

（三）循环再利用纤维 VOC 的来源和控制

循环再利用纤维的 VOC 主要来源于高分子、染料和助剂在热、光和氧气等单一或多重条件下的降解作用。以循环再利用聚酯纤维为例，生成 VOC 的降解方式主要有聚酯的热降解和热氧降解。热降解的机理如图 8-3 所示，PET 链断裂生成乙烯基酯和酸端基，乙烯基酯进一步热裂解生成甲醛、乙醛、芳香类和烷烃类等 VOC 组分。热氧降解由于有了氧气的参与，降

解速度更快，更易产生 VOC。

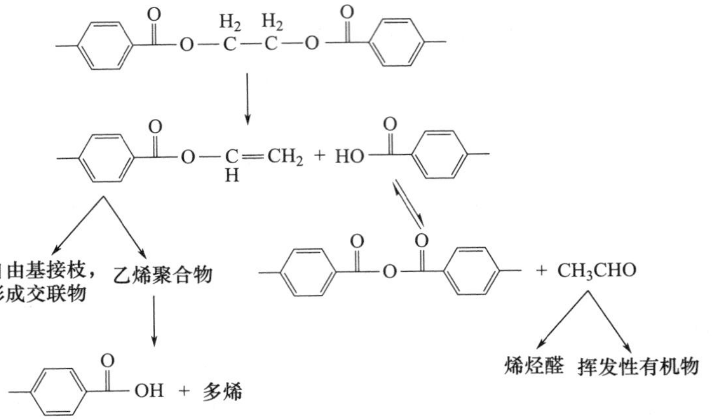

图 8-3　PET 的热降解机理示意图

　　除去聚酯本身的降解外，废旧聚酯携带的染料、助剂和非聚酯高分子等有机物也会发生热分解，产生 VOC。以染料为例，聚酯纤维的染料主要是分散染料，按其化学结构可分为偶氮类、蒽醌类和其他杂环类。其中偶氮类染料由于色谱齐全、合成方法简单、生产成本低，应用比重最大。这些染料分子通常含有大量的芳香基团，其降解将会导致再生聚酯纤维 VOC 中苯系物含量的增加。

　　另外，由于生产工艺及其加工条件不同，PET 及其含杂的降解程度不同，导致最终再生聚酯纤维的 VOC 含量产生差异。表 8-14 是不同生产工艺下循环再利用 PET 纤维的 VOC 含量。

表 8-14　不同生产工艺循环再利用 PET 纤维的 VOC 含量　　　　单位：mg/kg

生产工艺	苯系物	乙醛	醛酮类	总量
原生白色纤维	0.033	0.098	0.243	0.276
物理化学法有色纤维	0.056	0.126	0.321	0.377
BHET 化学法白色纤维	0.150	0.531	0.688	0.838

　　PET 的热降解产物与 PET 的链结构紧密相关。研究认为，端基为乙二醇结构的 PET 发生链端热降解时，易生成乙醛小分子；端基为二甘醇结构的 PET 链端热降解产物中，特征组分1，4-二氧六环。而再生 PET 的链结构通常与生产工艺相关，如采用乙二醇醇解法化学再生PET 时，其分子链中二甘醇的结构含量较高。因此通过再生聚酯纤维 VOC 的组成和含量的测定，可用于循环再利用聚酯纤维的鉴别。

　　循环再利用纤维的 VOC 控制主要有两种方法，一是从源头对 VOC 进行防控，主要是对回收原料的预处理和生产工艺的改进，减少 VOC 的生成；二是对 VOC 进行末端处理，减少VOC 的排放，从而实现循环再利用纤维的绿色制造。

二、重金属
（一）重金属的定义和危害
　　重金属是指密度在 $5g/cm^3$ 以上的金属。在工业中，主要包括铜、铅、镍、钴、锑、汞、镉、砷、铬、六价铬等。当重金属含量小于人体体重0.01%时，某些重金属（如铜）是人体所需要的微量元素，但当它们的浓度超标时，将对人体产生极大的伤害。如铅超标可引起儿童多动症和生长发育迟缓，影响大脑和神经系统；汞对大脑、神经和视力破坏极大，水俣病就是由汞中毒引起；镉和六价铬有很强的致癌性；砷俗称砒霜，急性中毒多见于消化道摄入，引起剧烈腹痛，长期积累则易导致老年痴呆症。鉴于重金属的毒害性，国内外对于纺织品中重金属的含量制定了严格的控制标准与政策。

（二）重金属含量的测试方法

纺织品中重金属含量测定经历了一个由重金属总量测定拓展到可溶态重金属（通过盐酸浸提出来的重金属）、可萃取重金属（通过人工酸性汗液萃取的重金属）分析的过程。从健康安全的角度来看，通过使用人工酸性汗液浸泡提取纺织品中的可萃取重金属对纺织品的产品质量安全进行评价显然更具有实际意义。涉及的国内外标准主要有：BS 6810—2：2005、OEKO—TEX® Standard 200、GB/T 17593—2006。根据不同金属性质以及相对应的测试方法，将标准GB/T 17593—2006分为4个部分。

GB/T 17593.1—2006《纺织品重金属的测定第1部分：原子吸收分光光度法》规定了用石墨炉或火焰原子吸收分光光度计测定纺织品中可萃取重金属镉、钴、铬、铜、镍、铅、锑、锌等8种元素的方法。

GB/T 17593.2—2007《纺织品重金属的测定第2部分：电感耦合等离子体原子发射光谱法》规定了采用等离子体原子发射光谱仪测定纺织品中可萃取重金属砷、镉、钴、铬、铜、镍、铅、锑等8种元素的方法。砷的检测限为0.2mg/kg。

GB/T 17593.3—2006《纺织品重金属的测定第3部分：六价铬　分光光度法》规定了采用分光光度计测定纺织品中可萃取重金属六价铬含量的方法。用二苯基碳酰二肼显色，测定波长为540nm。

GB/T 17593.4—2006《纺织品重金属的测定第4部分：砷、汞原子荧光分光光度法》规定了用原子荧光分光光度仪测定纺织品中可萃取砷、汞含量的方法。

砷测定是通过加入硫脲—抗坏血酸将五价砷转化为三价砷，再加入硼氢化钾使其还原成砷化氢，由载气带入原子化器中并在高温下分解为原子态砷。在193.7nm荧光波长下，对照标准曲线确定砷含量。砷的检测限是0.1mg/kg。汞测定是通过加入高锰酸钾将汞转化为二价汞，再加入硼氢化钾使其还原成原子态汞，由载气带入原子化器中。在253.7nm荧光波长下，对照标准曲线确定汞含量。汞的检测限是0.005mg/kg。

由于上述标准修订过程中重金属总量部分删除，导致我国目前只有可萃取重金属的测试方法标准，而缺乏重金属总量的测试方法标准。而OEKO-TEX® Standard 100在2010年就已经增加了对重金属铅和镉的总量限定。

（三）重金属的来源和控制

循环再利用纤维的重金属来源于纤维制备中的催化剂（如锑），回收料中引入的染料和助剂，如各种金属络合染料、媒介染料、酞菁结构染料、固色剂、催化剂、阻燃剂、后整理剂等以及用于软化硬水、退浆精练、漂白、印花等工序的各种金属络合剂等。

针对循环再利用纤维的重金属来源，重金属含量的控制方法主要有：发展回收料的高效处理技术，减少原材料中重金属的带入；发展高效的聚合催化体系，减少重金属催化剂的用量。

由于重金属具有很大的危害性，近年来我国在制定循环再利用纤维相关产品标准时，加大了对回收原料、中间料和纤维产品中重金属含量的控制。

中国化学纤维工业协会标准 T/CCFA 01018—2016《纤维级循环再利用聚酯（PET）泡料》规定了纤维级循环再利用聚酯（PET）泡料产品的可萃取金属限量值，见表 8-15。检测项目包括了铜、铅、镍、钴、锑、汞、镉、砷、铬、六价铬等 10 种重金属。

表 8-15　纤维级循环再利用聚酯（PET）泡料产品的可萃取金属限量值　　单位：mg/kg

序号	项目	限量值
1	锑 Sb	30
2	砷 As	1.0
3	铅 Pb	1.0
4	镉 Cd	0.1
5	铬 Cr	2.0
6	钴 Co	4.0
7	铜 Cu	50.0
8	镍 Ni	4.0
9	汞 Hg	0.02
10	铬（六价）Cr^{+6}	0.5

纺织行业标准 FZ/T 52010—2014《再利用涤纶短纤维》规定了再利用涤纶短纤维产品的可萃取金属限量值，见表 8-16。标准不仅包括了 10 种重金属检测项目，还按应用需求分为婴幼儿用品、直接接触皮肤用品、非直接接触皮肤用品和装饰材料。

表 8-16　再利用涤纶短纤维可萃取重金属项目和指标　　单位：mg/kg

序号	项目	婴幼儿用品限量值	直接接触皮肤用品限量值	非直接接触皮肤用品限量值	装饰材料限量值
1	锑 Sb	30	30	30	30
2	砷 As	0.2	1	1	1
3	铅 Pb	0.2	1	1	1
4	镉 Cd	1	1	1	1
5	铬 Cr	1	2	2	2
6	铬（六价）Cr^{+6}	低于检出值			
7	钴 Co	1	4	4	4
8	铜 Cu	25	50	50	50
9	镍 Ni	1	4	4	4
10	汞 Hg	0.02	0.02	0.02	0.02

纺织行业标准 FZ/T 54078—2014《再利用涤纶预取向丝/牵伸丝（POY/FDY）异收缩混纤丝》规定了异收缩混纤丝产品的可萃取金属限量值，见表 8-17。相比于短纤维，金属含量限值基本相同，对镉含量要求更高。

表 8-17　再利用涤纶预取向丝/牵伸丝异收缩混纤丝可萃取重金属项目和指标　单位：mg/kg

序号	项目	婴幼儿用品限量值	直接接触皮肤用品限量值	非直接接触皮肤用品限量值	装饰材料限量值
1	锑 Sb ≤	30.0	30.0	30.0	30.0
2	砷 As ≤	0.2	1.0	1.0	1.0
3	铅 Pb ≤	0.2	1.0	1.0	1.0
4	镉 Cd ≤	0.1	0.1	0.1	0.1
5	铬 Cr ≤	1.0	2.0	2.0	2.0
6	铬（六价）Cr^{+6} ≤	低于检出值			
7	钴 Co ≤	1.0	4.0	4.0	4.0
8	铜 Cu ≤	25.0	50.0	50.0	50.0
9	镍 Ni ≤	1.0	4.0	4.0	4.0
10	汞 Hg ≤	0.02	0.02	0.02	0.02

三、其他毒害物质的测试标准

除上述 VOC 和重金属外，生态纺织品标准 GB/T 18885—2009 还对其他毒害物质等多个检测项目进行了限值要求。由于制备循环再利用纤维的回收料来源复杂，可能携带其中部分毒害物质，因此循环再利用纤维的生态安全性评价可参考表 8-18 中的测试标准。

表 8-18　生态纺织品各检测项目对应的测试标准

检测项目	测试标准
VOC	GB/T 24281—2009《纺织品有机挥发物的测定气相色谱—质谱法》
重金属	GB/T 17593.1—2006《纺织品重金属的测定　第 1 部分：原子吸收分光光度法》、GB/T 17593.2—2007《纺织品重金属的测定　第 2 部分：电感耦合等离子体原子发射光谱法》、GB/T 17593.3—2006《纺织品重金属的测定　第 3 部分：六价铬　分光光度法》、GB/T 17593.4—2006《纺织品重金属的测定　第 4 部分：砷、汞原子荧光分光光度法》
甲醛	GB/T 2912.1—2009《纺织品甲醛的测定　第 1 部分游离和水解的甲醛（水萃取法）》、GB/T 2912.2—2009《纺织品甲醛的测定　第 2 部分释放的甲醛（蒸汽吸收法）》、GB/T 2912.3—2009《纺织品甲醛的测定　第 3 部分高效液相色谱法》
pH	GB/T 7573—2009《纺织品水萃取液 pH 值的测定》
有害染料	GB/T 17592—2011《纺织品禁用偶氮染料的测定》、GB/T 20382—2006《纺织品致癌染料的测定》、GB/T 20383—2006《纺织品致敏性分散染料的测定》、GB/T 23344—2009《纺织品 4-氨基偶氮苯的测定》、GB/T 23345—2009《纺织品分散黄 23 和分散橙 149 染料的测定》

检测项目	测试标准
杀虫剂和农药残留量	GB/T 18412.1—2006《纺织品农药残留量的测定 第1部分77种农药》、GB/T 18412.2—2006《纺织品农药残留量的测定 第2部分有机氯农药》、GB/T 18412.3—2006《纺织品农药残留量的测定 第3部分有机磷农药》、GB/T 18412.4—2006《纺织品农药残留量的测定 第4部分拟除虫菊酯类农药》、GB/T 18412.5—2008《纺织品农药残留量的测定 第5部分有机氮农药》、GB/T 18412.6—2006《纺织品农药残留量的测定 第6部分苯氧羧酸类农药》、GB/T 18412.7—2006《纺织品农药残留量的测定 第7部分毒杀酚》
苯酚化合物	GB/T 18414.1—2006《纺织品含氯苯酚的测定 第1部分气相色谱质谱法》、GB/T 18414.2—2006《纺织品含氯苯酚的测定 第2部分气相色谱法》、GB/T 20386—2006《纺织品邻苯基苯酚的测定》
氯化苯和氯化甲苯	GB/T 20384—2006《纺织品氯化苯和氯化甲苯残留量的测定》
多氯联苯	GB/T 20387—2006《纺织品多氯联苯的测定》、GB/T 24165—2009《染料产品中多氯联苯的测定》
邻苯二甲酸酯	GB/T 20388—2016《纺织品邻苯二甲酸酯的测定 四氢呋喃法》
有机锡化合物	GB/T 20385—2006《纺织品有机锡化合物的测定》
表面活性剂	GB/T 23322—2009《纺织品表面活性剂的测定 烷基酚聚氧乙烯醚》、GB/T 23323—2009《纺织品表面活性剂的测定 乙二胺四乙酸盐和二乙烯三胺五乙酸盐》、GB/T 23324—2009《纺织品表面活性剂的测定 二硬脂基二甲基氯化铵》、GB/T 23325—2009《纺织品表面活性剂的测定 线性烷基苯磺酸盐》
阻燃整理剂	GB/T 24279—2009《纺织品禁限用阻燃剂的测定》
色牢度	GB/T 3920—2008《纺织品色牢度试验 耐摩擦色牢度》、GB/T 3921—2008《纺织品色牢度试验 耐皂洗色牢度》、GB/T 3922—2013《纺织品色牢度试验 耐汗渍色牢度》、GB/T 5713—2013《纺织品色牢度试验 耐水色牢度》、GB/T 8427—2008《纺织品色牢度试验 耐人造光色牢度氙弧》、GB/T 18886—2002《纺织品色牢度试验 耐唾液色牢度》

　　近年来，循环再利用纤维发展迅速。但循环再利用纤维由于缺乏生态安全性评价标准，限制了其在高端领域的应用。因此制定循环再利用纤维的技术标准，建立循环再利用纤维的生态安全性评价标准体系，对于规范整个行业的发展具有非常重要的意义。由于循环再利用纤维的原材料中染料、助剂等残留或生产过程中毒害物质的生成对产品的安全性带来风险，因此需要通过发展回收料的高效处理技术，减少原材料中毒害物质的带入，或改进生产工艺，降低毒害物质的产生，以提高循环再利用纤维的生态安全性，提升其产品的科技含量，实现高值化循环再利用。

第五节　循环再利用纤维的鉴别

　　随着循环再利用纤维的快速发展，对于循环再利用纤维的鉴定成为一个亟须解决的问题。在循环再利用聚酯纤维的鉴别领域，适用范围多限于识别基于再利用聚酯瓶片生产的纤维。国内外再利用聚酯瓶片纤维的识别方法列于表8-19。国内仅见采用间苯二甲酸基进行鉴别的专利报道，但该方法还存在技术瓶颈，不能普遍使用。

表 8-19　国内外再生聚酯瓶片纤维识别方法

对比项目	国别			
	中国	美国	日本	巴西
研究单位	海盐海利环保纤维有限公司	密歇根州立大学加州理工大学	日本国立健康科学研究所 日本共立药科大学	坎皮纳斯州立大学
适用范围	瓶片再生涤纶	再生聚酯切片（同一条生产线）	再生瓶片	再生聚酯瓶片
鉴别理论依据	是否含间苯二甲酸单元	光学、热力学、物理化学和阻隔性能	无（着眼于安全性能）	低聚物含量分布
测试表征方法	碱水解→沉淀→酯化→萃取→裂解气相色谱	差示扫描量热曲线、紫外可见光谱（黏度、阻隔性能、核磁共振色相）	高效液相色谱方法	溶解→沉淀→干燥→溶解→基质辅助激光解吸/电离质谱法
数据分析方法	积分面积之比	多元线性回归	测定低聚物含量	主成分分析

　　为了解决单一指标难以鉴别循环聚酯纤维属性的难题，实现方便快捷、准确率高的自动鉴别过程，中国化学纤维工业协会于 2016 年制定了新标准 HX/T 50011—2016，规定了循环再利用聚酯纤维的鉴别方法。其鉴别原理在于循环再利用聚酯纤维的加工工艺与原生纤维不同。在加工过程中，物理法再生聚酯纤维比原生聚酯纤维至少多了一次熔融加工过程，聚酯中低聚物会在高温、微量氧气、水分和机械剪切力的作用下发生降解反应、热解反应和氧化反应等，这些反应过程必定会引起聚酯纤维中低聚物含量和分布的变化，因此对物理法再利用聚酯纤维，可以通过低聚物的含量及其分布来鉴别。而化学法再利用聚酯纤维加工过程中所采用的二元酸（或酯）、二元醇单体比原生聚酯纤维至少多了一次高温解聚和精制过程，化学解聚后的二元酸（或酯）单体均须在液相或气相体系中沉淀或重结晶或精馏，这些精制过程使原本嵌入聚酯大分子结构中的异质链段的含量分布必定发生变化，因此对化学法再利用聚酯纤维，可以通过聚酯大分子中的异质链段的含量及其分布来鉴别。在此基础上运用化学计量学的原理，借助计算机化学模式识别技术，建立循环再利用聚酯纤维的快速鉴别方法。其鉴别流程见图 8-4。

　　鉴于基准样品的真实属性严重影响其判别结论，在保证基准样品来源清晰、加工工艺明确的基础上，选取涵盖各类不同工艺的典型样品。样品选择上以大容量、多来源、不同种为基准，尽量做到全面覆盖。

　　纤维样品的预处理步骤为：取待检样品试样 1g，精确至 0.1mg；试样放入反应管中，加入 30mL 酯交换溶液，封紧后在 220℃±5℃下反应 3h 取出，冷却至室温，打开反应管将上层清液倒入具塞三角瓶中，经 0.45μm 滤膜过滤后用于高效液相测试。该预处理方法可以将大分子结构之内的异质链段解聚，也可以将部分线状低聚物或环状低聚物进行解聚，即醇解产物中实际上可追溯至聚酯纤维中大分子结构之内和大分子结构之外的复杂信息。

　　利用高效液相色谱指纹图谱检测技术实现对甲氧基苯甲酸甲酯、对甲氧甲基苯甲酸甲酯、

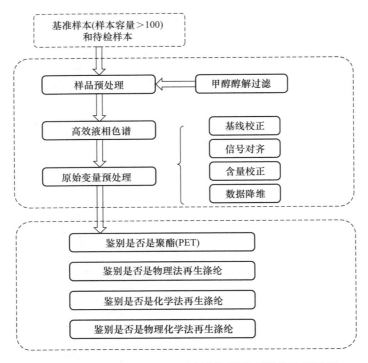

图 8-4　HX/T 50011—2016 中再利用聚酯纤维的鉴别流程

对甲基苯甲酸甲酯、对甲酸苯甲酸甲酯、对甲酸乙酯苯甲酸甲酯和对甲酸乙烯酯苯甲酸甲酯的分离和信号显示，以及其他的指纹峰信息。具体实验方案：流动相 1 为甲醇，流动相 2 为10%甲醇：90%水，固定相 Zorbax Eclipse XDB C18（5μm，250×4.6mm），流速 1.0mL/min，柱温 30℃，进样量 10.0μL，检测器 DAD，检测波长 254nm。图 8-5 显示了用此方法鉴别化学法再利用涤纶与原生涤纶的图谱。

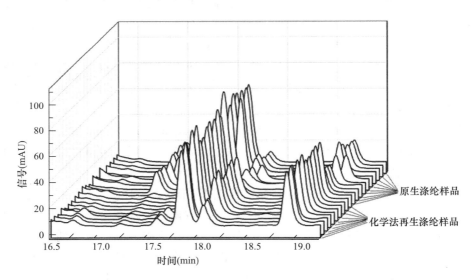

图 8-5　高效液相色谱指纹图谱

　　另外，采用模式识别方法，该方法采用的数据变量为醇解液中除去溶剂、对苯二甲酸二甲酯和乙二醇之外的指纹图谱，如图8-6所示的停留时间段1、2和3。采用簇类独立软模式（SIMCA）模型，达到识别聚酯纤维的目的；采用反向传播（BP）神经网络模型，识别再利用聚酯纤维属性。

　　随着循环再利用纤维的不断发展，其标准体系的发展趋势主要有：在外观性能和理化性能标准上缩小与原生纤维的差距；大力发展再利用纤维的差别化和功能化，以产品应用为导向，逐步健全差别化功能化产品标准体系，以实现循环再利用纤维的专业化定制；逐步建立循环再利用纤维的生态安全标准体系，让消费者放心使用；建立五维产品指标体系，将生命周期评价、碳足迹和水足迹纳入产品标准体系；建立循环再利用纤维的绿色认证体系，实现产品的绿色低碳循环再利用。

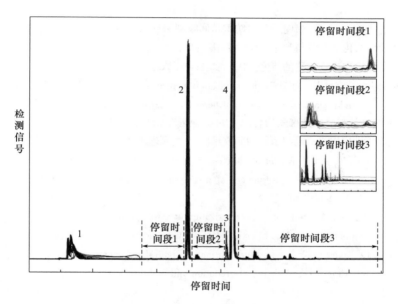

图 8-6　模式识别图谱
1—溶剂　2—乙二醇　3—间苯二甲酸二甲酯　4—对苯二甲酸二甲酯

参考文献

［1］ Kurokawa H, Ohshima M, Sugiyama K, et al. Methanolysis of polyethylene terephthalate（PET）in the presence of aluminium tiisopropoxide catalyst to form dimethylterephthalate and ethylene glycol［J］. Polymer Degradation and Stability, 2003, 79（3）: 529-533.

［2］ 俞小春. 涤纶纤维结构形态与染色性能的研究［D］. 厦门大学, 2007.

［3］ 曾卫卫. 再生涤纶工业丝的制备及性能研究［D］. 浙江理工大学, 2013.

［4］ Mishra S, Goje A. S. Kinetic and thermodynamic study of methanolysis of poly（ethylene terephthalate）waste powder［J］. Polymer International. 2003, 52（3）: 337-342.

［5］ 王文雅, 赵茹, 付大俊, 等. 国内外废旧纺织品回收再利用方法比较［J］. 再生资源与循环经济, 2014, 09: 42-44.

［6］ 李鹏, 叶宏武, 陈永当, 等. 国内外废旧纺织品回收利用现状［J］. 合成纤维, 2014, 04: 41-45.

［7］ 施立勇. 聚酯废料的化学回收与利用［D］. 江南大学, 2009.

［8］ 牛振怀. 废旧涤纶织物再资源化的研究［D］. 太原理工大学, 2015.

［9］ Genta M, Iwaya T, Sasaki M, et al. Depolymerization mechanism of poly（ethylene terephthalate）in supercritical methanol［J］. Industrial and Engineering Chemistry Research, 2005, 44（11）: 3894-3900.

［10］ 朱亚婉. PET 的溶解与改性共聚酯的合成［D］. 华南理工大学, 2014.

［11］ 陈旭红. 水热法回收聚酯/棉混纺织物的研究［D］. 太原理工大学, 2014.

［12］ Chen C. H, Chen C. Y, Lo Y. W, et al. Studies of glycolysis of poly（ethylene terephthalate）recycled from postconsumer soft-drink bottles. 1. Influences of glycolysis conditions［J］. Journal of Applied Polymer Science, 2001, 80（7）: 943-948.

［13］ Xi G. X, Lu M. X, Sun C. Study on depolymerization of waste polyethylene terephthalate into monomer of bis（2-hydroxyethyl terephthalate）［J］. Polymer Degradation and Stability, 2005, 87（1）: 117-120.

［14］ Yang Y, Lu Y. J, Xiang H. W, et al. Study on methanolytic depolymerization of PET with supercritical methanol for chemical recycling［J］. Polymer Degradation and Stability, 2002, 75（1）: 185-191.

［15］ 陈旭红, 张永芳, 史晟, 等. 废旧棉纺织品的回收再利用技术进展［J］. 纺织导报, 2013, 09: 53-54, 56-57.

［16］ Sako T, Sugeta T, Otake K. Depolymerization of polyethylene terephthalate to monomers with supercritical Methanol［J］. Journal of Chemical Engineering of Japan, 1997, 30（2）: 342-346.

［17］ Baliga S, Wong W. T. Depolymerization of poly（ethylene terephthalate）recycled from post-consumer soft-drink bottles［J］. Journal of Polymer Science Part A: Polymer Chemistry, 1989, 27（6）: 2071-2082.

［18］ Prado M. K, Nascimento C. R. Short-time glycolysis of post-consumer PET catalyzed by different metal complexes［J］. Progress in Rubber Plastics and Recycling Technology, 2008, 24（3）: 183-198.

［19］ Kao C. Y, Cheng W. H. Investigation of catalytic glycolysis of polyethylene terephthalate by differential scanning calorimetry［J］. Thermochimica Acta, 1997, 292（1-2）: 95-104.

［20］ Imran M, Lee K. G. Metal-oxide-doped silica nanoparticles for the catalytic glycolysis of polyethylene terephthalate［J］. Journal of Nanoscience and Nanotechnology, 2011, 11（1）: 824-828.

［21］ Wi R, Imran M. Effect of support size on the catalytic activity of metal-oxide-doped silica particles in the glycolysis of polyethylene terephthalate［J］. Journal of Nanoscience and Nanotechnology, 2011, 11（7）: 6544-6549.

［22］ 王兴原. 基于在线红外光谱研究聚对苯二甲酸乙二醇酯（PET）的解聚反应过程［D］. 浙江大

学，2012.

[23] Alcinyuva T, Kaxnal M. R. Hydrolytic depolymerization of polyethylene terephthalate by reactive extrusion [J]. International Polymer Processing, 2000, 15 (2): 137-146.

[24] 黄美林, 陈永生, 梁月基. 国内废旧纺织品回收与再利用现状研究 [J]. 纺织导报, 2015, 01: 26-28.

[25] Yoshioka T, Okayama N, Okuwaki A. Kinetics of Hydrolysis of PET powder in nitric acid by a modified shrinking-core model [J]. Industrial and Engineering Chemistry Research. 1998, 37 (2): 336-340.

[26] Pitat J, Holcik V, Bacak M. A method of processing waste of polyethylene terephtbalate by hydrolysis [P]. GB Patent, 1959, 822-834.

[27] Goje A. S, Mishra S. Chemical kinetics, simulation, and thermodynamics of glycolytic depolymerization of poly (ethylene terephthalate) waste with catalyst optimization for recycling of value added monomeric products [J]. Macromolecular Materials and Engineering, 2003, 288 (4), 326-336.

[28] Zenda K, Funazukuri T. Depolymerization of poly (ethylene terephthalate) in dilute aqueous ammonia solution under hydrothermal conditions [J]. Journal of Chemical Technology and Biotechnology, 2008, 83 (10): 1381-1386.

[29] Achilias D. S, Tsintzou G. P. Aminolytic depolymerization of poly (ethylene terephthalate) waste in a microwave reactor [J]. Polymer International, 2011, 60 (3): 500-506.

[30] 陈佳宇, 廖正福, 刘觉靖, 等. 废旧PET的化学回收方法研究进展 [J]. 合成材料老化与应用, 2014, 03: 59-64.

[31] Saha B, Ghoshal A. K. Thermal degradation kinetics of poly (ethylene terephthalate) from waste soft drinks bottles [J]. Chemical Engineering Journal, 2005, 111 (1): 39-43.

[32] 段建国. 再生聚酯纤维技术发展现状及前景 [J]. 纺织导报, 2012, 08: 71-73.

[33] 刘伟昆, 杨中开, 唐世君, 等. 涤棉织物化学回收工艺研究 [J]. 合成纤维工业, 2013, 02: 13-16.

[34] 路怡斐, 武志云, 汪少朋, 等. 乙二醇分离回收废弃涤棉混纺织物 [J]. 聚酯工业, 2014, 04: 21-24.

[35] 孔伟, 于永玲, 吕丽华. 利用废弃涤棉混纺纤维回收涤纶 [J]. 大连工业大学学报, 2012, 05: 356-358.

[36] 李丽, 杨中开, 唐世君, 等. 废旧涤棉混纺织物稀酸法分离工艺研究 [J]. 合成纤维工业, 2014, 06: 6-10.

[37] 刘红茹, 陈昀, 张丽平. 碱性水解法分离废弃涤棉混纺织物工艺研究 [J]. 合成纤维工业, 2014, 05: 19-22.

[38] 燕敬雪, 张瑞云. 活化方法对废旧涤/棉混纺织物回收利用的影响 [J]. 纺织学报, 2012, 05: 50-55.

[39] 孔伟, 于永玲, 吕丽华. 生物酶法分离回收废弃涤纶 [J]. 上海纺织科技, 2011, 12: 23-25.

[40] 陈友伟, 陈昀. 生物酶水解棉纤维法分离废弃涤棉织物 [J]. 北京服装学院学报 (自然科学版), 2012, 02: 21-27.

[41] 石娜, 武志云, 汪少朋, 等. 溶剂法回收废旧聚酯纺织品技术 [J]. 纺织学报, 2012, 07: 33-38.

[42] 荣真, 陈昀, 唐世君. 离子液体溶解法分离废弃涤棉混纺织物 [J]. 纺织学报, 2012, 08: 24-29.

[43] 周文娟, 张瑞云. 涤棉织物在NMMO溶剂中的溶解及溶液性能 [J]. 纺织学报, 2011, 08: 30-37.

[44] 程贞娟, 罗海林, 钱建华, 等. 低熔点聚酯的开发应用 [A]. 纺织行业生产力促进中心、中国纺织科学研究院、北京纺织工程学会、天津工业大学改性与功能纤维天津市重点实验室. 第五届功能性纺织品及纳米技术应用研讨会论文集 [C]. 纺织行业生产力促进中心、中国纺织科学研究院、北京纺织工程学会、天津工业大学改性与功能纤维天津市重点实验室, 2005: 3.

[45] 程贞娟, 罗海林, 钱建华, 等. 低熔点聚酯的开发应用 [J]. 济南纺织化纤科技, 2007, 02: 19-21.

[46] 王雁. 低熔点聚酯的合成及应用研究 [J]. 石油化工技术与经济, 2011, 05: 31-35.

[47] 王立岩，王菲，徐大志.低熔点共聚酯的研究进展 [J]. 合成纤维，2015，12：1-4.

[48] 王立岩，王菲，吴全才，等.MPO改性PTT共聚酯熔融结晶行为研究 [J]. 中国塑料，2015，07：53-58.

[49] 陈静.PET/PBT聚酯合金的制备及结晶行为研究 [D]. 湖南工业大学，2014.

[50] 张德权.低熔点涤纶短纤维发展及应用 [J]. 广东化工，2015，20：25-26.

[51] 修福晓，赵国樑，陈娇，等.低熔点共聚酯的合成及性能研究 [J]. 合成纤维工业，2006，02：12-15.

[52] 唐诗，姚建波，李燕立.低熔点聚酯的合成和性能研究 [J]. 北京服装学院学报，2002，02：6-10.

[53] 胡国樑，程贞娟，黄志超.低熔点共聚酯的研制 [J]. 纺织学报，2002，04：55-56+3.

[54] 李志勇.低熔点聚酯/PET皮芯复合纺丝工艺的探讨 [J]. 纺织科学研究，2010，01：39-43.

[55] 梁浩，吴唯，钱琦，等.PET/PTT共混体系的结晶熔融行为 [J]. 高分子材料科学与工程，2007，01：153-156.

[56] 赵庆章，张锡玮，姜凯，等.PBT/PET共混纤维的研制 [J]. 纺织科学研究，1990，03：1-5+22.

[57] 马敬红，刘森林，梁伯润.PET/PBT反应性共混物的结晶行为 [J]. 高分子材料科学与工程，2003，06：172-174+178.

[58] 封怀兵，王华印，罗海林.低熔点聚酯的研制及分析 [J]. 化纤与纺织技术，2007，01：1-5.

[59] 陆宏良.低熔点PET的制备 [J]. 合成纤维工业，2005，06：40-41.

[60] 林生兵，姚峰，瞿中凯，等.低熔点聚酯的合成与性能研究 [J]. 合成纤维工业，2005，02：13-16.

[61] 鹿学凤.低熔点聚酯的研制 [J]. 四川化工，2006，03：9-10.

[62] 钱军，王少博，邢喜全，等.废旧涤纶织物醇解再生制备低熔点黏合纤维 [J]. 合成纤维工业，2016，04：45-48.

[63] 崔慧，张茂林，夏井兵，等.低熔点聚酯短纤的结构分析 [J]. 材料导报，2014，S1：288-290.

[64] 翟丽鹏，成康生.低熔点聚酯性能研究 [J]. 合成技术及应用，1998，03：9-12.

[65] 李旭，王鸣义.世界聚酯纤维产业化新产品和发展趋势 [J]. 合成纤维，2012，03：1-6.

[66] 王文雅，赵茹，付大俊，等.国内外废旧纺织品回收再利用方法比较 [J]. 再生资源与循环经济，2014，09：42-44.

[67] 李永贵，李准准，佴友兵，等.聚酯纤维乙二醇醇解法（Ⅰ）：醇解工艺 [J]. 纺织学报，2007，11：21-24.

[68] 张德权.低熔点涤纶短纤维发展及应用 [J]. 广东化工，2015，20：25-26.

[69] 张可，郭士明，王世文.低熔点聚酯合成工艺的研究 [J]. 聚酯工业，1999，03：21-24.

[70] 李志勇，钟淑芳，吴立衡，等.低熔点聚酯纤维的发展概况 [J]. 纺织科学研究，2008，04：29-33+49.

[71] 曾新，杨瑞玲，杨昕.低熔点聚酯纤维的纺丝工艺研究 [J]. 合成纤维，2004，01：19-20+3.

[72] 唐诗，姚建波，李燕立.低熔点聚酯的合成和性能研究 [J]. 北京服装学院学报，2002，02：6-10.

[73] 马雪琳，黄发荣.聚对苯二甲酸戊二酯的性能研究 [J]. 高分子学报，2004，01：27-31.

[74] 马立群，董少波，王雅珍.共混改性聚丙烯的结晶动力学研究现状 [J]. 广州化工，2015，24：3-4+15.

[75] 张晶，齐鲁，崔振宇.PVDF/PET共混多孔膜制备过程中的非等温结晶行为研究 [J]. 功能材料，2015，14：14027-14032，14037.

[76] 张世勋.聚合物结晶动力学参数测定及结晶度预测 [D]. 郑州大学，2003.

[77] 马立群，董少波，王雅珍.共混改性聚丙烯的结晶动力学研究现状 [J]. 广州化工，2015，24：3-4，15.

[78] 莫志深.一种研究聚合物非等温结晶动力学的方法 [J]. 高分子学报，2008，07：656-661.

[79] 肖雪春，李文刚，黄象安.PET/PTT共混体系的非等温结晶动力学研究 [J]. 合成纤维，2005，11：10-14.

［80］ 郝建淦，贾润礼，闫赫，等. PET/石膏晶须复合材料的非等温结晶过程研究［J］. 塑料科技，2014，03：54-57.

［81］ Siddiqui M. N, Achilias D. S, Redhwi H. H, et al. Hydrolytic depolymerization of PET in a microwave reactor［J］. Macromolecular Materials and Engineering, 2010, 295（6）：75-584.

［82］ 张师民. 聚酯的生产及应用［M］. 北京：中国石化出版社，1997.

［83］ Shukla S. R, Palekar V, Pingale N. Zeolite catalyzed glycolysis of poly（ethylene terephthalate）bottle waste［J］. Journal of Applied Polymer Science, 2008, 110（1）：501-506.

［84］ Wi R, Imran M, Lee K. G, et al. Effect of support size on the catalytic activity of metal-oxide-doped silica particles in the glycolysis of polyethylene terephthalate［J］. Journal of Nanoscience and Nanotechnology, 2011, 11（7）：6544-6549.

［85］ Imran M, Lee K. G, Imtiaz Q, et al. Metal-oxide-doped silica nanoparticles for the catalytic glycolysis of polyethylene terephthalate［J］. J Nanosci Nanotechnol, 2011, 1（1）：824-828.

［86］ Imran M, Kim D. H, Al-Masry W. A, et al. Manganese-, cobalt-, and zinc-based mixed-oxide spinels as novel catalysts for the chemical recycling of poly（ethylene terephthalate）via glycolysis［J］. Polymer Degradation and Stability, 2013, 98（4）：904-915.

［87］ Zhu M. L, Li S, Li Z. X, et al. Investigation of solid catalysts for glycolysis of polyethylene terephthalate［J］. Chemical Engineering Journal, 2012, 185-186+168-177.

［88］ Zhu M. L, Liu Y. Q, Yan R. Y, et al. glycolysis of polyethylene terephthalate catalyzed by solid superacid［J］. Fundamental of Chemical Engineering, Pts 1-3, 2011, 233-235+512-518.

［89］ Chen F. F, Wang G. H, Li W, et al. Glycolysis of poly（ethylene terephthalate）over mg-al mixed oxides catalysts derived from hydrotalcites［J］. Industrial & Engineering Chemistry Research, 2013, 52（2）：565-571.

［90］ Park G, Bartolome L, Lee K. G, et al. One-step sonochemical synthesis of a graphene oxide-manganese oxide nanocomposite for catalytic glycolysis of poly（ethylene terephthalate）［J］. Nanoscale, 2012, 4（13）：3879-3885.

［91］ Bartolome L, Imran M, Lee K. G, et al. Superparamagnetic gamma-Fe_2O_3 nanoparticles as an easily recoverable catalyst for the chemical recycling of PET［J］. Green Chemistry, 2014, 16（1）：279-286.

［92］ Fukushima K, Coulembier O, Lecuyer J. M, et al. Organocatalytic depolymerization of poly（ethylene terephthalate）［J］. Journal of Polymer Science Part A Polymer Chemistry, 2011, 49（5）：1273-1281.

［93］ Mendes L. C, Dias M. L, Rodrigues T. C. Chemical recycling of PET waste with multifunctional pentaerythrytol in the melt state［J］. Journal of Polymers and the Environment, 2011, 19（1）：254-262.

［94］ Bartha E, Iancu S, Duldner M, et al. Glycolysis of PET wastes with isosorbide identification and characterization of hydroxy oligoesters［J］. Revista De Chimie, 2011, 62（4）：401-408.

［95］ Olewnik E, Czerwinski W, Nowaczyk J, et al. Synthesis and structural study of copolymers of L-lactic acid and bis（2-hydroxyethyl terephthalate）［J］. European Polymer Journal, 2007, 43（3）：1009-1019.

［96］ Olewnik E, Czerwinski W. Synthesis, structural study and hydrolytic degradation of copolymer based on glycolic acid and bis-2-hydroxyethyl terephthalate［J］. Polymer Degradation and Stability, 2009, 94（2）：221-226.

［97］ Buasri A, Chaiyut N, Jenjaka T, et al. Preparation and characterization of PET-PLA copolyester from waste PET and lactic acid（LA）［J］. Chiang Mai Journal of Science, 2011, 38（4）：619-624.

［98］ El Mejjatti A, Harit T, Riahi A, et al. Chemical recycling of poly（ethylene terephthalate）. Application to the synthesis of multiblock copolyesters［J］. Express Polymer Letters, 2014, 8（8）：544-553.

[99] Ben Gara M, Kammoun W, Delaite C, et al. Synthesis and characterization of aliphatic-aromatic copolyesters from PET waste and ∈-caprolactone [J]. Journal of Macromolecular Science, Part A, 2015, 52 (6): 454-464.

[100] 王勇, 吉鹏, 王朝生. 亲水抗静电 PET—PEG 共聚酯母粒的制备及其结构与性能 [J]. 合成纤维工业, 2015, 38 (1): 11-15.

[101] 吉鹏, 刘红飞, 王朝生, 等. PET—PEG 共聚物及其纤维的制备及性能研究 [J]. 合成纤维工业, 2015, 38 (1): 1-6.

[102] 赵金艳, 史军, 刘殿丽. 聚对苯二甲酸乙二醇 1, 4—环己烷二甲醇酯分析方法 [J]. 聚酯工业, 2013, (1): 52-54.

[103] 王秀华, 王伟星, 陈连, 等. 阳离子易染共聚酯的热性能研究 [J]. 合成纤维工业, 2011, 34 (1): 27-29.

[104] Wang X. H, Shi J, Chen Y, et al. Study on Structure and Crystallinity of A New Biodegradable Aliphatic-Aromatic Copolyester [J]. China Petroleum Processing & Petrochemical Technology, 2011, 13 (4): 64-69.

[105] 邹海霞, 喻爱芳. 新型共聚酯—PETG [J]. 合成纤维, 2004, 33 (1): 16-18.

[106] 李鑫, 刘润涛, 顾利霞. 共聚酯 PEIT—PEG 结构与性能的研究 [J]. 功能高分子学报, 2003, 16 (2): 214-218.

[107] 张勇, 冯增国, 刘凤香, 等. 聚对苯二甲酸丁二醇酯-co-聚丁二酸丁二醇酯-b-聚乙二醇嵌段共聚物的合成及表征 [J]. 化学学报, 2002, 60 (12): 2225-2231.

[108] Asrar J, Berger P. A, Hurlbut J. Synthesis and characterization of a fire-retardant polyester: Copolymers of ethylene terephthalate and 2-carboxyethyl (phenylphosphinic) acid [J]. Journal of Polymer Science Part a-Polymer Chemistry, 1999, 37 (16): 3119-3128.

[109] 应宗荣, 吴大诚. 水溶性聚酯的溶解性能 [J]. 合成技术及应用, 1998, 13 (4): 7-9.

[110] Kim D. K, Shin Y. S, Im S. S, et al. Synthesis of new degradable aliphatic polyester by transesterification: Synthesis of aliphatic polyester containing aromatic structures [J]. Polymer-Korea, 1996, 20 (3): 431-438.

[111] Kiyotsukuri T, Masuda T, Tsutsumi N. Preparation and properties of poly (ethylene terephthalate) copolymers with 2, 2-dialkyl-1, 3-propanediols [J]. Polymer, 1994, 35 (6): 1274-1279.

[112] Chang S. J, Tsai H. B. Copolyesters. VII. Thermal transitions of poly (butylene terephthalate-co-isophthalate-co-adipate) s [J]. Journal of Applied Polymer Science, 1994, 51 (6): 999-1004.

[113] Yu T. Y, Bu H. H, Chen J. H, et al. The effect of units derived from diethylene glycol on crystallization kinetics of poly (ethylene terephthalate) [J]. Makromolekulare Chemie-Macromolecular Chemistry and Physics, 1986, 187 (11): 2697-2709.

[114] Tahvildari K, Sh Mozafari, Tarinsun N. Chemical recycling of poly ethylene terephthalate to obtain unsaturated polyester resins [J]. J Appl Chem Res, 2010, 12: 59-68.

[115] Zahedi A. R, Rafizadeh M, Ghafarian S. R. Unsaturated polyester resin via chemical recycling of off-grade poly (ethylene terephthalate) [J]. Polymer International, 2009, 58 (9): 1084-1091.

[116] Potiyaraj P, Klubdee K, Limpiti T. Physical properties of unsaturated polyester resin from glycolyzed PET fabrics [J]. Journal of Applied Polymer Science, 2007, 104 (4): 2536-2541.

[117] Farahat M. S, Abdel-Azim A. A. A, Abdel-Raowf M. E. Modified unsaturated polyester resins synthesized from poly (ethylene terephthalate) waste, 1 - Synthesis and curing characteristics [J]. Macromolecular Materials and Engineering, 2000, 283 (10): 1-6.

[118] Pepper T. P, Ohio D. Styrene soluble unsatured polyester resin from polyethylene terephthalate [P]. US,

5, 380, 793, 1995.

[119] 申立新. 废聚酯制对苯二甲酸二辛酯（DOTP）[J]. 沈阳化工学院学报, 2001, 15 (2): 96-99.

[120] Chen J. Y, Lv J. X, Ji Y. M, et al. Alcoholysis of PET to produce dioctyl terephthalate by isooctyl alcohol with ionic liquid as cosolvent [J]. Polymer Degradation and Stability, 2014, 107 (0): 178-183.

[121] 石晓永, 蒋平平, 卢云, 等. 利用废聚酯合成对苯二甲酸二 (2-乙基) 己酯 [J]. 化工进展, 2008, (1): 143-146.

[122] 席国喜, 赵静, 孙晨. 废聚酯非酸催化合成对苯二甲酸二 (2-乙基己) 酯的研究 [J]. 环境科学研究, 2006, 19 (1): 49-52.

[123] 周曙光, 李建成. 用废涤纶丝合成对苯二甲酸二 (2-乙基己) 酯及应用 [J]. 中国塑料, 1994, 8 (2): 39-41.

[124] 吴大诚. 合成纤维熔体纺丝 [M]. 北京: 纺织工业出版社, 1980.

[125] 唐友荣, 刘德威. 聚酯切片干燥性能研究 [J]. 聚酯工业, 1996, (3): 41-44.

[126] 郭大生. 聚酯纤维科学与工程 [M]. 北京: 中国纺织出版社, 2001.

[127] 徐心华. 涤纶长丝生产 [M]. 北京: 纺织工业出版社, 1989.

[128] （日）日本纤维机械学会, 纤维工学出版委员会. 纤维的形成、结构及性能 [M]. 丁亦平, 译. 北京: 纺织工业出版社, 1988.

[129] 钱军. 聚酯低熔点皮芯复合短纤维生产工艺探讨 [J]. 合成纤维, 2005, 34 (7): 31-34.

[130] 张德权. 低熔点皮芯型涤纶短纤维生产工艺研究 [J]. 合成纤维, 2009, 38 (5): 33-36.

[131] 潘伟, 朱锐钿. 合成纤维再生应用研究发展 [J]. 中国纤检, 2012, (9): 78-81.

[132] 张振文. 废旧聚丙烯料的回收再生利用技术发展现状及前景 [J]. 建材与装饰, 2014, (29): 90-91.

[133] 张敏杰, 赵国樑. 合成纤维的回收再利用技术 [J]. 合成纤维工业, 2012, 35 (2): 48-52.

[134] 微信公众号: xiandichuang

[135] http://www.chinaideal.net.cn/news_detail/newsId=18.html

[136] 程贞娟, 罗海林, 钱建华, 孙福. 低熔点聚酯的开发应用 [C] //浙江理工大学. 第五届功能性纺织品及纳米技术研讨会论文集.

[137] 程贞娟, 罗海林, 钱建华, 等. 低熔点聚酯的开发应用 [J]. 济南纺织化纤科技, 2007, (02): 19-21.

[138] 范雪荣. 纺织品染整工艺学 [M]. 北京: 中国纺织出版社, 2001: 38-56.

[139] http://www.cn357.com/a544_20080901_2_1

[140] Levchik S. V, Weil E. D. A review on thermal decomposition and combustion of thermoplastic polyesters [J]. Polymers for Advanced Technologies, 2004, 15 (12): 691-700.

[141] Holland B. J, Hay J. N. The thermal degradation of PET and analogous polyesters measured by thermal analysis-Fourier transform infrared spectroscopy [J]. Polymer, 2002, 43 (6): 1835-1847.

[142] Dzieciol M, Trzeszczynski J. Studies of temperature influence on volatile thermal degradation products of poly (ethylene terephthalate) [J]. Journal of Applied Polymer Science 2015, 69 (12): 2377-2381.

[143] Mrozinski B. A, Lofgren E. A, Jabarin S. A. Acetaldehyde scavengers and their effects on thermal stability and physical properties of poly (ethylene terephthalate) [J]. Journal of Applied Polymer Science, 2012, 125 (3): 2010-2021.

[144] Badia J. D, Martinez-Felipe A, Santonja-Blasco L, et al. Thermal and thermo-oxidative stability of reprocessed poly (ethylene terephthalate) [J]. Journal of Analytical and Applied Pyrolysis, 2013, 99 (3): 191-202.

[145] Dimitrov N, Krehula L. K, Sirocic A. P, et al. Analysis of recycled PET bottles products by pyrolysis-gas chromatography [J]. Polymer Degradation and Stability, 2013, 98 (5): 972-979.

[146] SB. Wang, CS. Wang, HP Wang. Sodium titanium tris (glycolate) as a catalyst for the chemical recycling of poly (ethylene terephthalate) via glycolysis and repolycondensation [J]. Polymer Degradation and Stability, 2015, 114: 105-114.

[147] Cullis C. F, Hirscher M. M. The Combustion of Organic Polymers [M]. Oxford: Clarendon Press, 1981.

[148] Prakash K Randoss, Arthur R Tarrer. High temperature liquefaction of waste plastic [J]. Fuel, 1998, 77 (4): 293-299.

[149] Songip A. R, Masuda T, Kuwahara H, et al. Production for producing hydracabon catalytic cracking over REY zeolites of heavy oil from waste plastics [J]. Engergy and Fuels, 1994, 8 (1): 136-140.

[150] John Scheirs, Walter Kaminsky. Feedstock Recycling and Pyrolysis of Waste Plastic [J] Focus on Catalysts, 2006, 16-17.

[151] 席国喜, 梁蕊, 汤清虎, 等. 废聚苯乙烯裂解催化剂的筛选及工艺条件的优化 [J]. 环境科学研究, 1999, 12 (3): 60-61.

[152] 邹盛欧. 废旧塑料的分离与回收利用 [J]. 化工环保, 1994, 14 (3): 151-154.

[153] 袁兴中, 曾光明, 李彩亭, 等. 废塑料裂解制取液体燃料新技术 [M]. 北京: 科学出版社, 2004, 6.

[154] 刘贤响, 尹笃林. 废塑料裂解制燃料的研究进展 [J]. 化工进展, 2008, 27 (3): 348-357.

[155] 朱向学, 安杰, 王玉忠, 等. 废塑料裂解转化生产车用燃料研究进展 [J]. 化工进展, 2012, 31 (s1): 398-401.

[156] Grause G, Buekens A, Sakata Y, et al. Feedstock recycling of waste polymeric material [J]. J. Mater. Cycles Waste Manag., 2011, 13 (4): 265-282.

[157] Tschan M, Brule E, Haquette P, et al. Synthesis of biodegradable polymers from renewable resources [J]. Polym. Chem., 2012, 3 (4): 836-851.

[158] 冀星, 钱家麟, 王剑秋, 等. 我国废塑料油化技术的应用现状与前景 [J]. 化工环保, 2000, 20 (6): 18-22.

[159] Vasile C, Brebu M. A, Karayildirim T. Feedstock recycling from plastics and thermosets fractions of used computers. Ⅱ. Pyrolysis oil upgrading [J]. Fuel, 2007, 86 (4): 477-485.

[160] 刘光宇, 栾健, 马晓波. 垃圾废塑料裂解工艺和反应器 [J]. 环境工程, 2009, 27 (s1): 383-388.

[161] Aguado J, Serrano D. P, San Miguel G. Feedstock recycling of polyethylene in a two-step thermo-catalytic reaction system [J]. J. Anal. Appl. Pyrolysis, 2006, 79 (1-2): 415-423.

[162] 张建雨, 于硕, 冯跃跃, 等. 废旧聚乙烯催化降解制备聚乙烯蜡 [J]. 塑料科技, 2010, 38 (9): 51-53.

[163] 任冬梅, 齐美荣. 废塑料裂解制取燃料油的新型工业装置 [J]. 齐鲁石油化工, 2005, 33 (3): 173-177.

[164] Predel M, Kaminsky W. Pyrolysis of mixed polyolefins in a fluidised-bed reactor and on a pyro-GC/MS to yield aliphatic waxes [J]. Polymer Degradation & Stability, 2000, 70 (3): 373-385.

[165] 刘光宇, 栾健, 马晓波, 等. 垃圾废塑料裂解工艺和反应器 [J]. 环境工程, 2009 (S1): 383-388.

[166] 林宏飞, 苏丽梅, 徐国涛, 等. 塑料垃圾热解炼油技术的研究进展 [J]. 能源与节能, 2018 (3): 2-5.